縞衣の農婦（昭和40年頃，倉吉，麦の上肥をしているところ。米原写真館提供）

20世紀梨の積出しに絣のモンペで働く女性（国鉄松崎駅にて，昭和45年 9 月。米原写真館提供）

140種類の当て布によって明治・大正・昭和を生きぬいた女性用野良着（次項も同じ。広島県竹原市。武蔵野美術大学民俗資料室提供。本文139頁〈宮本常一先生と木綿〉の項参照）

ここに紹介する着物は、140種類の別布を無造作に当てて補強している。厖大な木綿衣料の中からこの着物にめぐり会った瞬間，私はとまどい，声がつまった。目がかすんでよく見えなかった。資料室の香月節子さんも目を赤くした。二人は無言だった。しばらくして「これが本物の農民の姿だ」と私はかすれ声で言った。——一枚の衣料に対する執念と尊い愛情が身体全体に伝わってきた。—— 小さな寄せ集めの縞は全部手織りであり，全体に溶け合うとともに内部から熱い温もりが伝わってくる。明治・大正・昭和と三代にわたって愛用された女性用の野良着だった。この衣料こそ，野良着の美を謳歌し，怨念の美を備えたもので，木綿文化の遺産として貴重なものである。（本文139～140頁より）

明治33年の絣工場（倉吉船木機工場，船木藤吉氏蔵）

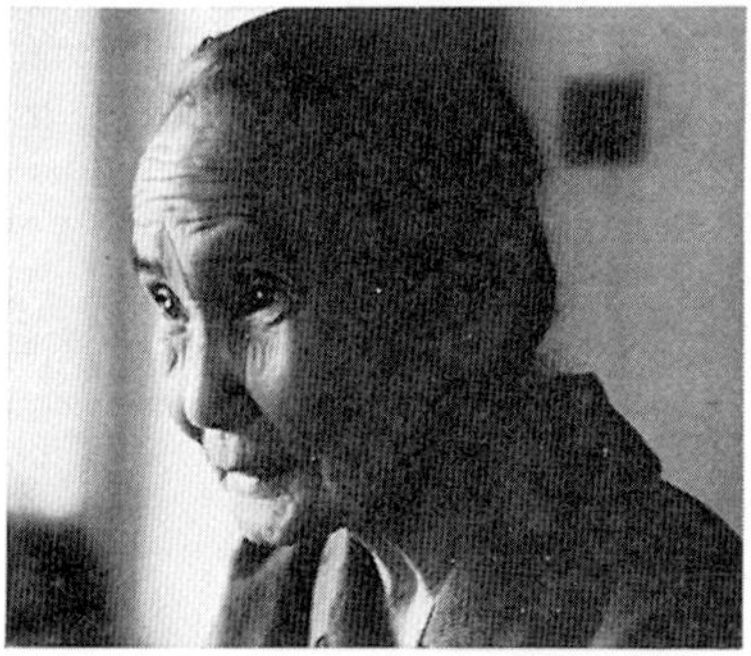

もと船木絣工場の女工で今も織りつづける
竹原すが（明治20年生，鳥取県東伯郡北条町）

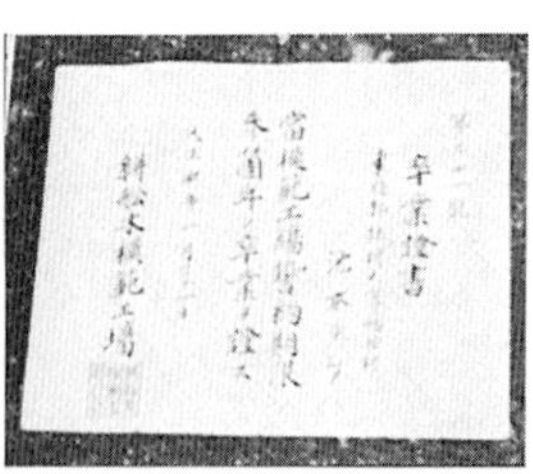

もと船木絣工場の女工で現在も織りつづける
鳥飼タケ（明治27年生，鳥取県倉吉市）
左は大正4年，船木絣工場の卒業証書。

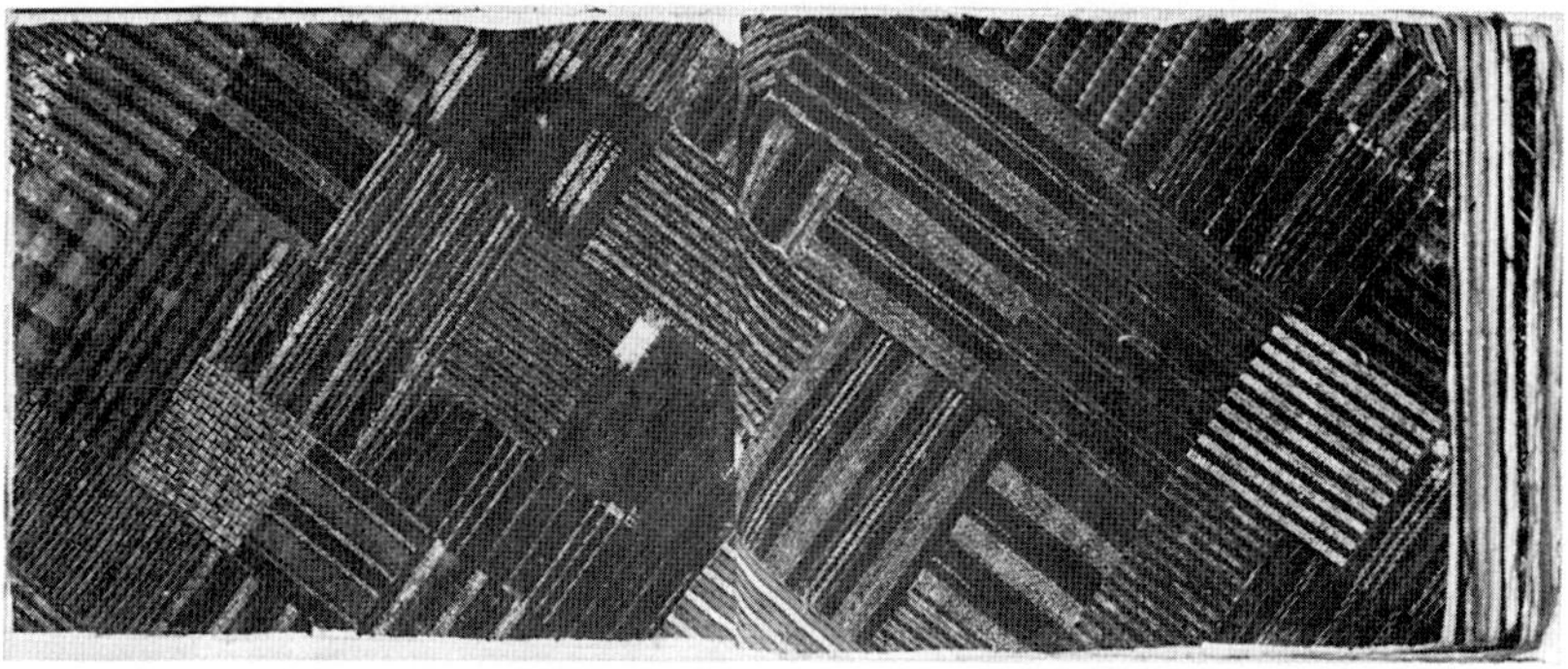
文政10年（1827）の縞手本（横川順江氏蔵）

丹波地方の米袋（縞を何種類も使っている。本文124頁参照。福知山市，河口三千子氏蔵）

江戸時代の型染見本帳（倉吉市，妻藤紺屋蔵）

絣着物(女性用。倉吉市，明治中期)

ものと人間の文化史 93

木綿口伝

第2版

福井貞子

法政大学出版局

はじめに

古くから、山陰地方の産物は「木綿と鉄」と言われてきた。中国山地には良質の鉄山があり、それを求めて多くの人々が移住し、日本の鉄文化の中心地に発展した。そして全国の商人が鉄を求めて往来し、先進的文化の交流も早く行なわれると共に、経済的基盤を作り出した。それが木綿文化を開花させる要因になったようである。山陰地方はこのような地質・風土と歴史的背景により、二大産物を産出するとともに、木綿を利用したさまざまな伝統的手工芸を育ててきた。

木綿絣は、江戸末期から明治にかけて全盛をきわめ、その作品は世界に類を見ない高度の秀作を生んだが、それらの作者は貧しい庶民の女性たちであった。

上流支配階級の絹織物等の遺品は数々残され、それを中心にした服飾史の研究は多岐にわたって発表され定説化されているが、庶民の着用した木綿についての調査・研究は未開拓の状態である。着古した木綿の継ぎはぎは裂織りに再生され、着捨てのボロ布は廃品回収業者の手に渡った。私はそれらの収集に困難を伴いながら、断布を集めるうちに、縞や絣の幾多の図柄に触れ、庶民の衣生活の歴史の深さと、その執念に驚かされた。

木綿文化を築いた多くの女性たちが無名のままこの世を去って行く。老女たちは、自己主張を恐れた消極的な生き方のようではあるが、内部に秘めた信条や創作意欲はきわめて旺盛で、織りによって自己を形成してきた。そして、織物の独特な秘法を持ちながら口は堅く、再度訪問して親しくなれば、織り秘伝の他に身上話をしてくれた。こうして二十数年間古老の話を聞き込み、彼女らの遺品を整理集録するうちに、女子労働の問題等に間口が広がり、木綿発掘に年の経つのを忘れた。

織物は献上布であり、親方子方関係の隷属的家内労働（小作料、前借代金の返済）に明け暮れた。また、女性の機織りは現金収入の唯一の道だった。寄せ集めの屑糸で愛する人の贈物に、また嫁入りの荷物にした。そして、織物が娘への財産分与であり、それが親の形身として重要視された。その機や糸を通じて受け継がれた文化を紹介したい。

本文に記載した織物の技法や木綿口伝も親子中心に直系伝承され、体験から出た知恵の言葉も、家憲として祖母から母へ、そして娘へと語り継がれた名言である。木綿や機を通じて受け継がれた生活文化を生かし、明治・大正期の女性が、いかに勤勉に生きたか、織女の証言を紹介しながら日本の庶民生活の美点を探りたい。

今後ますます技術革新が進み、さまざまな新繊維製品が出現しようとも、木綿衣料の需要は衰えることなく、人々の着物や糸との関係は存続するだろう。人々は、暮しの技術や伝統を手から手へ自主的に伝達する教育と、この高い文化を僅かな間に忘れてしまったのだ。私たちは捨て去ってはならぬ物を選択しつつ、木綿文化を更新して行く必要がある。それは愛情や誠心が込められた美しい生活文化である。言いかえると、日々創造し、物を大切にする文化、伝統を重んじ祖先や親を大切にする文化を取り戻したいと思っている。

私はここに、木綿文化を抽出し、老女たちが教示した我流の秘法が新たな生活の思想の中に生かされればと願い、大家族制度の中で無言で耐え抜きながら、何ら報いられることなく世を去った多くの老女たちの供養のはなむけになればと思って、浅学を顧みず「木綿口伝」を発表することにした。諸先輩の御指導を賜わりたい。

著　者

木綿口伝／目次

第一章　木綿小史

一　木綿以前のこと

神話・伝説の中の織物

私たちの祖先は一体何を着て暮らしていたのだろうか。まず、神話や伝説にみる織物について簡単に述べてみたい。

山陰地方は神話や伝説が多く、出雲大社を中心にした神々の活躍ぶりは『古事記』や『日本書紀』で周知のとおりである。

『古事記』（七一二）には、「天照大御神が神聖なる服屋《はたや》に坐って神御衣《かむみそ》織りをしていると、弟の須佐《すさ》之《の》男命《をのみこと》が斑馬の皮を剝いで投げ入れたので姉神は大変に驚き、服織女《はとりめ》は梭《ひ》で陰部を衝いて死に、天照大御神は、おそれをなして天の石屋戸《いはやと》を開いてお籠りになった」と出ている。この伝承は女性が織物をする典型的な神話であり、「梭《ひ》」とは経《たて》糸の中に緯《よこ》糸を通し布打ちをする細長（約五〇センチ）の舟型の道具である。

須佐之男命が八俣大蛇《やまたのおろち》の尾から得た刃のたたら（鉄）にちなんだ伝説もあり、織物と並んで早くから記述がみられる。

また、わが国の在来織物として「倭文布《しず》」がある。一説によると、倭文部《しずべ》という、縞および筋のある布を織り出す技術集団である倭文組織が古くから存在し、全国的に分布していたようである。『日本書紀』（神代巻）に「倭文神、建葉槌命」とあるように、倭文は神社と関係が深く、倭文の祖神を祭りながらその土地で倭文業に従事したようである。『延喜式』（九〇五―九二七）に記載された「倭文神社」は一四社あり、その中の六社は山陰道のそれぞれの地域に分布して祭られている。その中で私の周辺の二社を紹介すると、伯耆《ほうき》国一の宮（鳥取県東伯郡東郷町）は、天慶三年（九四〇）に正三位の神階を授かった大社として、「倭文神社」と呼ばれ、織物の神様として、また安産祈願の女神として参拝者が多い。神社の周辺を「藤津《ふじつ》村」と言い、往古から藤布を織った村落だと伝承し、出土した遺品も多く、織物と神社が結ばれている。一方の倭文神社（倉吉市志津《しつ》）も、倭文部に関係した倭文布の産地として伝えて、倭文は「しず」等と呼称され、後に「志津《しつ》」の地名になったと語り継がれている。

これらの神話や伝説においては、上代からの織物がどのようなものか全く不明だが、服織女や倭文部の集団は織りの技術者として、神社や地名となって伝承された（岡山県久米郡倭文《しとり》村、倉吉市服部《はっとり》など）。織物は、繊維に撚《よ》りをかけて物を編む技術から発展したと見るべきで、経糸に緯糸を挟み入れる交織の技法は神代の時代に遡る。そして、倭文布は絹織物か野生の植物布かも分らない。

上代からの麻布

織物と女との関係については、上代から伝承されていたことが、『日本書紀』(巻四、日本古典文学大系)の次の文中からも推測される。

「朕《われ》聞かくは、士《をのこ》その年にして耕《つく》らざることあれば、天の下その飢《うえ》を受くることあり。女《をみな》その年にして績《をう》まざることあれば、天の下その寒《こごえ》を受くることありといへり。」

つまり、男は耕作に励み、女は麻紵みをして布を織らなければ、冬が越せないだろうと記録している。およそ六世紀頃から麻布を織ったと推定されるが、どのような技法かは分らない。

日本民族は古くから、天然の野生植物の中からあらゆる繊維を取り出して織物の原料に使用した。織物には、ある程度の繊維の長さと均一な太さが要求された。中でも麻は優秀で、勤勉に採取すれば資源にこと欠かず、恵まれていた。そして、採集は男の仕事で麻紵《う》みは女の仕事とされ、女性は織りに専念していたようである。

このように、麻織物は木綿衣料の出現する前に既に一千年以上の歴史を持っている。そして、繊維の優秀性から次第に普及し、栽培作物として奨励し発展させたようである。木綿衣料の出現するまでは、上等の麻糸を薄く製織した上布から粗密な蚊帳、武士の裃に至るまで、生活衣料全般が麻布一辺倒であった。

織部司

絹は中国大陸から養蚕と絹織りの技法が日本に伝えられたが、その正確な年代は不明である。『続日本紀』（七九七）によれば、和銅五年（七一二）に高級絹織物である綾や錦を各地方で織部司の指導によって初めて織らせた国が二一ヵ国あるという。その中に山陰地方の出雲、伯耆、因幡、但馬、丹波の地名を早くから連ね、絹織物の製織技術が流入していたことが推察される。高級絹織物とは、どのような布かは不明だが、『延喜式』（九二七）によると、伯耆の国（鳥取県）の調として「白絹十疋。緋帛。縹帛各二十五匹。橡、帛十二疋三丈。皀《くろの》帛二十疋。帛二百六十疋。自余輸二絹、綿、鍬、鉄一」と、記録されている。この一地方の調の内訳の中には、白絹が十疋（二〇反）、帛二六〇疋（五二〇反）等、莫大な絹製品と、綿、鍬、鉄等を納めている。絹織りの指導者は女性集団織部司によって地方に伝播させたようである。現在も姓に錦織《にしきごおり》、織田《おりた》、綾女《あやめ》、織部《おりべ》、織多《おりた》等を散見するが、織製の家系と関係するか否かとは別に、織部の技術集団が継続していたことが窺える。

絹織物は、奈良時代からますます発達し、貴族の衣料として朝廷に納めるよう義務づけている。周知の通り班田収授制をしき、男女とも六歳になると、男子に田を二反、女子にはその三分の二を支給した。そして、租・調・庸の義務を果させ、絹を朝廷に納めるための現物税として織物を発達させた。そして、麻は庶民の衣料として限定し、栽培面積を広げて行った。

このように、絹や錦が年貢として納められ、地方にその技法が浸透して行ったが、一説によれば、応仁の乱（一四六七）によって、京都西陣を中心とした錦の技法を、武将が地方に分散し豪農となり、地方で錦織りを普及させたとも言われる。地方の地主や旧家の土蔵には「縞帳」に貼付した錦や絹のサンプルが所蔵され、高機の道具で絹織用の筬《おさ》（竹製で糸を通す櫛状の道具。広幅用六五センチ）等がある。

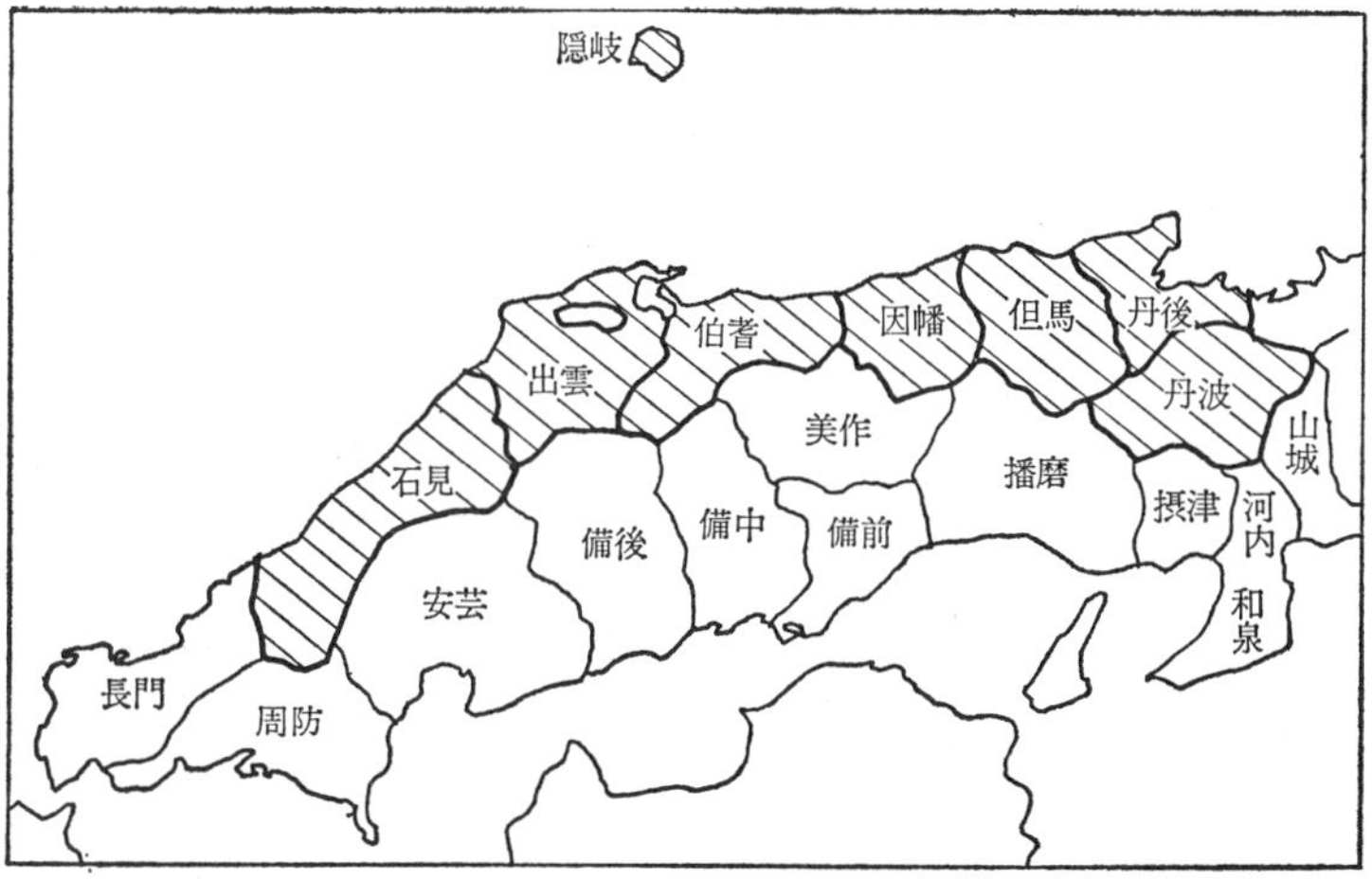

山陰地方８カ国図

高級絹織用の附属品は、江戸時代中期に、木綿以前から使用されていたことが明らかである。そしてその技法は庶民層に波及し、紋織り、風通織りの織り見本が秘蔵され、織りの土壌は底辺にまで浸透していた。

野生繊維

木綿以前のはるか昔から天然の豊富な野生繊維を績《う》み続けてきた庶民の技術文化を忘れてはならない。

そこで、山陰地方（丹波、丹後、但馬、因幡、伯耆、出雲、石見、隠岐）に産出する代表的な野生繊維について遡って考察してみたい。

山陰の地勢は、海と山に面し中国山脈を境として陰陽に分かれ、山陰側に降雨量が多く、河川が日本海に連なっている。山野には衣料資源が豊富に自生し、中でも藤や楮《こうぞ》、葛《くず》が多く採取された。楮では紙布《しふ》、藤で藤布、葛で葛布、科《しな》の木で科布《しなぬの》が作られた。これらの野生繊維は、刈り取ると灰汁や米糠《ぬか》でとろ火で柔らかく煮て内皮を利用した。内皮は流水に晒し、手や口を使って繊維を績《う》み出した。どの繊維とも一般に厚く堅い粗布に製織し「太布《たふ》」と呼称した。天然資源と土壌環境に恵まれた土地の人々は、繊維作りを容易に行なったが、江戸期には藩政の施策や親方子方関係の隷属等により多くの住民たちは苦しめられた。

例えば、島根県の亀井藩における貢紙政策と津和野藩の施策は次のようであった。『津和野町誌』(沖本常吉、一九七六)によると、津和野藩で、元禄九年(一六九六)より紙一丸について代米七斗七升を換算して実施させている。紙一丸とは四・五キロの重量で、日夜河川で漉《す》かねばならなかった。それは楮の原料に恵まれた土地の住民を育成する藩政の施策によるもので、土地を保有しない下層農民が多く、貢紙によって住民を搾取した。

紙布は、出雲地方をはじめ、丹波、因幡、伯耆地方でも近年まで製織された。特に注目すべきことは、どの野生繊維とも上代からの衣料であり、今日まで技術伝承され、織布が継続して来たことである。山に自生した藤や楮等の諸植物繊維は豊富で、勤勉に働けば働くほど収益を上げ得た。そして、それらは資本力のない者が簡単に取り扱える唯一の素材であり、その上、土地のない貧困者が多かったためでもあった。

藤布については、「山陰における藤布の技術伝承」(「物質文化」四、一九六四、出雲市、石塚尊俊)の調査報告によると、藤蔓で布を織ることは、なるほどその上限は古いが、下限は存外に新しく、近年も織り続ける老女が、伯耆に二名、隠岐に一名、出雲に四名、石見に二名の合計九名の技術者が存在し、原始的工程を記録している。また、鳥取県中部の三朝《みささ》町でも近年まで藤蔓で糸を績み桟俵《さんだわら》形(写真参

野生の藤繊維と藤布（鳥取県東伯郡三朝町，昭和50年）

照）にして備える鎌田みつ等もいる。老女たちは、藤布を山着として今でも着用し、茨除けに最適であると言う。しかし、最近山草利用が（家畜の飼料、田作の堆肥などにより）減退し、藤蔓が短くて繊維に使用出来なくなったと言われている。

こうして野生繊維を績《う》みながら、一方では急速な綿布の普及により、藤布や紙布の産出が木綿と並行して存続していることが地方の諸資料に記録されている。第1表「織物及び楮産額」（巻末付表参照）に明示された例では、明治九年、島根県浜田市の木綿と紙布、楮の産額を比較している。木綿縞の単価が一円に対して、紙布は三〇銭で三分の一弱の価格であり、さらに木綿縞の五〇パーセントの産出量である。紙布の増産の背景は先に述べた貢紙等の歴史的影響にもよるが、木綿が伝来し普及しても、長い間に培われた民間伝承の技法は、竹を割る如く変革されるものではないことを教えてくれる。この山陰地方浜田市の木綿と紙布の産額の一例ではあるが、大半の地方でこれらの素地が次に述べる縞や絣を完成させる原動力となっていることを忘れてはならない。島根県鹿足郡の大庭良美は、在来の繊維の取り出し方について聞書きをしている。それによれば、石見地方の礼服はいごき(紙布)に紋を付け、いごき袴をはいたという。また、晴着もいごきの長着と羽織を藍染めにして着用した(紙布の作り方については『石見日原村聞書』大庭良美、一九七四、参照)。

二 木綿の流入

木綿が普及し始めた江戸時代中期の庶民の願いは、「早くモンメンが着せたい」ということだった。木綿を「モンメン」「晴着」と呼称して珍重した。西日本一帯の温暖な地方は綿作に適していたが、海岸の丘陵地は栽培が不可能だった。したがって、遅くまで麻や紙布を着用し、木綿は外出着でもあった。このように、山陰地方の木綿の普及には地方差があったが、庶民階層にも格段の上下較差が生じ、中には厳冬を凌ぐことさえ出来ない、そして麻布すらもたない人も多かった。何よりも木綿を着用することが庶民の願望だったらしい。

そこでまず、綿や綿布の生い立ちについて、木綿がどのような経路で流入したのか、諸文献や先輩の研究を参考にして述べてみたい。

1　綿作と農民

綿種と綿布

綿種の伝来について、いつどのような経路で日本に伝わったのか、いつ頃から庶民の手によって栽培されたのかは諸説があって一定していない。一説によれば、八世紀の延暦一八年（七九九）に三河国（愛知県）に漂着したインドの崑崙人《コンロン》が綿種を持参して伝えたと言われる。そして、翌年には紀伊、淡路から四国、九州の暖かい国々に栽培を試みたが失敗し、絶滅してしまったらしい。

綿種の伝来については、いずれの文献や諸説も延暦一八年をあげている。しかし、絹や麻に比べてその歴史は新しく、一五世紀以後木綿は再伝来し、綿布を朝鮮から移入することに始まったようである。在来の絹や錦、麻の紡織技術がそうであったように、木綿の流入も中国あるいは朝鮮から日本に伝えられたようで、綿種もその際移植され、各地で試作・普及するようになったと思われる。

隣の中国大陸では綿布の普及がめざましく、明の時代に入って商品としての綿布が日本に輸入されている。『日本染織発達史』（角山幸洋、一九六八）によれば、朝鮮との貿易によって綿布が輸入され、応永二五（一四一八）年から同三〇年（一四二三）の五カ年間に、回賜綿布は一万一六八〇疋（一疋＝三五尺）にも達していると記録されている。

このように貿易によって綿布が輸入されたが、庶民の手には渡らず、一部支配者階級の物として使われ珍重された。そして、僧侶の袈裟等に絹と木綿の交織がみられ、木綿は唐物の奢侈品として取り

茶綿の花（倉吉市，昭和50年）

扱っていたようである。ところが、次第に木綿衣料の優秀さが認識されると、ますますその需要が多くなり、前出『日本染織発達史』によると、「天文ごろの綿布の輸入は四万疋ほどに達した」といわれる。これらの唐木綿を輸入する際に綿種も流入し移植したようである。そして、唐木綿に南蛮渡来の木綿が加わって普及するにつれ、国産綿花の栽培に成功し、次第に綿布が広まって行ったようである。

綿種の伝来についても正確なことはわからないが、一五～六世紀の頃これら唐木綿の輸入と共に朝鮮から再来したとする見解が正しいように思われる。

わが国の綿作についても、正確な年代は不明であるが、初めて綿布を織り出した三河が最も古い生産地のようであり、三河では早くから綿作も行なわれていたと想像される。『愛知県の歴史』(塚本学・新井喜久夫、一九七〇)によれば、「『永正年中記』に、年貢一八〇文の分として、『三川木綿』をとったとしるされている。三河産の木綿が商品として各地にでまわっていたのである」と、述べている。この記述から、八世紀末に三河国で栽培に失敗した木綿が、永正年中（一五〇四―二〇）には再び発達の基盤を作って定着していることがわかる。また、諸文献によれば天文年間（一五三二―五五）に薩摩の織工が綿布を織ったと言い、「文綿《もんめん》」「ふと物」と呼称されて次第に各地方に普及して行った。中でも早くから綿を栽培し、木綿産地として有名なのは、三河木綿の他に松坂木綿、河内木綿、博多木綿、小倉木綿などである。

一般に綿作が日本各地に広まり普及して行ったのはいつ頃であったろうか。三河の国では明応年間（一四九二―一五〇一）に綿作が行なわれ、その後、文禄年間（一五九二―九六）頃に各地で普及したと言われている。大和地方では文禄二年（一五九三）頃と言われ、慶長五年（一六〇〇）には大和白木綿が製織された。

備後地方の綿作は、元和五年（一六一九）に城主水野勝成公の奨励作物として広められ、隣の広島藩には、寛永三年（一六二六）に綿座を置き、他国移出の綿について綿運上銀を徴した。そして、綿や織機を貸付けて織らせる問家制家内工業として発達した。福山藩では寛文から元禄（一六六一―一七〇四）にかけて年間四万俵の繰綿を領外へ移出した（『広島県の歴史』後藤陽一、一九七二）。

ところで、山陰地方の綿作はどうであったろうか。鳥取県では、延宝四年（一六七六）に小空新兵衛が備中国玉島に綿実を求めて輸入し、境港付近に移植したのがその始まりであると言われている（『境港独案内』小泉憲貞、一九〇〇）。また、山陰の松江藩では、寛文二年（一六六二）に著した『免法記』（岩崎佐久治）によると、市《いち》に出した商品の中に楮、木綿が販売されている。先に述べた延宝四年（一六七六）に境港の弓浜半島に綿実を輸入したとすると、それより一四年前に隣接の松江藩の市《いち》に木綿

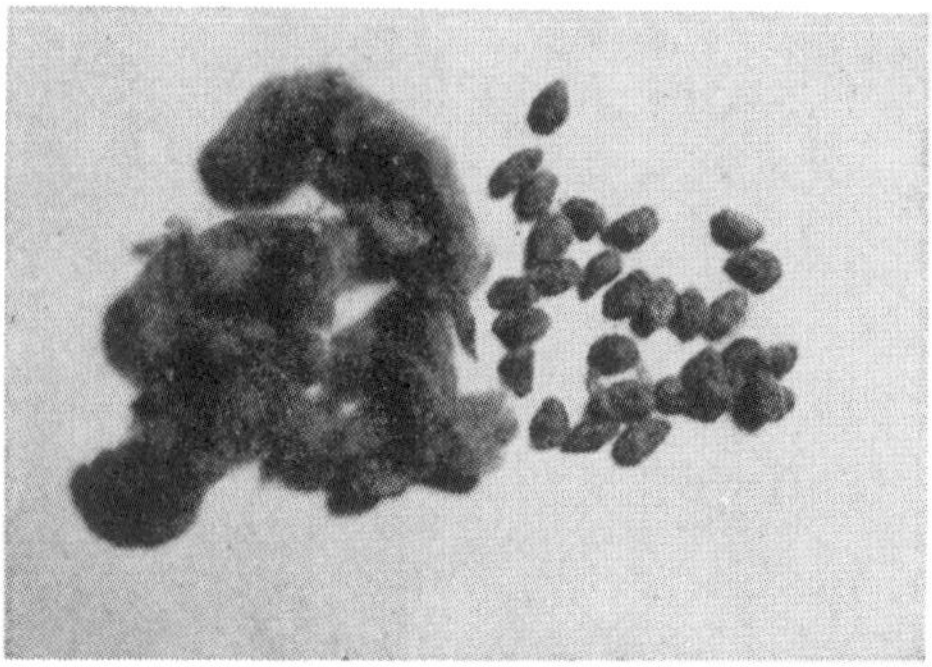

茶綿と綿実

綿畑（倉吉市）

が登場している。原料の繰綿を他藩から移入したのか、土地で自給したかは不明であるが、綿布に織るまでの工程や時間を考慮すると、繰綿の移入過程において綿種も入手したのではないかと想像される。

明治二〇年一月二三日、同二四日の「鳥取新報」によると、「浜の目地方の如きハ一部の砂漠にして、往古未墾の土地たりしが、今を距る凡そ三百二十年以前河内国より綿作法を伝習し此地へ植作せしを以て爾来木綿製造業を興起せしと言う。」とある。この記事によれば、明治二〇年より三二〇年前は永禄十年（一五六七）にあたり、一般に綿作が普及したという文禄年間（一五九二―九五）と年代は合致し、河内国から移植したのが始まりとする記録が理解できる。そして、前述した隣の岡山、広島藩より約五〇年早く綿実を輸入し栽培を開始したようである。したがって、前出の『境港独案内』の延宝四年（一六七六）に備中国より綿実を輸入したとする説は河内国より移植した年代と百年以上も開き過ぎていて疑問が湧く。私見では、中国山地は鉄の産地として早くから開け、海路や陸地の交通もよく発達し、京都・大阪との往来も激しく行なわれ、鉄商人の有力者が多かった（「鉄と木綿」の項で詳述）。

かれらは商業資本の蓄積を背景に鉄の他に綿業にも手を出し、二大商法で富を築き上げた。このような産物は、商業上取引関係により単独で発展せず、他の産物にも影響を与えるようである。これらのことを考慮に入れながら推察すると、綿実や綿布の伝来と流通は各国で百年間の較差が生じることはない。そして、大阪の綿商人が寛永年間（一六二四―四四）に京橋で繰綿の市場を開き、中国地方の綿を集荷している等、地方にも綿問屋、仲買が誕生した。鳥取県倉吉町の古記録に「綿屋」という屋号の綿屋八良右衛門（延宝二年・一六七四）の名前を見出すが、綿問屋かどうか確認する資料がない。しかし、在来の太布と比べて綿布が奢侈品としてもてはやされ、綿作の有利さからも、綿業に着眼せずにはいられないだろうと思う。

丹波木綿や綿作についても、土地の資料は、宝永年間（一七〇四―一一）頃に綿作が普及し、綿布を自給自足するようになったと伝えているが、河内や大和に隣接する丹波地方が、大和の白木綿製織（一六〇〇）より百年も遅れていることに疑問が湧く。これらの諸資料を列記しても、山陰への木綿の流入年を確定することはできない。庶民の表面に出ない底辺文化は深遠である。

また、山陰の地勢は日本海に面し、河川の河床が砂丘地を連ね、綿の栽培に適していた。鉄山の発達により中国山地から産する鉄（たたら）のかんな流しが作物土壌として喜ばれたことも綿作の発展に拍車をかけたようである。

綿の栽培は温暖な地方に適し、東北を除いた日本各地に普及して行った。中でも、安房（千葉県）、三河（愛知県）、尾張（名古屋）、河内（大阪府）、大和（奈良県）、摂津（大阪府）等の綿作は急速に発展し、産地としての基盤を作り上げ、さらに西日本一帯に波及したのである。

綿作は八十八夜前後に畑に種を蒔き、肥料を施す。肥料は他の作物のような堆肥や米糠等の自給肥料ではなく、干鰯や油粕等の金肥を与えなければ上等の綿花は咲かなかった。このように、大坂附近に綿作が発展した理由の一つに、天候と最適な土壌に恵まれたこともあるが、海運や諸河川の舟運によって肥料を入手しやすかったために干鰯問屋等も早くから生まれていたこともあげられる。そして、何といっても注目すべきは、大坂商人による綿集荷の販売組織が出来上がっていたことである。前述した京橋で繰綿市場を開いたという記録（『大阪市史』第一巻、大阪市役所、一九一三）によると、大坂の綿商人が寛永年間（一六二四－四三）に京橋で綿市場を開設し、その市場に畿内や中国方面の綿実と繰綿が売買されている。その後、元文元年（一七三六）に大坂市場に集荷した繰綿産地に、丹波、河内、大和、和泉、摂津、伯耆、備前、備中、安芸等の地名が登場する。

このように、比較的早くから地方の産綿が全国的に商品として大坂市場に集荷され、中央市場に組織化されていたようである。

前出の記録にみる西日本での綿作は急速な進展ぶりで、麻栽培を捨て、やがて米作りを綿作に転換するほどの勢いであったらしい。『ふとん綿の歴史』（吉村武夫、一九六六）によると、大坂周辺の農家は、一戸平均四～五反歩の綿作面積を持ち、一反歩について豊作の場合は四百斤の産綿高となり、米作より綿の方が商品性が大であった。そのため、田地を綿作に転換し、利潤を得ようとする農家が増え、寛永二〇年（一六四三）には綿作禁止令が出るほどだった。綿作が普及すると、金肥の需要も増すばかりで、大坂に干鰯問屋も併せて生まれた。ますます木綿が生活必需品化するにつれ、幕府は田地に綿作を栽培することを安政三年（一八五六）に許可したのである。

この傾向は、地方の綿産地にも広がり、綿の耕作面積を広げるとともに積極的に金肥を購入して商品作物の生産に力を入れた。山陰地方の松江藩においては、明和三～安永四年（一七六六―七五）間の七代藩主治郷時代の綿作は、出雲郡今在家村一三町七反余の畑のうち四割に当る五町五反が綿作に当てられている（『島根史学』「序稿――棉作と御立派後の藩政について」藤沢秀晴、一九五七）、といわれている。そして、下層農民ほど綿作を行なっており、最下層農民の女たちは、上層農民より原料の貸付を受けて働いていたようである。

当時の地方農民は生活に困窮し、田作以外に野生の資源を求めて紙布や太布等を産出したことは前述した通りであるが、綿作が多大の利益をもたらす画期的な商品であることがわかれば、農民の間に普及しないはずがなかった。当地、鳥取県弓浜半島の綿作は、品種改良の結果、当成綿《とうなりわた》の品種が産額を増加させ浜綿《はまわた》として名声を博していた。しかし、その背後には苛酷な女性労働の生き様があった。

綿井戸

綿の産地では畑毎に綿井戸を持っていた。山陰の弓浜半島は、東西一九キロメートルに及ぶ砂丘地

綿の水かけタゴ（米子市，川端栄子）左は同タゴ。中央に穴があり，棒で調節しながら灌水する。

帯で、そこら一帯に産する綿は、良質の短繊維として有名だった。砂丘地は綿作に適しても米作は出来なかった。麦や芋を栽培して、それを常食とする貧弱な生活であり、麦作の中に綿種を蒔いて増産した。その後、次第に栽培面積も広がり、商品化農産物の第一として発展した。

山陰地方の綿作は、六月一日頃からミカンの花が咲く頃にかけて種子を蒔く。ミカンの花に頼っても年変りで咲く時期もずれたので良く観察し、種子は前日より水にかし、水を切って藁灰を塗してから蒔いた（福井照子談）。綿作には金肥はつきものだが手を出さず、弓浜半島の地引網によって得た干鰯や、隠岐島から集荷した人糞尿を船で運び込み、綿の肥料にしていた。灌水には綿井戸（直径二メートル位）を畑毎に並べ、今でもその名残りを残している。そして、綿作がいかに重労働であったかは、たくさんの古老の証言を得た。

綿は、綿花が咲くまでに想像もつかぬ苦労があった。三回の間引きに三回の施肥（当地方では、一回から始まり三番間引きに三番肥《ゴエ》）で、人糞尿の悪臭に悩まされた。晴天ともなると、他国から運搬した肥を相棒で担ぎ、綿畑を往来する人たちで賑わい、「田舎の香水は良く効く」（人糞尿は悪臭ほど良効）等と挨拶を交していた。そして、一日一回の灌水作業が嫁の仕事として分担されていた。水加減によって綿花の生育が左右し、若嫁を鍛えて訓練したようである。弓浜地方の砂丘地は灌水時期に灼けつく暑さになり、まず素足で歩くことから熟練を要したという。そんな畑に毎日立って、井戸から水を汲み上げたが、一杯や二杯の水ではない、見わたす限りの綿畑に向って、底穴のあいた担桶に満水しては走りながら灌水した。ひと畝《うね》ごとに越えて畝《うね》変りをするたびに担桶の底穴を手で閉じて行く。水を担いでいて、両手を動かす、芸人のような技のいる作業だった。

私は、何度となく弓浜半島を訪ね、見わたすかぎり綿畑だったという彦名（地名）の畔道で、また老女に綿作についての話を聞いた。「綿は嫁殺しと言ってなあー、灼けつく砂丘畑に水を担いだむんだ。ほら、そこにある綿井戸から水を汲み上げてな、今は昔語りですぜ、伯州ねぎに変わってしまい夢のやな気がするわぃな」。

擂鉢状の綿井戸は水を汲み上げるのに砂に滑って登れない。足腰を鍛えなければ水が汲めなかった。夕方になると下肢が腫れ上り、正座ができなかったという。

また、鳥取県中部の北条地区も綿の産地で、綿井戸が砂丘地に数千個掘られ、大型綿作地帯であったが、「嫁殺し井戸」と言って、苛酷な労働を強いる結婚を避けた。それは、女性を労働によって評価し、砂丘畑は日没後も白い貝殻を目印にして働けと言う村の決り言葉があり、水汲みで肩にコブを作った女も多かった。綿の灌水だけに一日百回の水を井戸から運び続けたと言う（北条町、吉田老女談）。今は茅一面に覆われ、その窪みに足を入れてみると、ずるずる砂滑りして井戸に落ち込んでしまいそうだった。

綿井戸に顔を写して耐え続けた女性たちの多くは猫背となり、足幅も広く厚く外鰐《そとわに》になっていた。

綿作りは農民哀史である。せっかく実った綿桃が台風で捥《も》ぎ取られた時は、桃を拾い集めて地面に顔を伏せて号泣し、どうして年を越すのか、鉛色の空を見上げて天罰を呪ったと言う。農民は気候が相手であった。綿が唯一の商品作物であり、命であっては、天災として片付けられぬ問題である。そのことから、農民は夜、星を眺め、起きては天を仰ぎつつ天候を占った。「西風が吹くと、あくる日ええ女《にょう》ばに出会う」、農婦の気象予告には狂いがなく、西風の次の日は穏やかで作業計画が立つと言う。物の考え方も自然から形容することが多かった。

このような時代の変遷を畔道で話してくれた老女は、わざわざ納屋から、かつて自分の担いだ油垢のついた棒と水担桶を取り出し、小走りに走りながら綿の灌水方法の実演をして見せた。そして、その水担桶の底穴の散水手動調節法を指導し、私に譲ってくれた。私は、「嫁殺し」の桶に女の忍従と誇りを見出した。畑に残された井戸も綿作の重労働を物語ってくれた。

綿もりさん

綿の花は芙蓉に似ている。見わたすかぎり花盛りになったと思うと綿桃がふくらみ始める。「二百十日の一つ吹き」と言われ、桃が割れて真白な綿が垂れ下がる。一番上等の綿を「さきもり」と呼んでそれを種子にした。綿の収穫は、雨天や露のある間は出来ない。晴天の限られた時間に一つ一つ手で摘んだ。綿もりとは、綿を収穫するという意味で老若男女がその作業についたが、中でも娘が一番多かったので愛称として綿もりさんと言った。綿の収穫時にはちょうど田植時の早乙女と同じく、着飾った娘たちの集団移動が始まった。綿摘みは短期間の手先労働で、娘たちは喜んで就労し、他国から遠路はるばる応募した。

弓浜地方の綿の取入れは猫の手も借りたい人手不足で、男の紹介者や口入業者が先頭に立って娘たちを集め、交通機関の発達していない当時は、風呂敷包みを背負って男が先頭に歩き、毎日歩き続けて村に帰ったと言う。綿もりさんの数は莫大なもので、その収穫時になると、出雲地方の神戸《かんど》や石州(石見)、大根島、隠岐等からたくさんの娘が集まって来た。それは石州女《せきしゅうにょうば》・石州下女《せきしゅうげじょ》と呼称した出稼ぎ集団だった。

『広瀬絣』(島根県教育委員会、一九七五)によれば、明治元年、石見国邇摩郡宅野村(現在仁摩町)に残る庄屋の古記録に「伯州大崎村(弓浜)の百姓源兵衛方、八月十日二三人(女性、綿もり女房五、娘二二、姉妹六人)その内九人は十一月迄滞在する」という季節的集団出稼ぎがあったことを記述している。

米子市彦名に住む川端栄子(明治三〇年生)は、「石州地方は秋の取入れを早く済ませ、綿もりさんが集団を組んで十月下旬にやって来た。一軒一軒家を回って庭先で伺い、我家にいるほど貰って（必要な人員を確保して）次の家に渡していた」と、話している。

手拭をあねさん被りにし、絣の着物に赤いタスキを掛けた姿は、綿畑を一層見事なものにした。腰には二つ三つの籠をつけ、手で摘む姿は男性を興奮させ、夜は娘宿へ通わせたと言う。

綿もりが始まると村が活気づき、胎動した。現金収入の綿花が山と積まれる喜びと、男女の自由な恋の日々を迎えたからでもあった。

古老が「綿もり歌」として唄ってくれたのは、「そうてつまらぬ綿もりさんと、十日や二〇日の仲じゃもの」という歌である。このように他国の娘たちが集まれば、娘宿というものがあり、その名残りは大正頃まで続いていた（米子市富益、岩浅いせ・永見寛義、ともに明治二一年生）。

娘宿は村々に点在し、いろいろなエピソードを生んだ。よそ者を泊める娘宿や、村の娘を集める集合場所等、その目的は一つで、綿作や紡糸作業の能率を上げるための為政者の手段であった。しかし、学校もない当時の娘たちにとって、娘宿は唯一の楽しい社交場であり、数十人が集まって綿繰りや糸紡ぎをした。夜なべ仕事も一人でするより集団ですれば楽しく、夜食に番茶と漬物のたくあんを食べながら一一時頃まで働いた。村の若い青年は、その時とばかり娘たちと交流し、他国の若い娘との交際も許されたが、中には恋愛して親に反対されたまま村に居ついた人も多かったと言う。

米子市、吉田清子（大正三年生、仮名）は、「四代前の祖先、吉田多吉の妻は石州から綿もりに来て居ついてしまった。多吉は、前田という庄屋の長兄でありながら、綿もりさんがあまりの美人で惚れてしまい恋愛をした。余所者との縁組は許されんと親は反対して、前田家を吉田姓に変えて分家をしたのが、この家の始まりです」（人物名はすべて仮名）と言う。この周辺ではよそ者のことを「馬の骨」とも言って結婚を嫌っていた。ところが、そんなケースは非常に多く「あそこも、ここも余所者だけん」と、いつまでも名指された。このように綿作産地には他国人との血が混じり合って発展した。それほどに綿作の盛況は画期的なことであり、たくさんの雇用労働力を要したようである。

また、ある老女は、「綿もりさんと夫の情事に悩まされ続け、とうとう愛人が身籠ったことを知った。自分は生まずの身だったので諦めてはいたが、自分の立場が危くなったので、勇気を出して綿もりさんを大切にし、分娩するのを待った。その年に収穫した新綿《しんめん》に赤ん坊を包んで帰り、綿もりさんの落し子を育て上げた。腹は借物、夫の子は私の子どもと思い、愛人に憐憫《れんびん》さえなかった」と語った。

村々に他国人の往来が激しくなる頃、越中富山の薬商《う》りの美男子の一行が鳴り物（アコーディオン）に合わせて「オイッチニイ、オイッチニー」と、威勢よく村を渡って薬の宣伝をした。娘たちは綿もりを装えば外出も許可されたので、富山の薬売りに連れ出され、懐妊して親元に帰り男児を出産した。そして翌年薬売りの一行を待ち続けたが、二度と再会することが出来なかった人もいる。

綿もりさんたちは、さまざまなドラマを演じてくれた。恋愛をして親を捨てた人、愛人を捨てて落し子を残して帰った人、薬売りの落し子を育てた人等、ドラマは毎年のように繰り返された。

新綿が吹く頃は毎日綿畑を見まわり、気象に注意を払っていた。最初に吹く綿実を「さきもりさん」（先に盛る人）と、敬称呼びをした。ところが、秋雨や霰《あられ》が降り続くと綿実はなかなか割れなかった。割れない綿桃を収穫して家族と一緒に炬燵に入れ、子どもを温めるようにして綿実の割れるのを楽しんだ。そして家の中で綿もりを味わった（東伯郡羽合町、船田老女談）。

綿作も重労働だったが、綿買いも命がけの仕事であった。村々には綿籠を天秤棒で担いだ男が家を回り、綿を買収する仲買人がたくさんいた。交通機関の未発達な当時、綿買いは徒歩で泊り込み集荷によった。男たちは何日も家を空けて綿買いに回り、独占的買占めをする者もあり、綿商人の競買値段もあった。

『徳岡久達伝記』（徳岡久達蔵、一九一九）によると、慶応三年、倉吉の綿問屋となった徳岡久達（徳岡家は町年寄を勤めた家柄で綿業で分家し久達を世襲する）が、弓浜地方に新綿の購入に出かけ、帰途台風のために橋が流され、水中に投げ出されて、命がけで渡った様子を名文で記述している。このように、当時は天災により川渡しによる惨事がたびたび繰り返されながらも、商人たちは自然の脅威と闘い続け、遠路まで足を延ばしていた。かれらの装束は草鞋履に紺の着物と股引姿だった。こうした綿の仲買人が増えてくると、富農は新綿を前借金の代償に買い占めて綿蔵に貯蔵し、ますますふくれて綿で丸くなって行った。そして、小作貧農者との差が顕著になる一方で、いろいろな対立も深まり、統制が行なわれたが、それは生産者側に不利益なものだった。現在も屋号に「綿屋」と名乗る家には、白壁の綿蔵が並んで当時の隆盛を物語っている。

夜なべの糸紡ぎ宿

綿から糸にするには綿繰りと綿打ちを行なう。綿繰りは、収穫した綿花を良く乾燥させ、枯葉や小枝を除去して綿繰器にかけて種子を取る。綿繰器（写真参照）は小型の簡単な手動で回転する道具で、二本の軸（木製のロール）の間に綿花を挾み、ハンドルを回転させると、種子だけ残して綿繊維が取れる。これは誰にも出来る単純労働で、収穫時は老人や子供の仕事だった。しかし、綿打ちは元気のいい男が当たり、村には綿打ち専業者がいた。綿打ち屋は唐弓（長さ一・五メートルの木に鯨の筋や牛皮の筋で弦を張ったもので、弓の重さは一・五キロ。木槌が別にある）を持ち歩き、槌を使って綿打ちをした。場所は各農家の庭先のゴザ敷の上に綿を拡げて、中座の姿勢で綿を打っていた。

綿繰器（倉吉市）

鳥取県西伯郡大山町の谷野義信（明治三六年生）は村内の綿屋、谷野広光の専業の唐弓を護受し保存している。古老の談話によると、「大山町平田は日本海に面した内湾で船舶の往来も早くから行なわれ、渡海丸という藩札を持った船が享保七年（一七二二）から近隣の米を百俵積み出していた。そして附近の海岸で採取した海草が弓浜半島の綿作の肥料に喜ばれて綿と交換した。そのために綿打ち屋が発展し、糸に挽かせて木綿を織り出した」。

糸つむぎ（倉吉市，鳥飼たけ，明治27年生）

油垢の附着した黒光りの唐弓に手拭が巻き付き、使い切った槌も変形して真黒だった。綿打職人になるには、五～六年の徒弟奉公が必要とされ、熟練のいる仕事だった。今は西日本で唐弓を保存している綿屋は希少だが、大正初期頃まで唐弓を使っていたようだ。そして、昭和の敗戦後、衣料不足から自給自足の綿作、綿打ちが再興し、しばらく続けられた。

綿打ちによる減綿は約一割で、打つ前後に綿を計量して確認したと言う。綿打ち屋は薄給者が多く、綿で代引きをする業者がいるほどだった（鳥取県東伯郡羽合町、谷田亀寿談）。

綿は伯州綿として、松、竹、梅、飛の四等に等級を決める等（明治五年）、ますます声価が高まった。また、一方、綿を打てば後は女の仕事、来る日も来る日も紡糸に明け暮れた。糸には良く打った綿を篠巻《しのまき》（綿を少量一升枡の裏に乗せ、その上に丸箸を中に入れて巻き空洞の綿棒を作る）に作り、紡糸車を用いて篠巻《しのまき》を糸に紡ぐ。このような糸車が普及しなかった頃は、はずという竹軸の上端を割った工具に篠《しの》巻《まき》を掛け、糸を手で引き出して撚《よ》りをかけたようである。非能率な手引きの紡糸法に比べ、紡車は竹製で綿糸のベルトで回転する能率の良い車で、中国から輸入され、家庭の常備品として普及して行った。糸車が紡糸速度をあげ、紡糸の発展の要因になったと言っても、全く女の仕事として片付けられ、手先の器用さが試された。しかし、人の手仕事には限界があり、一日に綿糸に紡ぐ量は四五匁（約一七〇グラム）が普通で、一反分の糸の分量は、四～五日間を要したようだ。したがって、江戸時代後期には、木綿の生産は分業による能率化の方法がとられ、綿繰屋、綿打ち屋、糸挽屋、紺屋、機屋等と専門化されて行った。しかし、在家の隅まで綿業の分業をしたわけではなく、夜なべの糸紡ぎは女の仕事

手紡糸（倉吉市）

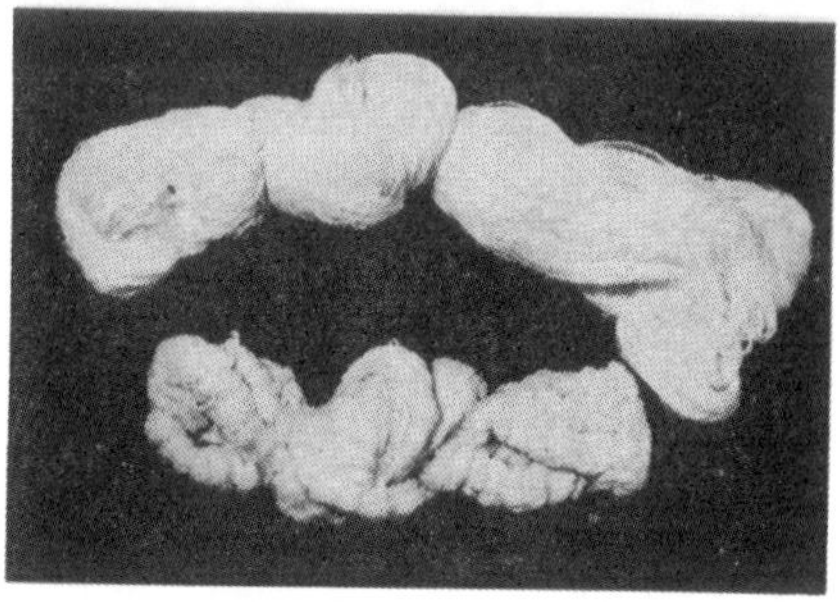

同上　機械紡績（上）と手紡の綛（下）

として固定化されていた。

　そして、鳥取県では旧藩倉に糸挽木綿取扱所を明治一五年に許可し、原料を与えて賃挽きさせている。糸紡ぎ人口が増え、次第に紡糸が商品化し生産が増加するようになると、糸挽賃を上・中・下の格差にふるい分け、上の紡ぎ賃と下の紡ぎ賃は四〇パーセントの差で取引をした。第2表「明治一六年、鳥取県糸挽賃及び綿打賃」（巻末付表）の記録によると、糸挽賃百匁（三七五グラム）代金、上が十銭、中が八銭、下は六銭である。そして、一反分の糸の必要量は二百匁強（約七五〇グラム）用いていた。

　こうした紡糸の商品化はますます盛んになり、仲買いや問屋の厳しい買い付けに悩まされ、隷属させられた。また、綿もり代金に綿を支払い、糸挽賃に綿を支払う綿替制度は、女子労働を一層苛酷なものに追いやり、夜なべの糸紡ぎで採算を合わせた。そして、上等の紡糸を紡ぐため毎日訓練したが、上達するまでには相当な年季と、持って生まれた器用さが必要だった。

　しかし、夜なべの紡糸作業は、明治後期の洋式綿糸の出現によって多少衰えたものの、各家庭では綿を栽培し、紡糸して布に織り上げる一貫した生産様式は、昭和二〇年代まで続けられ、昔の原始的工程がそのまま伝承されていた。

倉吉市、河島つち（明治二〇年生）は、「夜なべの糸挽き宿は順番制が取られ、五〜六人が集まって糸を紡いだ。電燈もストーブもない板座敷（板の間）の上に寄せ合うようにして働いた」と言う。それは、眠気をさますために役立ったが、集合訓練場で競争させるためでもあった。女が生まれると、幼少時から糸車を与え、女と糸とは宿命的な出会いであった。つち女も、糸車の丈と同じ背丈になった頃には、他家の板間に集まって夜なべをしたと言う。その時、糸車を持ち上げるほどの背丈がないので天車《てんぐるま》（糸車を肩に乗せて歩く）にして持ち出したと語った。「糸挽き上手な嫁は嫁一番、その家が栄える」と、何度となく姑の苦言を聞いて生活した。つち女の記憶はまさしく、つい先頃まで続けられていた女の生活の一面である。

2　木綿問屋への隷属

木綿市

木綿の発達について忘れてはならないことは、江戸時代の身分制による奢侈禁止令等である。寛永三〜一九年（一六二六—四二）の「百姓の衣服、布木綿に限り絹類を禁ず」、また、『鳥取藩衣類書　御家中御法度』（寛永九—享保一八年、県立鳥取博物館蔵）によると、「元禄四年（一六九一）二月、一、侍中衣類之儀、小袖羽織裏付之上下木綿可用之、裏不着、襟等は絹之類勝手次第候、帯ニテモ不苦候。七

十以上トル六歳以下絹之衣類御免之事。(中略) 一、召仕之女衣類木綿可着之、(中略) 一、中居以下女衣類裏下着帯共一切木綿布可用之事、一、足軽、鑓持以下ハ衣類一切木綿布可用之事 (以下略)」。

これらの御法度は材質に対する厳然とした禁制であって、絹物を禁止した。このことが庶民を刺激し、一層木綿の発展を促進して行った。木綿の需要と供給が増大し、白木綿が製織された。その生産活動と木綿の取引、木綿市がどのような成立過程を経て浸透して行くか、それに従事した女性たちの証言を交えて述べてみたい。

木綿の発達した原因は、第一にその繊維の優秀性にある。今までの麻や楮の繊維に比べてはるかに優れた織物だった。柔軟で保温力があり、吸水性に富み、さらに染付が良いこと等が特長である。そして、麻や藤と比較して紡糸作業に約四倍の能率が上がり、労力の軽減等の利点が喜ばれた。そのことがますます木綿の需要を増したが、庶民の衣料になるまでには相当の年数を経ていることが次の記述で判る。『日本歴史』(読売新聞社、一九六三) によれば、天文年間 (一五三二―五四) 頃に木綿が普及したので、武士の衣料として麻の布子から木綿の布子に変えさせ、軍需品の馬衣や胴服、軍服、鉄砲用火縄に木綿糸を使用し、貴重品であったと言う。武士は衣服を麻衣から木綿に着替えたが、庶民が手にするまでには約百年の歴史を経なければならなかった。また『鳥取県史』六 (因府録、一九七四) により慶安元年 (一六四八) から寛文年中 (一六七二) までの衣類についての御触を抜粋すると、武士の衣類は木綿と絹で下々の者の着用は御法度であること、慶安元年に出た御触が、寛文八年 (一六六八) には、召仕の女は絹を着用し、茶の間より以下の下女は帯も着物も木綿を着るように命じている。これは一地方の記録であるが、木綿が武士の衣料から農民の衣料に推移したことを物語っている。木綿衣料が庶民の物となると、保温性に優れた中入綿の着物まで出現する。引っぱりや摩擦に強い上、着装上の容姿も変わる。こうなると、一刻も早く綿布を身につけたいという欲望が強く、木綿の普及は庶民の生活に著しい変革をもたらした。

こうして、綿布の需要が増すにつれ、商品作物として流通し、農家の現金収入の道として綿業が急速に広まって行った。ことに家内工業として夜なべの糸紡ぎや機織りが発達し、やがて問屋に隷属し、吸い取られて行くのである。

木綿の取引の最初は、生産者が持出して市《いち》をたてたり、村回りの繰綿や木綿商人に売買することによって商品としての生産が始まった。村では縁日を中心に市がたち、毎月一八日は観音山の縁日、八日は薬師仏等と、参詣人を相手に路傍で露店を出したという。

出雲地方には、雲州木綿と平田木綿が有名であり、両者とも産地名で呼称した。いずれも取引は木綿市からスタートした。『山陰史談』三「明治前期における雲州木綿の取引き」(藤沢秀晴、一九七一)には、平田木綿は三八市《いち》といって月の三と八の日を平田木綿市に開市した。そして、その起源は明治二〇年より一四〇~一五〇年前に遡ると、組戸長が郡長宛に文書で報告をしている。平田町の木綿市の開市は逆算すると、一七三七~四七年で、元文から延享年間ということになる。これは鳥取の財木屋次郎兵衛が木綿問屋を命ぜられた元文五年(一七四〇)の前後ということになる。平田木綿市がたつ三日と八日は近郷近在の農家の賑わいが想像されるが、しだいに京坂地方に販路が拡張されて行ったようである。隣の松江藩でも少し遅れて木綿市が開かれ、市を特産物の取引場所として位置づけている。

こうした地方における木綿市は、当然中央市場から注目され、大坂市場の商人と雲州の商人が交渉を持ち、木綿の取引を商業ルートに乗せてきた。大坂三井の木綿買方商人は、天明年間頃から雲州や伯州の木綿に注目し、天明二年（一七八二）に伯州綿を買い、寛政一二年（一八〇〇）には雲州綿を買い始めている。それ以来買付方は増加し、文化七年（一八一〇）には二万二千反の雲州木綿が全国市場に出荷されている（『地方史研究』第一四巻「出雲の木綿市」伊藤好一、一九六四）。また、先に述べた伯州木綿も、天明二年（一七八二）に、伯耆国、赤碕宿の西紙屋佐兵衛が同三井本店の木綿買宿とされ、寛政九年（一七九七）の因幡・伯耆地方の木綿産額中、他国に販売する産額は、一六万七千反であると推定されている。また、文政元年（一八一八）の買付け量は五〇万反にのぼり、天保十年（一八三九）には、百万反にのぼったと記録されている（『鳥取県の歴史』山中寿夫、一九六九）。

木綿問屋

木綿の需要が増加すると、藩が殖産興業政策と木綿の保護育成に力を入れ、木綿問屋に命じて綿実や繰綿商人と共に積極的に買集めに力を入れたため、商品の流通を促進させた。

日本で一番早く木綿問屋が誕生したのは、矢作《やはぎ》（岡崎市）で寛文年間（一六六一―七二）であると言われる（『愛知県の歴史』塚本学・新井喜久夫、一九七〇）。農家から製出した綿布が店頭販売や、仲買人によって問屋に集荷する商品物資に変わり始めると、木綿の取引上の複雑な取締りと規制が加えられ、身動きの出来ない問題が起って来た。

鳥取県では、前述の財木屋次郎兵衛が元文五年（一七四〇）に繰綿と木綿問屋を命ぜられ、大坂の木綿問屋と商業契約を行なっているが、矢作《やはぎ》（岡崎市）の問屋より七〇～八〇年間の遅れである。しかし、綿作産地を背後にした因幡、伯耆地方はそれ以前に大坂市場に木綿を移出している。因幡地方で産する青谷木綿は享保年間（一七一六―三五）に大坂で集荷した木綿商品の中に名をあげ、伯州木綿も元文元年（一七三六）に大坂市場に登場している。そして、宝暦八年（一七五八）には、米子木綿問屋に宮長屋半右衛門を任命し、繰綿や綿布を領外に移出する場合は、同問屋を通じて移出させるように命じている。このように木綿の流通統制は厳しく、藩外輸出木綿に対して口銭や税を課したりしていたようである。

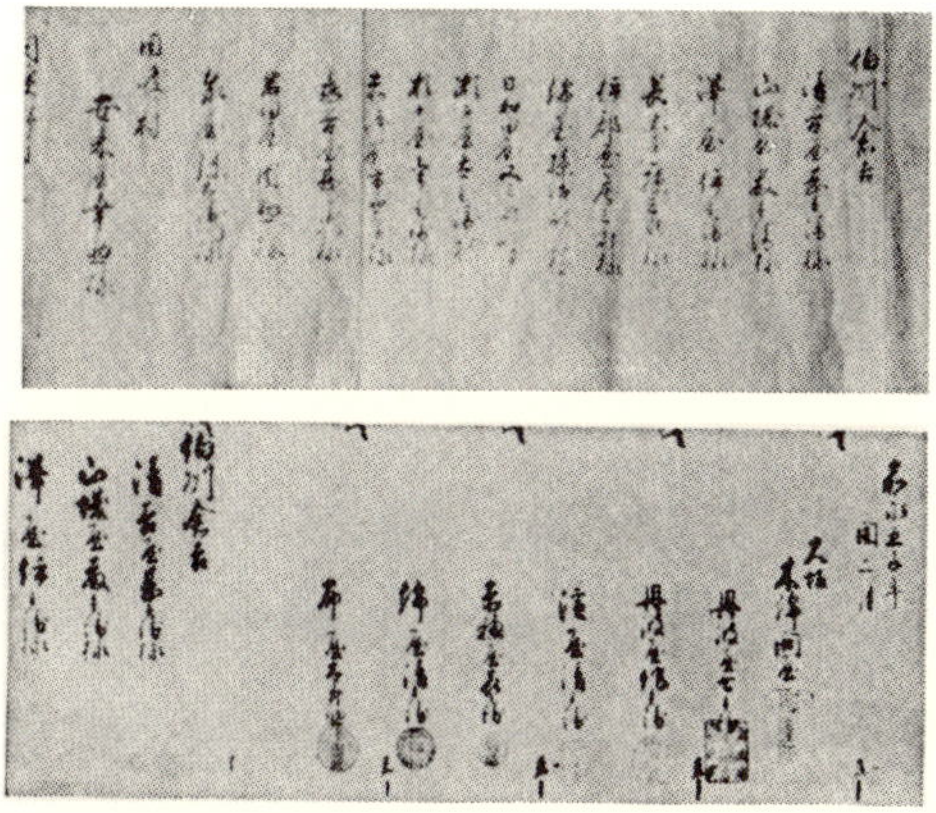

大坂木綿問屋から倉吉木綿問屋への書翰（1852年）
（倉吉市，河島雅剛所蔵）

藩外輸出木綿の多くは、中国山脈を馬で運び、山陽の岡山に出て大坂まで搬出した。

『雲州木綿継送の際紛争関係文書』（近藤喜兵衛蔵、一八五三）によると、嘉永七年（一八五四）、中国山地越えで山陽に荷送の途中、木綿荷物を積替の際に八〇箇が馬士によって奪い取られたと、盗難の訴えを述べている。陰陽を結ぶ主要ルートは、田代《たしろ》峠と犬挟《いぬばさり》峠、四十《しじゅう》曲《まがり》峠の三つの峠で、その呼称からも犬も通れぬ峠道や四〇の曲り坂道の難堤《ぜき》だった。峠の下には地蔵を祭り交通の安泰を祈願した。そして、古文書にみる峠の入口の番所では、通行人の持物を調べ、藩外に出る物資や持ち込む荷物をいちいち検査した。

犬挟峠《いぬばさり》の入口（現在、鳥取県東伯郡関金町）で、元禄時代から明治初年まで荷物運搬問屋を営んでいた小川家には「文久四年、木綿請払控」が所蔵されている。往来の盛んな峠道の村には民宿も繁昌したようだ。また、同所の番所を通過した木綿の出荷記録の一例として、『久原、山口番所出入荷物改帳拍』（小谷甚市蔵、一八三四）によると、倉吉の木綿問屋から送り出した綿布高が確認出来る。天保五年（一八三四）の正月、山口番所（前記東伯郡関金町）から出荷した木綿の量は二万七五三〇反（資料を集計する）で、八軒の木綿問屋によって送り出されていた。この出入荷の記録は一年間にわたって残されているが、正月一ヵ月を取り上げてもその出荷量は著しい。そして、その原料の繰綿は作州や備中の問屋から移入していることがわかる。

こうした綿業の発達は、大方の婦女子が関わってこそ成り立つが、仲買人の急増も目を見張るものがあった。天保一一年（一八四〇）には地元の河村郡に二四五軒の仲買商人がいて、在家をくまなく回って織ることを奨励し、木綿を買収した。

中央の木綿問屋といえば、大坂の三井本店がある。三井本店は、地方の農家に木綿を増産させるため、各村々に買宿を置いていたことは、前述「木綿市」の項で説明したが、そのためには仲買人が必要になり、買宿を根拠にして機道具から綿まで貸与した。農家では機具や原料の前賃を貰って働くために農閑期の副業では追いつかなくなり、年中賃仕事と夜なべに織り続ける始末だった。今までのような自家用と織り溜めの気楽さはなくなり、他人の道具で他人の材料を織る姿を「猿回しの猿のようだ」と苦言を吐いてみても、問屋に頼る以外に生活の道はなかった。そうした問屋の束縛から逃れるため、機織奉公人や機織下女を雇う者も多かったが、ますます機織りが女の評価基準として女を苦しめ、忍従の生活を強いることになった。

当時の木綿というのは、一般に白木綿が主であり、白地であるがための苦労があった。布面に汚点をつけない配慮と、織りの力量を平均化するために、落ちついて機に向った。心の乱れは織り傷となって残り、織りムラが一段と目立った。紡糸も人の手の器用さに頼るため、滑らかに紡ぐには少女時代から熟練しなければ商品にならなかった。それを恐れた親たちは、十歳に満たぬ小娘を糸挽宿に通わせ、無理に強制指導をした。一方、木綿問屋はすべて承知の上で製織の上手下手によって木綿の価格を決定し、熟練した紡糸の細糸でなければ商品にしなかったという。そして、木綿や紡糸の代価に綿を支払い、綿を渡す時に藁で括って渡していた。問屋は藁束を数えてその日の木綿の生産状況を確認した、と古老は語っていた。

綿替木綿とは、こうした交換を言うが、問屋は必ず木綿を計量して受領し、計量した綿を支払った。反物の重量と織り賃を綿で支払い、薄地を防ぐためにごまかしのきかぬ商法だった。

鳥取県中部、羽合町の吉川とみ（九二歳）は元女工である。彼女は祖母の体験を次のように語った。「祖母の幼少の頃、中歳がしん（天保七年・一八三六の飢饉）に大勢死んだ。米も綿も全滅したので、問屋から綿を借りて白木綿を織り、年末に借金を返した」。

天保時代（一八三〇—四四）の大飢饉で、餓死および病死者はおよそ二万人いたと言われる（『因府年表』）。当地方の記録からもその死者は全滅に近く、手に技のある者が生き残ったようである。

吉川とみ女は機織り工女として嫁して、機名人と言われたが、祖母が飢饉を乗り越えたことが頭から離れなかったと言う。

こうした風水害や凶作や飢饉に悩まされ、さらに小作料の重圧と問屋の安値等、何もかも農民に犠牲を強いるものだった。そして、綿や織機の前貸支配が広まり、ますます厳しい支配の強化がすすめられた。木綿問屋の中には、綿替木綿によって大地主になった者が多かったようである。

出雲市知井宮の出雲民芸館に米蔵等を提供している山本茂生は、「先祖は、享保年間（一七一六—三六）から綿や木綿の仲買商人として、島根県地方の総本家と言われた問屋商人で、島根一の大庄屋だった」と話していた。同民芸館に陳列されている白木綿は山本家に所蔵されていたもので、一疋単位になっていることに気づく。この屋敷の広さは三千町歩から成り、展示館の一方の米倉には三千俵の米が収蔵されていたと言う。そして、家門は出雲大社の神殿を建造した大工の手により竣工され、門前には出雲大社等の家内安全の神札が二百枚ほど頭上に掲げられ、庭の雄麗な松は木綿問屋の隆盛をよく物語ってくれた。

出雲は神話のふるさとで、出雲国の祖神、大国主命を祭る出雲大社がある。農村が綿作を始め、換金作物によって発展するようになると神社との結びつきも強まっていった。出雲平野、簸川平野の中を斐伊川と神戸川が流れ、綿作産地として平田木綿を産出した。また、見わたすかぎり石見産の赤瓦と日本海の紺色がよくマッチする中で、出雲特有の黒松で箱型に囲った民家が、この地方独特の風景をつくっていた。

農民の暮し

江戸時代から明治にかけて、農民の暮しはますます厳しく暗くなるばかりだった。男は夜なべに縄をない、女は糸を紡ぐ、藁屋根の薄暗い灯の下での生活は、到底文化的な生活とは縁遠いものだった。綿や紡糸が商業的農産物として農民経済を救済したとしても、庄屋の年貢の収奪や、問屋の中間搾取に対する利益にも満たなかった。農民の間には、それらに抵抗する反抗心が内部に蓄積されて行った。

近隣のささやかな実例によると、元大庄屋だった鳥取県東伯郡H町の老女T・M（明治三五年生）は、次のように話した。「わたしが嫁に来た当時は三千俵の米の小作料を取る家でしたが、今は世が変ってしまって貧しいことです。先祖からの言い伝えによると、年貢が厳しいと村の百姓が怒り、家屋敷を包囲し竹槍を持って数日動かなかった。そこで、家、屋敷、田畑のすべてを天領として守ったと聞いている」。

M家には、藩政時代の慶安二年（一六四九）から四六年間、当地方の下札（藩より村々の年貢米を定めた書類で、庄屋に下付したもの）を所蔵している。格子戸を二度潜り巨大な母屋に上ると、庭園に囲まれる。老女の話が納得出来る住いと庭で、大庄屋としての風格を備えた床柱等、黒光りの整然とした家具で飾られていた。私は、農民たちがどんなに重税に苦しめられつづけ、非道を訴えたことか、身に寒さを感じ、心の中で農民一揆という当然の主張に拍手を送った。

また、倉吉市八屋《やつや》、涌島恵は、庄屋であった明治初期の様子を『ふるさと字八屋《やつや》の百年』（一九六八）に記している。明治六年、八屋村は農民の貧富の差を九等位の民等割りにし、地租を米納から金納にかえたという。米を常食する者は半分もなく、芋と麦、粟、稗《ひえ》の食事だった。そして、地価と小作利益の分配は全く絶望的であり、下田（収穫の少ない田）では地主一石に対して小作取分は三の利益分配だったと言う。

私は、同村の長寿者、前出の元女工河島つち（明治二〇年生）を再度訪ねて、農家の様子を伺った。つち女は、船木絣工場の女工を六年間勤めた人である。「娘時代は綿をたくさん作り、それを紡いで糸にし、地機でキーストン、キーストンという音をたてて機を織った。足の踵が真っ赤になるまで織ったもんだ。白木綿一反を一日がかりで織らんと懶け者だと親が叱った。夜なべは行灯《あんど》の明かりで糸を挽き、朝は四時に起こされて、山草刈りに牛を追って登った。牛の上に乗せて貰う頃から山草刈りに連れ出された。働いても働いても生活は苦しくなるばかりで、村の庄屋（本涌島）の前にほいた（乞食）がたくさん寄って来てその日に食う物がないと坐り込んでいた。涌島家は、ほいたにやる米が木椀にちょっとずつでも、一日に米三俵がなくなるほどだった。ほいた暮しが多く、まあ、地主さんで米を取りおられたけ、窮民を助けてごされたのですがなあー。百姓でも金持ちと貧乏人の差が激しゅうて、わしらは芋粥が常食だったが、雑炊の中の米粒をぼうて（追って）回って叱られたむんです」。

この談話からも、当時の貧弱な農民の生活と乞食の行列が目に浮かぶ。朝は夜が明けぬ間に山野の草刈りから始まり、芋雑炊、そして夜なべをしなければ生きられぬ日々の暮しは、想像も出来ないほど暗いものであった。

一方の庄屋、東伯郡羽合町、林利蔵（明治二年生）は、四二歳の厄祓いに四二枚の絣の蒲団を表裏とも子方たちに織らせ、それを着用して長寿を願ったという（林薫談）。このように対称的な語りを聞いていると、貧農と富農との差は開くばかりで、その距離は埋めようもないものであったことがわかる。農民たちはその時代の為政者によって搾られ続けたが、親方・小方関係も鎖に繋がれた関係であった。綿を紡ぎ布に織って問屋で引き取ってもらい、親方への前借金を返済して暮らす。それらの労働を女性が担い、家族には屑糸や野生の藤を績《う》み、小袖を新調することに専念した。その汗と涙の結晶が幾多の木綿織物を創り出した。

3　鉄と木綿

山陰の社会的・歴史的背景

山陰の地勢は、中国山脈によって陰陽に分かれ、日本海側に位置する。大山《だいせん》（海抜一七一一メートル）から吹きおろす風とシベリア寒気団によって山陰型気候という降雪と雨の多い天候である。中国山地に連なる河川は日本海に面し、河床が砂丘地をなして藍や綿の栽培に適し、中国山地から産する鉄（たたら）のかんな流しが、それらの作物の土壌としてよろこばれた。

中国山地は鉄の産地として早くから開け、『延喜式』（延長五年・九二七）に記載される五カ国「伯耆、美作、備中、備後、筑前」が鉄の貢進国だった。地方の豪族は、中国山地から産出する鉄を求めてやって来て、一大産地となし、鉄山経営者として富豪になった。そして、平安朝時代に鉄を産する国は、播磨、但馬、美作、因幡、伯耆、備中、備後、出雲、石見、安芸等で、中でも奥出雲から産出する鉄は全国の首位を占めるものであったと言われる。

山陰の諸藩の中で、出雲富田城下（現在島根県能義郡広瀬町）と伯耆打吹城下（現在鳥取県倉吉市）とは、歴史的にその町づくりに共通点が見られる。

元弘二年（一三三二）、討幕に失敗した後醍醐天皇が隠岐島に流されて来た。それを待ち受けて隠岐の守護佐々木清高と、出雲の守護塩谷《えんや》高貞《たかさだ》が一年後に脱出させ、伯耆の名和《なわ》長年《ながとし》とその一族に迎えられ、船上山（海抜六一六メートル）まで天皇を背に守護し奉った伝説は有名である。そして千余騎を従えて勝利したが、その後、塩冶高貞（出雲、伯耆の守護人）はその忠勤の功で後醍醐天皇御后弘徽殿三位局を妻に恩遇された。その反覆等により、暦応四年（一三四一）その妻と子息（次男三歳は尼僧に託して救われる）は播州で殺され、塩冶高貞も憤死したと言う。また、建武四年（一三三七）に伯耆の守護主に山名時氏が着くと、勢力を競う名和一族を一掃してしまった。その後、勢力を拡大し、伯耆、因幡、美作、丹後、丹波の五ヵ国支配の守護に成長し、後に南北朝時代の山名一族は、和泉、紀伊、備後、但馬、山城、隠岐を加えて十一ヵ国を支配する強大な力を示した。それに対抗して起った戦いが明徳の乱（一三九一）で、足利義満と細川頼之によって山名は敗北し、但馬、因幡、伯耆の三ヵ国に封じ込められたが、山陰支配は約二百年間続いた。

また、前記、塩冶高貞の次男（三歳で孤児）は八歳で越前守（福井県南條郡）に仕え、近江の守護、京極（高氏）に招かれて江州犬上郡に領土を貰い、姓を尼子として尼子城に居城した。その後伯耆守に任命され、羽衣石城（鳥取県東伯郡東郷町）に貞治五年（一三六六）南條伯耆守貞宗は居城した（『南條公』神波勝衛、一九八〇）。

また、南條家の系図によると、五九代宇多天皇後胤佐々木兵庫守十代孫が佐々木左衛門督貞清でその長男が塩冶高貞である。その次男が前記の尼子南條伯耆守貞宗で、嫡子南條宮内少輔景宗、次男機堂長応大和尚、三男は尼子右衛門尉経時、雲州尼子経久はこの末葉である（以上、東大史料編纂所蔵、羽衣石南條系図より、前出『南條公』参照）。尼子は明徳の乱（前記、一三九一年、山名氏が三ヵ国支配に押込められる）後、出雲国守護にかわり、尼子持久が富田城（島根県能義郡広瀬町）にはいる。後に経久に至って中国十一国の支配となり、後に言う「尼子勢」を誇っていた。永禄八年（一五六五）毛利元就の三万五千の大軍に攻められ落城するが、その間（一世紀）の富田城下の尼子鍛冶集団の隆盛は広瀬を黄金の町にした。敗退によって地方に分散しながら、鍛冶集団を伝播して行ったようである。

また、南條については、前出の文献や史料によると、尼子氏は、塩冶高貞（出雲富田城主）の後裔となり、その先祖は出雲の守護人、佐々木氏の子孫ということになる。ところが、『出雲私史』（桃好裕・明治八年死亡）や郷土の『広瀬町史』によると、塩冶高貞の次男（孤児）を楠正行に預け河内で育成後、山名師義に預け、後に京極高秀に身を寄せていた。近江尼子の祖は京極高秀の三男高久が近江の尼子に住みその祖となった（『出雲私史』）。また『月山史談』（広瀬町妹尾豊三郎著）によると、尼子発祥異説は結びつくことが出来ないと言う。塩冶高貞の子が南條貞宗（前記、羽衣石城主）、その三男経時が尼子の祖か、または京極氏の派生で定綱の子孫が尼子か、佐々木義清の子孫で一族の高秀の三男高久の子が持久（尼子持久）であるか、中世史には謎の部分が多い。広瀬町の妹尾豊三郎を再度伺っても、尼子説は不明で、平行線である。しかし、南條貞宗（前出、一三六六年伯耆守）や一族の神仏建立の業績は顕著だった。越前国で生育したので南條郡に慈眼寺を開基するとともに郷土の和田（鳥取県倉吉市）に定光寺、三朝（鳥取県東伯郡三朝町）に曹源寺を中興開基し、開山に次男の機堂長応和尚をあてた。そして、周辺の寺院や神社を復興し寄進を行なっている。当時の寺や神社は地方の軍事や行政面における一切の権限を持ち、文化的役割を果たした。そして、信仰と農民を結び、末寺一七〇余に波及する発展ぶりで、山陰、山陽の文化に貢献したようである。

こうした中世の城主が、寺院を中心として仏菩薩への信仰を勧め、豊穣祈願所を創建することによって、寺の縁日と結びつけて市をたて、物々交換や商品の売買をさせている。

次に伯耆国守護人、前記の山名時氏は建武四年（一三三七）着任後、大永四年（一五二四）、尼子経久（出雲国富田城主）が勢力を伸ばして浸入し、打吹城（倉吉）も町も兵火で一面の火の海となり、尼子勢が台頭した。これを「五月崩」と呼んでいる。山名支配二百年の歴史が終るのである。

そして、「鉄を制するものは国を制す」と言う諺があるほど、鉄を求めて集まった武将に製鉄業を奨励した。したがって尼子鍛冶の普及はめざましかった。

関ケ原の戦い（慶長五年・一六〇〇）で敗れた毛利は富田城を出て、堀尾吉晴が代って入城した。堀尾は一六年間富田城にいて、松江城に移るまで富田城下町は製鉄業の最盛期であった。城下を流れる富田川は舟運の輸送路として山地から鉄を運び出し、経済的基礎を作って行った。富田城下町の遺構によると、尼子鍛冶集団が住み着き、鍛冶町という地名を作ったと伝えられ、約三百軒の鍛冶屋が製鉄、鋳物、刀鍛冶等に従事していた。

鉄の運搬は陸路の峠道だったが、安来港が輸出港に代わると町が賑わい、安来節の歌詞「安来千軒名の出た所……」と、独特の節回しで唄うどじょう掬《すく》い踊りは有名である。どじょうではなく、男が鉄塊（砂鉄を掬う）をざるに掬い取ることで宴会の余興に受けているが、その名残りは、安来商人の景気のよさを伝えるものである。鉄製品の見返り物資や先進地の文化も、商人たちの往来によって早くから流入していた。

このように、広瀬という小さな町が出雲の中心として鉄産業によって発展した背景は、城下町であり、士族や豪商による鍛冶と製鉄業の進歩があったからであろう。そして日本全国に販路を持っていたからでもあった。

同じように、倉吉も打吹城下町として発展し、出雲の尼子の祖が羽衣石南條公と関係する（前記東大資料編纂所史料）説を信頼すれば、富田城の尼子も羽衣石城の南條も一族であり、尼子鍛冶と倉吉鍛冶との関連も想像される。また、尼子一族の伯耆侵入（前記、明徳の乱）によって、その産業も尼子鍛冶と類似する鍛冶集団によって拍車をかけられ、発展した。市内進藤百蔵（明治元年生）は、「山名氏が没落して尼子が乗り出して来て士族の多い町だった」と話していたが、中世末期に戦乱に敗れた武将たちが鉄屋になった者が多かった。そして、次項で記す鉄屋等が中世の倉吉鍛冶町の基礎を作り、やがて町政を担当して町の発展に寄与している者もいる。

尼子鍛冶の流れと鍛冶の町づくり、それに製鉄と木綿業等の産業発展の過程は、広瀬と倉吉において共通しているのである。

鉄山師や製鉄業の豪商も、武士の刀鍛冶の時代から徳川三百年の平和な世になると、野鍛冶、大工鍛冶となり、時代と共にその姿を変えて行った。そして、複合的に鉄と木綿業にも手を広げている。刃物がなければ機具や絣の絵型はつくれない。そして手工芸の発達が新たな技術に着眼させる。ここに、広瀬絣と倉吉絣がその内容を変えて発展した由縁がある。また、倉吉の人は、鍛冶屋と農具の結びつきによって、古代からの産物である鉄を持続・発展させたといえる。

山名城下と南條羽衣石城下、また富田城下の尼子勢など、鍛冶を中心とした町づくりは、出雲、伯耆ともに大きな影響を与えながら発展した。山陰の古戦場の舞台もやがて太平となり、鉄文化があらゆる文化の基礎を作り出して行くようになる。

鉄屋と木綿

江戸時代の山陰地方の商人の多くは、製鉄と綿業の二大産業によって経済の基礎を築いた。そして、両者は同一経営者である場合が多かった。

経済力に余裕を生ずると、文化的な生活を要求するが、山陰の石見銀山を支配した石見の国の守護職二四代大内弘世（正平年間、一三四六―六九）は、京都の文化を流入させるとともに、朝鮮や明との貿易を（享徳二年・一四五三、二八代目大内教弘）行なっている。国産の刀剣や工芸品と絹織物を輸出し、織りをめぐる文化の素地は充実していた。

西国の産物の大関は鉄と木綿であったと記録されているが、鉄師となった者の多くは経済的基礎を固め、時代の要求する綿業にも手を出した。出雲富田城下の鉄屋が木綿問屋になり、やがて広瀬絣工場の経営者となるように、日野の近藤家（鳥取県日野郡）は鉄山師として有名で、大坂の商人と契約して鉄を輸出したが、鉄の他に木綿を取り扱い、鉄と木綿の二大商法だった。また、鳥取県米子市後藤家（住居が重要文化財指定）の棟札は、正徳三年（一七一三）と記されている。加茂川に接岸した白壁作りの回船問屋であり、鉄と綿を商った一大商人である。住宅の棟や柱はその当時の繁栄ぶりを見るようで、日本の鉄や綿文化の中心地として語り継がれている。前述の日野郡は鉄の産地であり、同地の緒形四郎兵衛は、鉄山だけでなく、藍玉売買を行ない、経営を拡大していたという。同郡内の鉄山師は一七〇〇人位と言われ、鉄を商う商人も全国から集まっていた。

広瀬町西比田に金屋子神社（製鉄の神）を祭り、東比田には縄久里神社（牛馬の神）を祭って牛馬の安全を祈願した。鉄を牛馬で運ぶことから一駄（三六貫目）、二駄と言い、中国山脈を越えて山陽の尾道に出て船に積んでいた。途中の番所で検閲を受け、享保年間（一七一六―三六）には、宿駅が因幡、伯耆に四七カ所固定されていた（『鳥取藩史』第五巻、一九七一）という。ところが、海路の発達と共に北前船によって宍道から、安来の港で藩外に運び出されるようになると、一躍前進し、他国間とよく交流した。中国の山陽文化を吸収しながら、大陸文化の流入も、中央京都からの文化の移入も早くから行なわれ、鉄を運ぶことによって交通網も発達し、すべての産物の流通を早めて先進地の文化を吸収した。

鳥取県倉吉町（倉吉市）も城下町として栄え、伯州名刀や農具の稲扱千刃《いねこきせんば》の産地として全国に名声を響かせた。中世末期から刀剣産地として鉄で資産家になると、鍛冶町をつくり農具の千刃に切り替え、そして木綿問屋、絣問屋へと成長しているのである。

倉吉の町政を担当した町目代、鉄屋喜兵衛は、元は鉄師であった。『諸事触下帳』（安永五年・一七七六、倉吉市、松山治美所蔵）の古記録によると、「安永五年一二月に四人の町目代に苗字を許可した。鉄屋喜兵衛に堀尾姓を与えている」。また、家伝によると、「鉄屋喜兵衛の祖先は、出雲の国を領し後に松江城を築城した堀尾吉晴の一族で、孫の忠晴に男子の後嗣がなく、幕府に没収され御家断絶となっている。しかし菊姫が家臣と共に生き残りその子孫に当る」と言う（松山治美談）。菊姫の嗣子與左衛門は日野郡の鉄山経営者の娘を嫁に寛文十年（一六七〇）商人として旧家臣らと集団で倉吉に移住し、鉄の商売を始めた。菊の法名は「光台院殿長誉寿永大姉」貞享四年没となっている。

鉄屋喜兵衛（鍛冶町）の初代與左衛門から七代目の慶十郎まで、日野郡、東伯郡の各地、岡山県美作地方からも鉄を仕入れていた。鉄材の入手が可能になると稲扱千刃の製造販売に手を出し、熊本から青森まで販路を広げた。八代目与十郎は、鳥取藩の釘の御用を命ぜられ、番所の通行印鑑が下附されていた。後に稲扱千刃の分場拡張で移住し、大和郡山市鍛冶町で祖父母は死亡した、と話している。

また、日野郡の鉄山を藩の直営的専売から元禄一一年（一六九八）に自由営業にすると、早くから名前を出す伯州清谷屋甚兵衛（船木）と赤碕屋市郎兵衛（徳岡）、いずれも倉吉の鉄屋がいた。清谷屋甚兵衛の初代（第九代船木邦忠所蔵の家系図による）は本保《もとやす》で正徳三年（一七一三）没、鉄業と綿業で豪商となり、窮民救助に献身し、甚兵衛を襲名していた。文政一一年、銀を用度するため大坂表に登った功績で天保五年（一八三四）に町年寄と苗字船木を免許され、同九年には町奉行となっている。鉄商人と木綿問屋を手広く経営し、寛政年間（一七八九―一八〇一）には、船木と山城屋藤兵衛（桑田）の両家が共同で因幡・伯耆両国の木綿の奨励をはかり、販路を京坂地方に求めている。そして、前記の船木甚兵衛は、慶応二年（一八六六）に稲扱千刃の支配方として藩の御用商人として活躍した（「稲扱千刃」の項で詳述）。そして、桑田藤兵衛一族と共同で事業を遂行し、町づくりに貢献している。桑田（山城屋）が白木綿の原料、繰綿を岡山の勝本問屋から買入れた記録によると、四六二貫の繰綿を仕入れている。一反の重量が約二百匁とすると、二千三百反余の木綿に製織される。こうした在方商人の活躍ぶりが地方都市を発展させた。木綿問屋の横綱は前記、船木甚兵衛と桑田藤兵衛である。

木綿と鉄類の生産状況と出荷数について、地方の番所の記録『久原、山口御番所出入荷物改帳控』（天保五年、倉吉東町、小谷甚市蔵）から、木綿と鉄類のみを列挙してみる

須屋元三郎　横町（堺町一丁目）　木綿八〇反入一八個
田中屋弥兵衛　釘二一個
小石屋長兵衛　魚町　稲扱一六個　釘二四個（稲扱一二挺を一個とする）
綿屋清右衛門　東仲町　木綿二百個（木綿八〇反が一個で一六、〇〇〇反）
青谷屋甚兵衛　東仲町　木綿七一〇個　釘一五個
綿屋平右衛門　西仲町　東仲町　木綿二五二個

徳島屋弥兵衛　釘五一個　木綿二〇個
檜皮屋五三郎　木綿六個

西町

御座屋弥兵衛　木綿八三個

東岩倉町

越後屋彦兵衛　木綿二二個
山田屋兵衛門　木綿六個
淀屋恒三郎　木綿五七個
淀屋治助　木綿三六個
淀屋孝助　木綿五六個

越中町

角屋重右衛門　釘三四個　稲扱二〇個
河原屋兵蔵　稲扱八個
岩見屋儀兵衛　釘六六個

鍛治町一丁目

市場屋孝三郎　木綿八〇個　稲扱八個
市場屋源十郎　稲扱二六個
檜物屋太左衛門　木綿六個
山口屋市郎兵衛　稲扱四個
藪屋伝右衛門　稲扱六四個
山口屋卯兵衛　稲扱四〇個
三河屋久三郎　稲扱六個
金具屋重兵衛　稲扱四四個

鍛治小屋町（二丁目）

小茶屋初右衛門　稲扱六一個　釘一二個

河原町

砂屋長三郎　木綿二個
備中屋佐兵衛　稲扱二八個
中之屋伝左衛門　木綿二六個

この天保五年（一八三四）の記録以外に、清谷屋甚兵衛のみを集計すると、木綿八〇反入り二六〇個（正月一三日）と木綿七〇反入り五〇個と八〇反入五〇個（正月一九日）を合せて合計二万八千三百反の木綿を出荷したことになる。この出荷高から見て、弓浜半島の綿を原料にし、なお美作や備中方面から繰綿を移入して木綿製品にして出荷していることがわかる。番所入荷分には繰綿が多く、「四拾四本荷主備中上はた惣次郎」等が記録されている。

倉吉地方の番所の出荷状況からみても、綿業の急速な増加と浸透ぶりが、鉄製品と共に顕著である。清谷屋甚兵衛は特権的な商人であることがわかる。徳岡市郎兵衛も先祖は士族で、赤碕港（鳥取県東伯郡赤碕町）から上ったので赤碕屋という屋号を持っていた。倉吉に移住した八兵衛は天正三年（一五七五）から始まり安永五年（一七七六）に町目代として苗字を許可されている。後まで町役に奉仕し、鉄屋、綿屋、酒屋を営んで地方産業の発展に尽している。

ここに有数な豪商を紹介したが、藩外で活躍した木綿、米、稲扱千刃の商人がいる。

嘉永五年（一八五二）、大坂木綿問屋淀屋清兵衛、丹波屋七兵衛等六人が、因伯木綿問屋二五軒、伯州倉吉、清谷屋甚兵衛（船木）、山城屋藤兵衛（桑田）、赤碕屋市郎兵衛（徳岡）等に宛て書状を送っている（木綿問屋書翰、倉吉市河島雅剛蔵）。この文面から大坂木綿問屋の取引の内容を知ることが出来る。倉吉市大蓮寺の墓地に「淀屋清兵衛」の石碑がそびえている。

最近の研究によると、江戸時代の浪花の豪商、第五代目淀屋辰五郎が宝永二年（一七〇五）闕所処分（富に飽かせた生活により取り潰される）を受け、財産没収により絶えた、という定説を破り、奉公人であった倉吉出身の牧田清兵衛が再興したという。大坂上本町の珊瑚寺の過去帳に「淀屋清兵衛ハ牧田仁右衛門ノ子」と記録され、倉吉の牧田仁右衛門は次男以下を大坂の豪商に奉公させていることが明らかとなった（『日本を変えた淀屋』池口漂舟・谷川健夫、一九八一）。

この報告によると、地方の商人の子息が大坂の豪商に奉公し、郷土の木綿問屋と契約して発展したことになる。大坂の淀屋は三井本店と並ぶ豪商であり、屋号を譲り受けて再興する経済的基盤を持っていた。淀屋の屋号は襲名され、清兵衛として引き継がれている。特権商人として繁栄を競い合う地方出身の商人が大坂の豪商に進む道すらあったのである。

このような研究から、倉吉と大坂を結ぶ販売ルートも解明され、淀屋の興隆が倉吉木綿や稲扱千刃、そして倉吉絣を日本中に広めるにいたる経緯が明らかにされつつある。大坂淀屋清兵衛は因伯木綿問屋二五軒を根拠にしており、二五軒の木綿問屋は数百人の木綿仲買人を支配し、その下に機道具から綿まで貸し与える前貸や前賃制度で織子を縛ったことは前記した通りである。四段階の手を経る網目商法下で織子たちは無益にひとしい労働を強いられた。織子は親方から借りた綿で白木綿を織る。親方は地方の仲買人に売る。仲買人は木綿問屋に集荷する。木綿問屋は大坂の木綿問屋に送った。商人の台頭が豪商を生み、経済力を得た豪商が地方の産業の振興に尽していた。

鉄と木綿の二大産物に対して、その流通過程を掌握するために、藩は鉄山融通会所（天保六年・一八三五）を境港に設置したり、御国産木綿融通所（嘉永七年・一八五四）を置いて取締ったという。

鳥取県東伯郡北条町の岩本五兵衛（文政三年・一八二〇生）は、藩の木綿専売機関の役に任ぜられている。前述、北条砂丘の綿作は嫁殺しといわれるほど有名な綿業地となり、数千個の綿井戸を有する広大な綿作地帯であった。藩外からの往来も多く、他国からの移住者もいた。五兵衛後の子孫も綿業で栄え、鉄屋でもあった。岩本廉蔵は、倉吉の三島久平と「鉄耕舎」（千刃製造と千刃鍛冶に資本金を貸与する）を組織して大坂に出張所を作り、江戸や九州の商人に直接卸売りをした。また、千刃直し職人を全国に出張させて販路を開拓し、明治十年から一六年頃の千刃の需要は大であったという。

境港と大阪との間に大阪商船定期航路が開けてから産物の流通網は広がった。明治一一年に境港から輸出した主要産物は鉄、銑、鋼と綿・木綿で、鉄類の合計は五万一千百駄、綿三千本（一本は六貫）、木綿五〇万反と記録されている（『鳥取県史』第三巻、一九六九、四六五頁）。

鉄と木綿が同一交通網で流通し、両輪によって土地の産業を発展させてきたことがわかる。また、木綿の染料の藍玉が千刃と交換され、千刃によって土地の絆が開花してきたのである。

鉄屋と木綿屋は同一経営者が多く、千刃鍛冶で資産をなして豪商となると、木綿の取引も手広く開始する。販路も北は北海道から南は九州鹿児島まで、くまなく開拓した。そして「倉吉千歯」として名声を博し、稲扱千刃には「倉吉」「大山」と屋号等の文字と紀年銘が入っていて、小さな町から産出した千刃が日本の稲扱をまかなっていた誇りを感じさせる。

このように、山陰地方の鉄と木綿は密接な関係をもって発展し、鉄の産物が木綿業を育て、発展させていったといえる。

稲扱千刃

木綿を理解する上に必要な稲扱千刃《せんば》について触れてみたい。

辞書で「千刃」の項目を引くと、「産地は倉吉、稲を扱《こ》く農具」と記されている。稲を扱《こ》くには古くから「扱き箸」という青竹を割ったものを使用したが、山陰地方は中国産地から良質な鉄がとれ、

稲扱千刃（倉吉市，田村浅蔵作，大正２年銘）

とくに日野産出の砂鉄、印賀鉄を用いたその焼入れの技術が優秀で千刃に適し、産地と結んでその生産に拍車をかけたようである。

稲扱千刃の起源は諸説があり一定していないが、元禄六年（一六九三）倉吉で製造開始されたといわれている。

前記の通り、中世の町づくりは鉄屋の鍛冶集団を中心としていたが、倉吉打吹城跡の長谷寺（天台宗）観音寺では、寛文五年（一六六五）に鍛冶町の八名で絵馬を奉納し、観音信仰の霊地として栄えたことを確認した。鍛冶町一帯から製する伯耆鍛冶の技術が後に農具の千刃と結びついたのである。

倉吉の古記録の中に油屋善次郎が鉄穴《かんな》稼で美作（岡山）の製鉄業者に砂鉄一万五千駄を売渡す（安政六年・一八五九）ことが記されている。油屋の屋号は倉吉河原町に三軒あるが、一駄で四八挺の稲扱千刃が作られ、「鉄千駄、千刃千駄」と語り伝えている。当時の倉吉商人は鉄千駄で千刃を作り、千駄の荷を作り出す意気込みがあり、その盛況ぶりは目を見張るものがあった。

先に記した「鉄耕舎」（伯耆国久米郡倉吉川原町、現在河原町）は稲扱の工場として明治一三年倉吉の三島久平と岩本廉蔵（北条町）の設立したもので、大阪出張所で需要が大であった。倉吉市魚町、岡本幸一（明治三七年生）の談話によると、「父岡本庄治郎は米商人で船を持ち、橋津のお倉米（鳥取県の藩

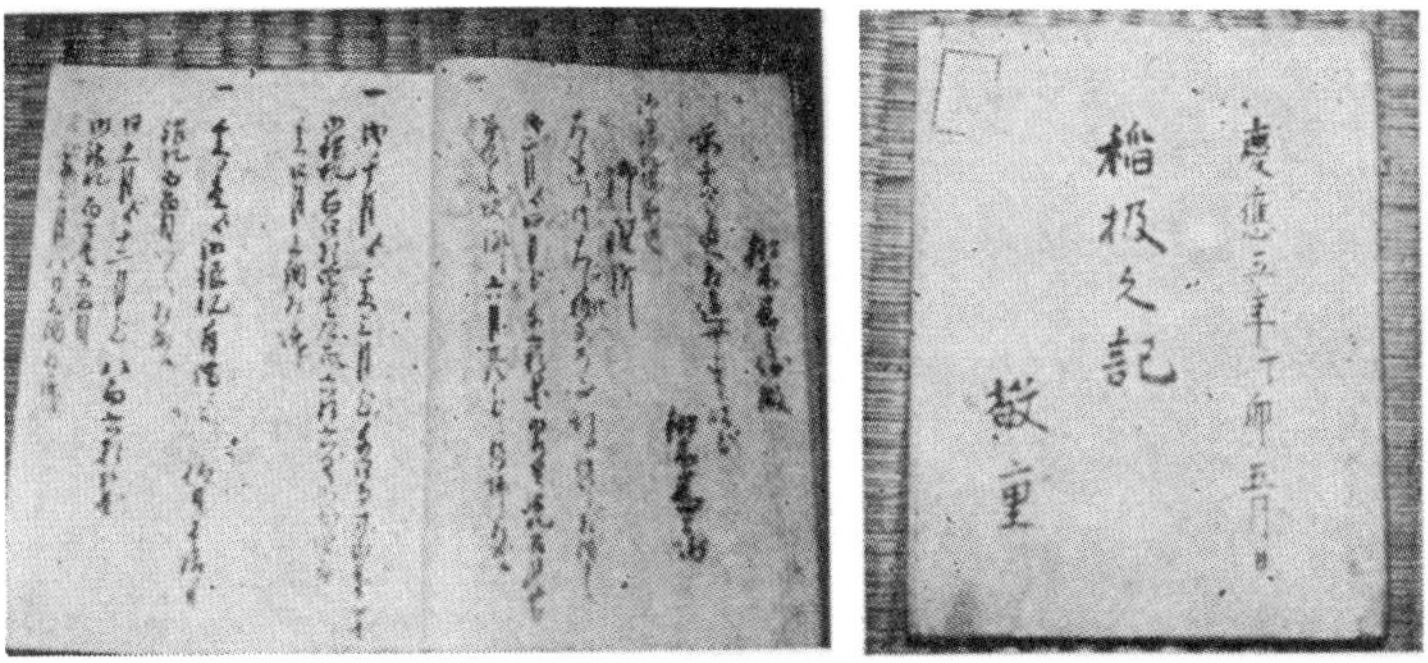

船木敬重（甚兵衛）第６代目の記録『稲扱之記』（第９代船木邦忠蔵）

第６代船木甚兵衛

倉が東伯郡橋津港のそばに現存する）を大坂表に運び、堂島商いをしていた。その際鉄耕舎三島久平の代理人として千刃代金を預って大坂から帰ったが大金だった」と語った。三島は三島製糸工場を建設して地区の製糸を奨励している。また、前記木綿問屋の船木甚兵衛（文化一三年・一八一六生）は、嘉永一二年（一八四九）に、木綿取締役、稲扱取締役を藩から命ぜられている。彼は、因州、雲州の行商組織を使うとともに、地方ごとの特産品に目をつけ、交換販売をしている（『稲扱之記』船木邦忠所蔵）。慶応三年、甚兵衛の記録によると、慶応元年、淡路国阿曽郡田村治太郎の阿州国藍と稲扱千刃を交換し、倉吉千刃が阿波藍によって藍の流通網に売り広められている。「倉吉千刃」（千歯・千刃の両方が使われている）は「倉吉飛白《かすり》」とともに、全国に名声を広めている。また前記『稲扱之記』によると、「江州蚊帳之儀モ右同様稲扱交易之儀願出ニ付諸事甚兵衛引請ニ被仰付」。

こうして江州の蚊帳、尾張の陶器、加賀の塗物と交換し、慶応元年には二千百梱の稲扱千刃、明治十年には八千梱の年産だった（『倉吉町誌』）。そして県内では、明治七年の総額六万二五〇挺の千刃が生産され、全国の首位を示した。その後、明治末期から大正にかけて最盛期となり、大正二年の千刃生産数は約十万挺であった（『鳥取県史』第三巻）。

倉吉千刃が全国に供給され高く評価された理由としては、千刃職人がハガネを使わなくても鉄をハガネに近い性質に仕上げる技術を持っていたこと、安価で丈夫な上に直し職人が年二回、春秋に巡回して千刃代金を後払いとし、そして下取りする等の親切な積極的訪問販売の方法をとっていたことがあげられる。さらに土地の木綿を着て行商を行ない、二大商法で注文を受けたようである。たくさんの古老から聞いたところによると、彼らは人間関係による商売に徹し、その誠実さは人々に信頼されていたという。

同じ千刃でも、刃の間隔の広いものは東北地方の稲の乾燥の悪い所へ、山陽と九州へは間隔の狭いものを作ったという。高木多美（倉吉市鍛治町、明治三五年生）は、千刃屋赤嶋（屋号古金屋）の外孫にあたるが、赤嶋は古くからの千刃屋で、両親に連れられて十歳の時に九州の宮崎に渡っている。そして、地元から出張して九州に居着いた人のこと、千刃直し職人が年々訪ねて親交を交わしたり、恋愛して他国人を妻にした話をした。老女の談話からも、千刃商人として県外に転出した者の数は多く、調査を進めると、千刃商人が連れて来た女性も多かった。そして六ヵ月も全国各地を行脚するため女性関係はつきもので、いろいろな悲劇も生まれたようである。

千刃鍛治屋であった山崎政治郎（山屋、明治二二年生）は、祖父の時代から千刃商人として全国に販売に回っていた。子息、山屋洋装店主は、「父政治郎は祖父と千葉まで千刃商いに出て千葉県で兵隊検査を受けたが、その時リューマチの病で兵隊のがれをした。叔父は九州で千刃販売をし、後に金物屋として居着いている。妻も倉吉出身でいまも健在（九五歳）だが、土地の商工会頭として、総代理店にまで成功している」と語った。また。静岡県で千刃を普及させた倉吉出身の田村浅蔵もいる。

倉吉千刃の最盛期には二十数軒あったというが、その千刃には屋号と産地名を銘打ち、「大日本無類飛切倉吉今作」等がある。紀年銘は鉄穂に銘切りタガネで切っており、「正鋼請合」屋号、作者と製造元を明記している。

倉吉の人々は農具の稲扱千刃を改良し、千刃を曲げて水田除草機を考案する（中井太一郎、文政一二年生、の考案になる）。これは、当時画期的な発明で、農民の重労働を救った。この偉業は高く評価したい。倉吉は千刃や木綿商人の往来の盛んな町として栄える一方、文化の面では砂丘社の芸術運動、和歌や俳諧や浄瑠璃、そして「寿座」演芸場を持ち、町民みんなが手工芸と文化を楽しむ教養の高い町となって栄えた。

古金屋菊蔵（赤嶋）の書き残した『稲扱万覚帳』によれば、明治一三年六月に倉吉を出発し、九州で働いて一二月に帰倉した。また翌年は青森南部に半年も出かけ、本州を一回りする旅である。倉吉千刃はこのような行商と直し職人による全国行脚で販売を伸ばした。紺絣に草履で天秤棒を担いで千刃を持ち回った。そして旅は「あつめこやあきんどん」（集める人と商う人）と集団で出かけ、村々で宿を取りながら歩いた。千刃を使わせ代金は後払いの、富山の薬売りのあの反魂丹で有名な商法が倉吉の千刃にもあって（直しでよみがえらせる）、倉吉絣の道を開き、二輪の大花を咲かせたのである。

綿と白木綿の産額

綿や白木綿の流通を鉄の流通網に乗せたことは既述したが、山陰各地で買収された綿や綿布の産額はどうであったか、資料によって概略把握したい（第3表「明治維新前後、日本内地各州実綿産額」参照）。

明治維新前後の日本の実綿総額は、三千七百万斤である（一斤は一六〇匁、六〇〇グラム）。その中で五畿内の産額がトップで一千三百万斤を示し、東海道七百万斤、山陰道が三百万斤の順で日本の総額の約一割弱の産出であった。そして、北海道、東北地方を除いた地域に集中して生産され、明治十年前後の実綿が最高位の産額を示している。

山陰地方も綿作が浸透し、明治十年前後には急上昇して、全国的にも産額が伸びている。前記の資料でみると明治一一年には八千九百万斤に達し、維新から二倍半の上昇ぶりである。

第4表「綿生産の集中」にみる綿の産出量は、明治九〜一五年の平均値が、河内は一千百五六万八千斤に対し、伯耆地方は約四〇パーセントの四四六万斤を示し、河内、摂津、三河、尾張に次いで全国第五位であったと記録している。

土地の綿花と綿業の関係は密接であるが、伯耆地方は弓浜綿花がその大半を占めて供給され、さらに山陽方面からの移入も多かった。

地綿の声価を高め、明治十年の第一回内国博覧会には、米子、東伯三本杉の業者が綿を出品しているが、他国の五畿内の産出の足元にも及ばなかった。明治中期まで綿作は拡張され発展したが、中期頃をピークに衰微しはじめ、輸入綿花や国産綿糸に圧迫されてしまった。そして在来の手挽綿糸を駆逐して工場機械製の紡績綿糸に切り替えられて安価に出回った。

手紡糸の厚い織物が流行遅れの手前品となり、機械紡績でなければ布にして商品価値のない時代となった。現在はその逆である。手紡糸が本来の手織りで、数倍の値段で売買されている。当時の商業資本家によって、機械で製出した物が最高であるという宣伝がなされた。次に述べる綿布も同じ運命を辿った。

藩政期の白木綿の産額を県の統計書や諸先輩の資料等でまとめると、文化年間（一八〇四―一七）に四〇～五〇万反の木綿を産出し、文政九年には八〇万反となり、天保十年(一八三九)の因幡、伯耆の木綿産額は百万反に上昇している。

因幡、伯耆地方の木綿業者として、前述の倉吉町船木甚兵衛、桑田藤十郎(藤兵衛の子孫)がいる。また、青谷木綿を普及させた青谷町花原勘左衛門が享和年間(一八〇一—三)に大坂方面で二～三百反販売した。そして、米子の遠藤吉太郎が文化年間(一八〇四—一七)に一万五千反余を京都、摂津方面に輸送している。また同方面に船木甚兵衛も三万反送り(文化五年)、二年後は八万反を輸送している。桑田藤十郎は三〇余万反を諸国に送り出す(天保五年・一八三四)特権商人だったという(『鳥取県史』第五巻参照)。

しかし、明治に入って四～五年に四七万反に減少し、明治一一年の伯耆、因幡全体の白木綿の衰微は著しい。藩政期の百万反に比較して半減し、遂に二四万反となった。

第5表「明治一一年木綿産出表」には、山陰地方の出雲、石見、隠岐、伯耆、因幡地方の産額が表わされている。この表によれば、産地の特徴が良く出ていて、石見地方は織物が少なく、隠岐国ではすべて産出ゼロである。出雲地方に素木綿(白木綿)が約四八万反産出し、石見地方は八千七百反であった。縞は因幡国に多く、二万一千反産し、絣は伯耆地方、特に久米郡(倉吉)に四万反の最高の産出を示している。出雲地方は絣と縞それぞれ四千反の極少であった。

これらの諸資料から綿や白木綿の産出の推移を見、白木綿と縞や絣の産地別特徴を調べて抜き出し列記したが、表面に出た産出量を比較検討することに疑問と抵抗を感じながら敢えて書いた。それは、在家で生産した木綿の数量は計り知れぬ莫大なものであることを調査によって学んだからである。

しかし、明治初期から廉価な洋糸や全幅の輸入等に影響されて、在来手織木綿が圧迫され、やがて衰微した。一方、絣や縞木綿の需要が増し、白木綿の用途は減退した。縞や絣が白木綿に取って代って産額を伸ばすにつれて、県の統計書や諸資料の記録も年々減少してしまった。

三　藍染めの発達

江戸時代の士農工商の身分差別は、庶民の衣服の色に至るまで幕府は干渉し、質素を第一とした。材質は麻や木綿に限定し、華美な染色を禁じ、紺一色に規制していた。それは下着から上着、蒲団に至るまですべて藍染めであった。したがって、木綿と藍との関係は深く、相互に生かされて、藍は木綿の発展と共に庶民の染料作物として進展した。

藍作

藍作の起源については明らかではないが、古くから植物染料の最高品として、原始的な摺染法などにも用いられた。

『出雲風土記』によると、出雲民族は天平時代（七二九―四九）から藍の摺染技法を知り、それを播磨へ伝えていると記録している。蓼《たで》科の蓼藍《たであい》は、わが国固有の産物ではなく、古代中国から渡来したといい、『延喜式』によると、和名を「あい」と言って諸国で栽培していたという。また、『延喜式』には染色法が記録され、早くから染料に使用していたらしい。

藍は、川原等に自生した野生藍を刈り取って陰干にし、農家の庭先で桶に莚を掛けて室温で自然醱酵させる（夏期に行なう）簡単な技法や、藍葉を摺って即席摺染にする染色は誰もが弁えていた。

木綿の普及と共に、藍の自家栽培だけでは間に合わなくなり、他藩から輸入するようになった。藍といえば徳島県の阿波藍が日本一の産地として、葉藍や蒅《すくも》に加工して各地の藍座、藍問屋を経て輸出された。

藍作は、砂丘地や河川の流域が最適であり、特に徳島の吉野川流域の土壌は有機質が多く藍作に適していたと言われている。そして、気候が温暖で雨が多く降霜が少ないことや、干鰯《ほしか》や干鱒《ほします》などの金肥の購入が容易であることだった。阿波藩は特に藍の作付奨励と品質改良をし、販売拡張に力を入れて、いち早く産地として発展したようである。そして、それを受けて立った土地の人間の勤勉な努力も忘れてはならない。

藍作は一七世紀には全国に普及し発展したが、藩政時代の資料は、阿波の三木文庫に所蔵されていた。三木文庫には、日本各地の藍作や産額、紺屋等が記録され、阿波藍の流通経路など庞大な資料や諸文献が山積みされていて、底知れぬ深さと歴史を持つ染料作物に驚嘆するばかりだった。

明治初期の藍の主要産地は、徳島、福岡、広島、岡山、鳥取、和歌山、三重、岐阜、長野、愛知、静岡、茨城、栃木、福島の各県で栽培された。そこで、山陰地方の藍作の状況について、第6表「葉藍の産額」によって説明すると、明治十年から一二年までの出雲、石見、伯耆の各地方の統計によると、出雲と伯耆地方の産出が目立ち、石見には少量であることが判る。明治十年の産額を比較すると、出雲に四五万一八三六斤、石見に一四万六二〇五斤、伯耆に四六万六八六〇斤で伯耆の産出量が大である。同一二年になると伯耆の産額は伸びて、八二万四五二八斤の八〇パーセントの上昇で、会見郡に抜群の藍が産出されている。出雲の国の合計産額に近い五二万斤が伯耆の会見郡のみで産出されていることがわかる。それは、弓浜半島一帯は綿作にも適したが、砂丘地に良質の藍が栽培されたためで、鳥取全県下の産額中九割を占めたと言われている。出雲地方の神門も藍作の盛んな土地で、出雲全体の約五〇パーセントの藍を産出しつづけ、集中的産額を示している。

地方の自作藍も奨励され、保護育成されつづけて来たが、明治三〇年代より産額が急速に下降して行った。今まで天然藍のみに頼っていた染色が、化学染料の普及により、藍作農家は大きな打撃を受けたのである。

鳥取県下の藍作反別は、明治三〇年に三八三町九反あったものが、四〇年には八三町三反となり、約八割の減反となって衰微したのである。

藍は、苗床を作って節分に種を蒔く。発芽すると間引を行ない、肥料をやる。除草や害虫駆除を行ないながら苗が出来ると畑に定植する。移植した藍に施肥と灌水を繰返しながら、七五〜八〇日後の土用に刈り取りを行なっている。刈り取った葉藍は、夜なべ仕事で細かく刻んでおき、翌朝から拡げて乾燥させる。これを藍粉成《あいこな》しといい、油断の出来ない作業であった。葉藍は早く刈り取れば脇芽が伸びて、また収穫できたようである。

良い藍染めには、藍の成育状態や手入れと肥料が関係し、さらに七月上旬に刈り取ってからの藍粉《あいこ》成《な》しや、藍の寝かせ込みと蒅《すくも》にするまでの約半年間が大切であったという。

倉吉の紺屋、桑田松蔵は明治期に徳島県まで出向き、藍の生えている畑を見て畑全部を買ったという(畑買い)記録が残っている。その際、藍畑で蓼葉をちぎり、唾液をつけて太陽の光線で葉をすかし、葉の青いものほど藍として上等とされ、慎重に鑑別したようである。こうして、蓼の選択や肥料の施し方まで研究調査して、良質の藍を求めつづけたのである。現在も上質の藍は「布地に食いつく」と言いつがれている。

紺屋

藍作が軌道に乗ると、藍問屋、紺屋などが誕生する。阿波藍の紺屋について、『阿波藍民俗史』(上田利夫、一九七五)によると、紺屋の起源は、天正一四年(一五八六)に呉服屋又五郎が任命され、その翌年には阿波一三郡に対して紺屋役銭差出方を命じている。寛永二年(一六二五)には、執政の手許に初めて代官所の藍方を置き、江戸に十軒問屋、大坂に八軒問屋、後に二四軒を設けたという。また、紺屋は藍染めの助剤に木灰を多く使用するので、灰船座を特許し、河川を航行する灰船の検閲権を紺屋又五郎に特許している。この記述により、天正一四年には阿波に紺屋が誕生したもようである。

阿波にいち早く紺屋が置かれ、藍問屋が中央に設けられると、阿波の藍玉問屋が地方にも生まれ、次いで紺屋が村に一つずつ誕生した。

山陰の出雲地方は、藍染めの盛んな土地で、前出の藍の摺染技法に始まる歴史は非常に深い。土地

藍染紺屋（兵庫県篠山，前川澄治）

の資料によると、今から約三五〇年前の寛永一五年（一六三八）ごろに「紺染めは出雲の産物」と記録され、藍染めを早くから施行したことを物語る。紺屋の中には一一代や一三代も継続した古い紺屋があり、その頃の創業と一致すると言う。簸《ひ》川《かわ》郡に七〇数軒の紺屋があった（出雲市、長田紺屋談）と言うほど紺屋が集中し、出雲市を訪ねるたびに驚きを新たにする。簸川地方は、土壌が藍作に適していたため、明治三〇年には、栽培面積も収穫高も島根県一の産出を示し、隣接する平田産の平田木綿を抱えていたことにもよるらしい。

藍玉商人は藩の特許を得た者で、藍玉問屋を通じて紺屋は藍を買っていた。鳥取県の江戸時代の古い記録『御目付日記』（正徳四年、一七一四年の記事）によると、阿州、板野郡矢上村、大黒屋平次郎という者が藍玉を売りに毎年米子にやって来る。そして、阿波の藍玉商人の取引が記録されている。

紺屋の商標（明治期）　紺糸や絣につけた
（倉吉市，増田代吉紺屋）

また、享保一五年（一七三〇）他国商人の入国を禁ずるが、藍玉商人及び繰綿商人の出入は除外する、という藍商人の出入を許可した記述も残っている。また、元文五年（一七四〇）には、阿波より大坂の三津屋惣右衛門、川嶋屋利右衛門の手を経て藍玉が入荷し、両人の藍玉を用いるよう命じている（『鳥取県勧業沿革』鳥取県内務部、一九〇〇）。

出雲市で紺屋を操業中の島根県無形文化財、長田政雄（大津町）、浅野常市（同）は、それぞれ四代前の創業である。浅野常市の談話によると、「同町に古くから板倉紺屋という神社の幟染めを専門にした大きい紺屋があり、旦さん（旦那）と言われた有力者だった。その紺屋の弟子が、浅野の初代であり、創業年月など全く不明である。最近、板倉紺屋の土蔵からたくさんの染色用板締の板が出て、鯉の滝昇り等が彫ってあるという」と話した。

紺屋は、紺屋の守護神を祭り、家々で紺姫祭りを行なった。松江市茶町の須衛郡久神社の境内には、寛保元年（一七四一）に創建された紺姫神社が祭られ、家の床の間にも紺姫さまの掛軸を吊し、神官を招いて派手な祭りを行なった（一二月一三日が祝祭日）。長田紺屋の談話によると、「出雲は紺屋が多かったので紺姫祭りも盛んで、味噌や醤油、酒などの醗酵関係の醸造家も、紺姫さんを祭っていた」。

紺屋の歴史は深く、古老も知る人が少なく、記録に頼る他に方法がない。倉吉の吉田保水（画家）は、享保四年（一七一九）に家業は紺屋であった（『倉吉市誌』文化人欄）と、比較的早く操業していた記録を見出し、その頃には、倉吉だけでなく、山陰一帯の紺屋が営業し、自家染色との二本立てで染色が行なわれていたと思われる。藍作もあちこちの砂丘地で良質の藍が栽培されたが、染料の需要が増加するにつれ、阿波の藍玉に負うところもあったと想像される。阿波藍の輸出方法は先に述べたが、藍玉や蒅《すくも》にして叺《かます》に入れて地方に輸送した。

蒅《すくも》の製法は、葉藍を藍寝床で処理し、醗酵させ、搗いて藍玉にする方法をとっていた。これは、計量器に頼らず、すべて経験による勘を養って体得したもので、厳しい技法であった。紺屋の染色技法や藍の優秀性については、次の藍染めの項で詳述する。

藍染め

江戸時代以降の服飾は、藍一色に塗りつぶされたと言っても過言ではない。藍と言えば、素朴な生活の匂いのしみついた農婦の藍衣を想い出す。

母が絣の着物に衣更《ころもがえ》をした時など、幼少の頃から懐かしく嗅いだ香りを思い出す。そして、朝露で腰まで濡れた新品の藍衣を絞ると、青い汁で手を染めた。藍衣は色の出るまで着ると、それ以後は一段と冴えて藍汁が一滴も出なくなる。私はこういう素朴な経験から、藍染めの糸は染めてから一年以上放置している。それは、糸に藍が定着し褪化を防ぎ芳香を失わないためである。それを「藍を枯らす」といって、常時糸の繰越を持っている。ちょうど農民が収穫した米俵と一緒に寝たように、藍染めの糸と一緒に寝起きしている。これは、決して別に奇をてらったわけではない。何ともいえぬ匂いがしだいに芳香となり、深い紺色が生活の中で落着きを与えてくれる。ところが、鼠などに噛み切られぬように慎重にビニール袋で包装すると、湿気が戻り、黴が発生して糸が脆くなる。ある老女は、囲炉裏の上の天井に紺糸を吊し、糸を煤けさせてから使用すると、藍の定着もよく一段と美しい藍色になったと、明治期の紺糸の保管について話していた。藍染めの糸を丸出しにして吊る貯蔵法である。「藍を枯らす」、「糸を寝かせる」などというのは、美しい藍と芳香のある衣服を求めつづけた先人たちの秘法が生んだことばである。そして、匂やかな衣服で生活に潤いを与えていた。

明治期における最上の藍染めというのは、黒に近い濃紺であった。濃紺に染色するには、手間をかけて藍を多く使用し、染色加工賃が高価であった。淡紺に比較して濃紺は香りも強く、あくの強い田圃の作業や、まむし、虫よけの効果があり、布地も長持ちがした。したがって、濃紺の衣服を好んで富農や町人が着用したようである。着古しの絣をよく見ると、絣の白い部分は抜けていても、紺地だけが繋ぎ合っている。このように藍染めは布地を強靱にしたり、防虫や芳香などの長所が愛用され、藍の完璧な色が求められた。

よい藍染めは、既述した藍葉の上等なものが必要であるが、蒅《すくも》にするまでの藍床に打つ水の量で藍の良否が決定するともいわれていた。阿波では、藍床に打つ専門の水師がいて、藍倉を回っていたと聞いたが、藍を一二月に藍床に入れ、一週間に一度ずつ二ヵ月間打水を続けるという。この作業に入る前日は、藍床に祭った藍神さまに祝酒を供え、家族で清めて仕事にかかっていた。そして、女性は穢《けが》れだといって立入禁止にしたという。

当地、倉吉の増田紺屋では、今でも紺屋祭りという行事を行なっている。毎年一二月一三日になると、新藍を建て、紫色の藍花が盛り上がった中に和紙で作った小袖を六割ほど浸し染め、それを紺姫さまに供え、「今年も調子よく染まりますように」と祈って祝杯を上げるそうである。

藍床に祭った藍神さまや、藍瓶の上に祭った紺姫さまを信仰するのは、「藍は調子もんで生きものである。藍が生きていないと染めても色が流れてしまう」と、紺屋の主人は話しているが、厳粛な心で縁起を担いだようである。そして、藍床も藍染めも女性は遠ざけられ、男の仕事の分野であった。女の月々の生理期間は不浄(けがれ)といわれ、神の御前に不浄で立つことは禁止されていた。藍は自然醗酵によるもので、何かの混入物で調子が狂うと元に戻らない。とくに塩分や脂分を非常に嫌うようだと、紺屋の古老は話していた。それで女性の脂分のある長髪や生理現象の出血を敬遠する結果になったのかどうかよく判らないが、根本的には日本人独特の宗教的女性不浄観によるものであろう。

藍染めには、前述の藍師の藍玉や蒅《すくも》の製作者とそれを購入して醗酵させる紺屋の相互の愛情が大切である。そして、手仕事の徒労によってのみ最高の染色が生まれたのである。不確実な約束のことを「紺屋のあさって」という。しかし、本来この言葉はもっと深い意味を持っていたようである。

藍建は一週間から十日間を要し、藍瓶の上部一面にぶどう色の藍花が盛り上がる。藍汁を舌端で味を確かめると、鹹味と甘味と渋味がある。鹹味はソーダであり、甘味はブドウ糖、渋味は石灰である。

藍の醱酵具合は、鹹味のある内に甘味と渋味があり、舌にピリッと感じる味が最高である。温度計やPHメーターを使用する紺屋は少なく、すべて経験と勘で行なっている。藍花がブドウ色になっても、青味のある淡色のブドウ色はアルカリの不足であり、その反対に暗紅色のブドウ色はアルカリの過ぎた液で、染色すると緑に染まる。何度も失敗を重ねながら、子どもをあやすように調子をとって、藍染めの真似をした経験がある。藍は生きもので、毎朝五〇回も瓶を攪拌し、醱酵具合を調べるなど、技術的に大変な労働である。

絣の染色は、括り際《きわ》をはっきり染めるために力いっぱい糸を土間に叩きつけ、糸の中まで染める。叩く時は、糸が土間に直角になるように打つことがコツであるという（倉吉市、前田紺屋談）。小絣ほど面倒で染めにくい。藍染めの中に糸を浸けて絞り、叩くと、空気で酸化して変色するのがよくわかる。それを陰干しにして乾燥させるとまた藍に浸ける。この作業を二〇回近く繰り返すと濃紺に染まり、絣と絣の際《きわ》もくっきりと染まる。しかし、人間の手仕事には限界があり、藍液も休ませねば調子が狂ってくる。調子を取りながらテンポの遅い染色をする。こうして、ていねいに染めると、洗う度毎に鮮明になり、着れば着るほど藍の色変わりが美しかった。

四　縞の由来

「しま」とは、近世の初めごろ南蛮船によって南方諸島の綿布が日本に輸入され、島から伝えられたので、「島物」「嶋物」と呼称されたことが、その始まりのようである。ところが、「しま」の呼称に統一されるのは近世に入ってからで、それ以前は「すじ」とも言っていた。現に古老たちの中には縞筋または筋と呼ぶ人もいる。要するに直線や曲線の平行または交差した模様のことである。「縞」の文字は、江戸時代から明治初期にかけてはまだ見られず、前述の「嶋」の文字を使用したようである。山陰のある農家に所蔵されていた明治四年の縞帳にも「御嶋帳」という題字が記され、「嶋帳」が「縞帳」に固定されたのは、そう古くはないように思われる(写真参照)。

南蛮渡来の代表的な縞物は、桟留縞(セント・トマス)、シガタラ縞(ジャカルタ)、ベンガラ縞(ベンガル)など南方の名称がそのまま使用されてきた。

わが国では、近世以前の木綿以外の名物裂《きれ》や金襴緞子《どんす》などの絹織物の中に緯縞が見られ、縞の発生は経縞が先行したか、緯縞が先行したかについて、限られた遺品や文献だけで断定を下すことはできないように思う。ところが、一説には、緯縞から発生し、経縞に移行したという説もある。しかし、工程上の見地から推測すると、織物とは、経糸を張ってから緯糸を交織するので、均一な経糸でなければ自然発生的に縞筋が表面に立つ。織物の経験者なら当然気づくのだが、経緯の糸の太さと密度(織物の工程上同じ糸の密度を同じくすると経糸が目立つ)の高い方がよく縞筋が表われる。また、機の道具から推測すると、筬《おさ》なしの織物は織幅も縞の割出しもできない。南方諸島で織った製品は、緯糸が見えないほど経糸が詰み、二本の棒で布打ちをして織っているが、経縞が優先している。

縞帳とその内容の一部（下）　明治４年（上左）と大正６年（上右）（倉吉市）

近世以前の遺品に見られる名物裂等は、故意に色糸を交織した緯縞が先行したようであるが、縞の発生が緯縞から始まったとみるのは早計で、私見では、古代の織物は経錦から始まり、緯錦へ転換したのではないかと思う。なんといっても、縞の本格的な流行は近世以後の中国系の名物裂の間道《かんどう》（絹縞で吉野間道、日野間道、船越間道など）と、モールや金襴緞子などの縞地や唐桟を中心とした南方諸島の木綿縞の二つが影響を与え、白木綿や紺木綿しか知らなかった近世の日本人が、縞木綿を発展させる原動力となった。そして、南蛮渡来品の多くは経縞であり、これは緯縞を製織するより簡単で数倍の手間が省けた。小柄の日本人は着装上も洒落た粋な経縞の方が良くマッチして受けたので、これらの南蛮縞を模織することによって経縞の流行に拍車をかけ、一層発展させたのである。

中でも縞物の流行の先駆は遊女であり、絹縞の粋な小袖を着用して色気を漂わした姿を浮世絵（鈴木春信を代表とする）で見ることが出来る。また、武士の間では裃にのしめを施すなど、高度な絹縞が流行した。

木綿縞の着物が最高度のものに仕上げられたのは江戸から明治初期頃であろう。江戸時代は、武士を支配者とする厳しい身分制社会であった。その身分差別は、風俗の上に顕著に表われ、庶民は木綿に包まれた生活を強いられた。ところが、町人は他の庶民とは異なり、自分の手腕で富豪になれる道があったため、粋な絹縞を着用する者が多く、絹縞の豪華な衣裳を作り出したりもした。この絹縞が木綿縞へ影響を与え、一刻も早く新しいものを求めて着用したいという願いが庶民を刺戟し、美的センスのある縞物を吸収していった。

縞の発達

国産の縞木綿を最初に製織したのは、元和年間（一六一五―二三）に松坂で縞木綿を生産し、寛文年間（一六六一―七二）には蚕糸に縞を入れた柳条木綿を製織している。また宝永年間（一七〇四―一〇）には大和縞木綿も織り出され、寛政以後は各地方で盛んに織り出されていたようである。『日本機業史』（三瓶孝子、一九六一）によると、元文元年（一七三六）に大坂市場に登積された綿布や綿糸の中に、縞木綿は三万二七六五反で金額が一九万四〇四一匁であり、産地には、和泉、紀伊、摂津、山城などが見られると記述している。このように、綿や綿布の項で触れた通り、木綿の流通経路は地方産出の縞も中央の大坂市場に集荷されていた。したがって地方の問屋は、綿問屋から木綿問屋になり、縞も扱いながら手広く進展して行ったようである。

その後備後地方では、神辺縞が寛政の頃（一七八九―一八〇〇）に織り出されたといい、安芸縞木綿も有名であった。関東川越の川越唐桟も現われ、愛知県の尾西地方でも文政年間（一八一八―二九）に結城縞が織り出されている。伊予縞は、文化年間（一八〇四―一八）に松山市の菊屋新助が京都から絹用の花機一台を取り寄せ、木綿縞を織るように改良したことから縞の生産が急速に伸び、安政元年（一八五四）には縞会所を設けて藩が問屋十軒を指定している。明治十年の伊予木綿の産額は、年産平均で八〇万反で反当一円一七銭であったと言われ、それ以後は伊予絣の生産に変わって発展している（『伊予絣』）。

地方の縞物として小倉縞、河内木綿、出雲木綿、伯耆木綿などがあり、絹物では八丈縞、仙台平などが有名であった。いずれも綿作や白木綿の産地の農民が、自給用あるいは商品として早くから製織していたことは、木綿市の項で既述したとおりである。もともと縞木綿は白木綿より高度の技術を要し、高級品でもあるので、白木綿の産額とは区別して記録されるべきであるが、ほとんどの地域で木綿の産額として包括されている。縞木綿のみの生産高が不明のまま、明治二〇年前後より絣の生産額として明記されていて、縞から絣へ発展したことが窺える。

しかし、その当時の庶民は、まだまだ無地の藤布や紺の麻布が中心で、縞木綿の小袖は外出着であった。紺縞の着物に紺帯、紺の頭巾に脚絆と紺足袋姿の風俗である。さらに、防寒用に引回しという白と紺の棒縞で袖のないマントによく似たものが流行した。直線裁ちしか知らない当時の人たちにとって、外来形式の斜線構成の衣服は画期的なスタイルであり、木綿縞が良くマッチした。合羽《かっぱ》に袖をつけて着丈を短くした縞の半合羽と、それによく似た被布《ひふ》や半纏《はんてん》も職人たちの間で珍重された。

一方、こうした輸入木綿や南蛮風俗の流入は、日本の縞を一層進展させたのであるが、庶民層の中には貧富の差がはげしく、木綿衣料が底辺まで浸透するまでには相当の年月を要したものと思われる。江戸時代の百姓町人に対するたびたびの奢侈禁止令法度は厳しく、絹織物一切の使用を禁止した。規則を破って小袖の袖口の裏や、下着の襟に使用すれば、見つけて引き裂かれていた。そのことが一段と木綿と密接な生活となり、藍染めによる縞から絣文様の発展へ急速に広まって行く。こうして江戸から明治にかけて、地方差や上下階級差による木綿着用の度合は違ったにせよ、何といっても日本の縞柄を農民の創意工夫によって独自に完成させたことに大きな意義があると思う。

手仕事は二反と同じ物ができない不思議なもので、何村の誰が織った縞だといって村の眼ききたちがすぐ評判にする。最高の物を創り出そうとする執念が、縞の筋の小さい物ほど上等品であるという、細縞全盛時代に仕上げたようである。

『鳥取県郷土史』(鳥取県、一九二〇)によると、「藩政時代の町御目下奉行の着服は、町御目付同様木綿棒縞にして縞割は末席のもの大にして晴雨に拘らず平素縞の裁着をつけ草鞋を穿てり。順次上席に至り小にす……」と述べている。この記録から縞の繊細な物は富農が着用し、上席にいたことがわかる。これを証明する遺品として、元大庄屋の所蔵した縞帳は、濃紺の繊細な縞が多く、中には絹糸も混入していた。縞の技術が最高のものになると、上下の糸を濃淡に染め分けたり、目が痛くなるほど繊細な万筋や格子縞が生まれる。そして、その中に白糸と紺糸を撚って斑点状にしたり、染めむらの糸を交織する過程で、縞から次第に斑点文様の絣へ移行したようすが窺える。

今まで無地や縞織物しか知らぬ者にとって、斑点文様の絣は大変な魅力であったと思う。縞帳の内容も途中から絣見本が貼付されていて、縞と絣のミックスした図柄も多い。これらの図柄については、第二章「木綿の文化」で述べるが、縞柄の流行や新図案の模倣や交流は、地方の木綿市や村の冠婚葬祭の場所などでも行なわれたらしい。

四国の金毘羅参り、山陰の出雲大社の祭礼などは、地方における縞柄の流行に拍車をかけた。とくに出雲大社の大祭礼は、道にあふれんばかりの参拝者で、縞や絣を着た人々の行列だった。それが雨天ともなれば、蓑笠を着けて歩いたので、大社の参道に白鷺《さぎ》が殺到した(出雲市、神官石塚尊俊談)とい

江戸時代の縞帳　中には絣もみられる（山陰地方）

う。

現在も四国の金毘羅の参道に行けば、小型の縞の道中着が土産品として売られ、縞全盛時代を想像させる。庶民の縞筋にかけた愛と情熱については第二章で述べるが、縞から絣への発展はめざましい。

五　木綿絣の完成

絣

絣とは一体何かというと、一言でいえば、ところどころ掠《かす》れた文様の織物を総称して言う。正確には、文様にしたがって糸を防染（墨印の部分を粗苧で括り染色する）し、白く残った所を重ねて織り上げると、元通りの文様に出来上がる。

絣は、周知の通り白布地を染色するのではなく、白糸をあらかじめ防染するために、糸の撚《よ》り加減や綿の屑糸によって、自然発生的に掠れを生ずる場合もあり、斑点文様も一定の絵画文も、絣には変りがない。

そこでまず、絣の語源や由来について、諸文献を引用しながら考察してみたい。

「かすり」の語源は諸説があって一定していない。一説に、かすりは沖縄の八重山で織られていた赤縞絣を「カシィリィ、チイキ」あるいは「カシィリィ」と呼び、それが訛って「かすり」となったとも伝えられている。しかし、これは、染料を掠りつける工程上の語源で、日本の絣に発展した語源とは考えられない。また一説によると、「絣」「綪」「飛白」「加寿利」「鹿摺」などの漢字で書き表わし、どの文字が正確なのかわからないという。そして、かすれの状態と糸の斑点文様を総称した呼称か、工程から糸を合せて括《くく》り掠《かす》れさせることからつけた名称か、たしかなことはわからない。「絣」「綪」の文字も、糸を併せる工程から発生した当字で、「絣」に定着したのはそう古くはないようである。「加寿利」「鹿摺」などは呼称からの当字として意味のないものである。そこで「飛白《かすり》」について上村六郎氏の説によれば（『染織と生活』六「インドの絣とその周辺」）、飛白は中国の唐代の『書断』という本に「按、飛白者、後漢左中即蔡邑所」作也」とあり、掠れた文字を書く書法のことを「飛白《ひはく》」といい、中国の古い文字を日本の糸の自然発生的な掠れに当てたのであろう、と述べている。

この飛白説は最も納得のいく説で、製織後に生ずる白斑を示すのか、最初に糸を並べ図案を墨書きする際に、書体の掠れと同じ糸が掠れる様か、いずれかであろう。かすりの経験者は周知と思うが、これらの工程上の糸の上の墨印の掠れ、製布上の白斑点の飛ぶ状態をひっくるめて「飛白《かすり》」の語が使用されたのではないかと想像する。とくに山陰地方の古い資料の中には「飛白」の文字を散見し、「灘飛白《なだがすり》」（註、灘《なだ》村・淀江町の海岸）等がある。

絣といえば、わが国の正倉院宝庫中に太子間道・広東錦などの遺品があり、中国から日本に渡って来たものと言われている。これらは経絣の技法によるものであって、南方アジアのインド系の絣のようである。この絹の経絣の技法は、インドネシアで生まれたイカット「Ikat」（インドネシア方面で縛るという意味がある）の手法が、南方諸島に広まり、琉球、中国大陸に伝播して行ったものと言われている。そして、その手法は、経糸を縛り文様を作る経絣の技法であった。

琉球名産の芭蕉布は、貢租として年間数千反を薩摩に納めていたもので、経絣であったと言われている。ところが、木綿による日本独特の絣の技法で織り出されたのは鹿児島の薩摩絣で、元文五年（一七四〇）のことで一番早く、同年に河内絣も製織されている。また、宝暦年間（一七五一—六四）に大和絣が織り出され、山陰地方の米子灘《なだがすり》飛白も製織されている。そして、天明元年（一七八一）には所沢飛白（村山絣）が織られ、寛政一二—一三年（一八〇〇—一八〇一）に、久留米絣が同地の井上伝によって製織されている。伊予絣は、愛媛県温泉郡垣生村の鍵谷かなが井上伝より一〜二年遅れて製織に成功しているようである。

こうして、各産地の絣創製期を列記してみると、日本の木綿絣の創始者が井上伝で、久留米絣が九州から四国、本州、山陰に北上したという説は成り立たない。

とくに先進地の薩摩藩が、琉球から木綿縞をはじめ薩摩上布、大島紬などの産物を搾取し、これらの織物が近隣の織物に影響を与えたことは確かであろう。

絣の発生を先に列記した順に並べて見ると、薩摩絣の次に大和絣や山陰の飛白の方が早かったことになる。また、所沢飛白も久留米絣より約二〇年以前から取引されている。こうして絣の発生を眺めると、薩摩絣が海上輸送により一足飛びに本土に移入されたのかも知れない。また、越後上布（一六六一—七二）や近江上布（一七七二—八〇）の絣に、木綿絣が影響を受けたのかも知れない。いずれにしても、絣だけを論じることは危険であろう。絣以前の染織品を世界的にみると、中国で作られ東南アジアに渡り、間道錦として日本に受け入れられたアジア更紗、蠟染、板締、絞り染等、さらに、型紙に型を切り抜き防染糊をふせる型染め、小紋等、多種多様な技術があふれていた。白木綿を藍で染める型置き等は、それを解くと斑点状の絣糸となる。また、布を絞るのを絞り、糸を絞るのを絣という。これだけの違いである。一定の長さに絞った糸を織りながらずらして行く手括《てゆい》などは必然的に生まれた織物で、そこから何かが絣に転化したように思われて仕方がない。

絣以前の染織品、もろもろの技術の変形が実生活の中で爆発したのであって、その土地の特産品の上布や紬、紋物等の影響は大きく、木綿絣を自然に発生させる素地と育てあげる力を持っていたのである。そして、綿花や藍の原料が豊富な土地の婦人たちも、同じように絣の自然発生を楽しんだのである。したがって、絣の本格的な発展は、木綿の生産や縞の発展と並行して進展し、縞木綿が早くから生産された土地は、絣の技術も普及した。久留米絣の産地では、久留米縞、甘木絞りが以前から産出されており、伊予絣の産地にも伊予縞が有名であった。日本で一番早く白木綿を製出した大和白木綿も大和絣を創製しているのである。このように、製織技術を持っていれば、試行錯誤の結果、自然に掠れる文様にすることができるし、一定の絣文様を早くから織り出していた越後上布や近江上布の麻の絣の模倣も見逃せない。そして、相互に文化交流をしながら、その土地独特の絣が発生したものと考えられる。

したがって、絣の発生について系統だてることはむずかしい問題である。そして、何といっても、世界の染織品との交流において、日本の織技術の進行が早く（鋼《はがね》の製作技術の発達により、機織具の精巧なものを作ったこともその要因と思われる)、和絣を完成させて来た。そして、技術的には、沖縄系の絣と中国系の絣の影響が日本の絣の基礎になっていることだけは確かであると思う。

木綿絣の完成

絣の発展は、化政期を前後して日本各地で絣業が栄え、西日本一帯に木綿絣が発展した。中でも、久留米、伊予、備後、山陰の広瀬や弓浜、倉吉絣などが有名であった。そして、明治年間には日本の三大絣として、久留米、伊予、備後絣が隆盛をきわめ、昭和の世界大戦によって衰微し、生産が途絶えてしまったが、戦後、備後を先頭に久留米絣も再興した。

久留米絣は、明治初年に生産組織を確立し、量産している。明治一三年(一八八〇)に染色業者・緑藍社と、販売業者・千年社を組織して、織元、染元、販売元の三種の証票を貼付して量産に励んでいた。同一六年(一八八三)には、赤松社が起こり、最初のマニュファクチュア形態によって絣を生産した。赤松社というのは、旧藩主、有馬公の下附金と有志の義捐金によって設立されたもので、明治二〇年には職工が六〇〇名を超える発展をみせ、絣生産は九四三〇反を製出したといわれている。

久留米絣といえば、「お伝絣」という初期の「あられ」、「霜降り」の斑点絣が有名であるが、大塚太蔵(福岡県三潴郡に文化三年に生まれ天保一四年死亡)によって絵図台が考案され、絵絣に成功しているのである。その後、明治一二年には、斎藤藤助によって織貫機が発明され、各種の絣が考案された。織貫機とは絣を括る機器で、それまで一日一反の手括りが最高といわれていた工程が、一日に二五反の絣が括れる器機で、これにより生産力が飛躍的に発展したといわれている。

久留米絣の生産方法は、農家の賃機によって生産させる一方、零細農家の娘たちをマニュファクチュアの機構に組み込んでいった。明治一九年に久留米絣同業組合を設立し、赤松社に次ぐ精成社、時行社、明産社などの巨大なマニュファクチュアの設立とともに、絣の産額は急速に上昇してますます発展したのである。

明治四〇年には、他県の絣産地にさきがけて、刑務所に出機して委託生産を開始した。刑務所の絣織機は高機による投杼《ひ》や高機より進歩した投杼のない足踏織機によって、男物の最高の小絣を製織させた。並幅に十の字絣が九〇個も並ぶような面倒なものは、半月以上要していたという。この刑務所生産は、低賃金を狙って大量生産を見込んだもので、大成功をおさめた。九州の刑務所に十カ所、中国地方に四カ所、四国地方に二カ所、近畿地方に三カ所、中部・関東に三カ所と計二三カ所の刑務所を支配し、さらに昭和五年では七五刑務所に委託生産をさせている。そして、朝鮮や大連の刑務所にも進出し、昭和十年の絣生産高の五四パーセントを刑務所で生産させる一方、農村女子を低賃金で雇って酷使することによって、絣の産出とその産額は日本の王座を獲得するのであった。

伊予絣は、愛媛県松山市を中心として発展した絣で、その創始は温泉郡垣生村西垣の鍵谷かなが、久留米絣より一、二年遅れて伊予絣の製織に成功したと土地の資料は伝えている。

伊予地方には、伊予結城という木綿縞が有名であり、文化年中（一八〇四～一八）にマニュファクチュア形式が見られるほどであった。したがって、生産反数は久留米絣をはるかに凌駕したのであるが、反当価格が安値であったため産額は下回っていた。

絣工場の工女たち（明治33年） 鳥取県倉吉市，船木絣工場（船木藤吉所蔵）

伊予絣の生産方法は他地区と同様、農家の副業として製織させたものを縞会所が買い上げていた。明治十年の織物は、年産八〇万反で反当一円一七銭であったと言われ、同一三年より一六年までの年間平均生産額は四五万反に漸減している。その理由は粗製濫造が主な原因であるといわれているが、一方、明治初年の経済界の不景気とも関係があったようである。

明治中期ごろまでの伊予絣生産数量は、縞が中心であり、同三六年度から絣と縞の産額を区別して統計を出している。明治四〇年の伊予絣の産額は、久留米絣を凌ぐ日本一の生産数量と金額を示した。伊予絣が年産約二〇〇万反の産出に対して、久留米絣は約一一〇万反の産出量で、約九〇万反の開きを示し、伊予絣の産出は圧倒的に高位であることがわかる。

また、製織に能率のあがる箱巻という、経糸を整経して木製の箱に巻きつける方法を、土地の岡田兵馬が明治三〇年ごろ考案したといわれている。箱の大きさは、高機の千切《ちきり》（経糸を巻く部分）がはまるくらいの大きさで、賃織に出機をするためあらかじめ数反分を整経して能率化した。その後、明治四〇年ごろ松山市に住む伊村栄吉が伊村式整経器を考案し、整経の能率を増大させている。生産量は日本一の新記録も束の間で長続きせず、大正四年には約一一五万反に激減し、衰微の道を辿りはじめたという。

備後絣は、広島県芦品郡新市町を中心とした地帯で発達したといわれている。備後絣の創始者富田久三郎は、文政一一年（一八二八）に生まれ、文久元年（一八六一）に洋綿糸で絣を製織し文久絣と名づけ、嘉永六年（一八五三）には井桁絣に成功したと、土地の資料は伝えている。しかし、『備後織物工業発達史』（広島県織物工業連合会、一九五六）によると、「寛政の頃、備後六郡藍の栽培旺盛となり、各地に紺屋続出し、縞木綿、絣木綿発達す」と記録しているし、伊予絣の発生から五〇年も経て備後絣が考案されたとすると、あまりの年月の開きを感じる。そして、前出の寛政のころ縞木綿や絣木綿が発達したという資料に比べると、富田久三郎の絣の創始は約四〇年以後に完成させたことになり、備後絣の創始者という説には疑問がある。やはり、寛政年間には、無名の女性の手で絣が製織されていたのであろう。そして、富田久三郎らの努力によって、明治初年にはじめて大阪の伊藤忠商店に備後絣約二〇〇反が卸され販売された（『備後の絣』広島県福山地方商工出張所、一九五三）と、記録されている。

備後絣の生産方法は、他の産地同様に問屋が買収する問屋制家内工業で発展した。明治三三年には、力織機（足踏式バッタン）が導入されると、ますます産額が上昇し、久留米、伊予絣に次ぐ日本三大絣の地位を確立した。さらに、大正末期から昭和にかけて土地の山本徳右衛門によって絣力織機が完成されると、急速に能率を上げることができ、備後絣の名声は全国に鳴り響いた。

第二次世界大戦により一時生産を停止したものの、戦後の再出発で他県の絣産地より早く軌道に乗せ、全国の絣需要の五〇パーセントを備後絣が供給するほど、生産と販路の拡大は他に例をみない有様となった。同地方を再訪した際、まず安価であることに魅力を感じた。ポケットマネーで買えるのである。そして、消費者に好感を持たれる洗練されたデザインが多く、ウール絣も手がけ、色絣の外出着や家庭着などは用途が広く、仕事着一辺倒から脱した絣であった。動力織機で人手をかけずに量産し、現在の備後絣の地位は日本一の王座に躍進しているのである。

山陰地方の絣は、広瀬、弓浜、倉吉絣の三つがある。先に述べた久留米や伊予、備後絣の日本三大絣と山陰地方の絣を比較すると、その産出量は僅少で足元にも近づけない。しかし、三地区ともに特色のある絣を生産した。広瀬の大柄、備後の中柄、久留米の小柄といわれるほど広瀬絣は大柄であり、倉吉絣や弓浜絣は複雑な経緯絣であった。

広瀬絣（島根県能義郡広瀬町）の起源は、文政七年（一八二四）に町医者長岡謙祥の妻さだが伯耆の米子で織方を修業したのが嚆矢だと雑誌『工芸』二〇号（大田直行）に記録されている。米子では、摑《つかみ》染《ぞめ》絣《かすり》が発生し、盛んであったといわれるから、その技法が広瀬に移入したのであろう。

広瀬藩は、前述の木綿と鉄屋の経済的基盤のある土地で、文化の流入も早くから行なわれていた。

第九代藩主、松平直諒公（一八一七〜五〇）が絣の奨励につとめたといわれ、絣のデザインに御抱絵師、堀江友声（享和二年生まれ、明治六年死亡）と孫の有声（明治二八年生まれ、昭和三〇年死亡）が描いたものが多かったといわれる。広瀬町を再度訪ね、堀江氏は尼子の家老であり、かれらの自筆の絵が町内の寺の襖絵や白木綿の蒲団に花鳥山水の水彩で描かれ、保存されていた。こうした絵師による絵絣が、明治中期から末期にかけてよく発展し、広瀬絣の黄金時代と呼ばれるようになり、城下町にふさわしい作品を創り出した。そして、これらの機業を創設し発展させた土地の有力者は士族であった。

隣の鳥取県弓浜絣と倉吉絣も、花鳥山水の絵絣が特徴であり、文政年間（一八一八―二九）ごろ普及しているようである。絣の起源については諸説があり一定していないが、既に述べたように、宝暦年間（一七五一―六四）に米子灘飛白《なだがすり》織が始まっていて、寛政年間（一七八九―一八〇〇）には、米子車尾村において絞木綿の生産が盛んであったという。さらに、『鳥取県勧業沿革』（鳥取県内務部、一九〇〇）によると、文化年間（一八〇四―一七）に、同所車尾に摑染絣が盛んであったと記録されている。

経緯の精密な広瀬絣を織る花谷初子
（島根県広瀬町）

灘村について、西伯郡淀江町役場で調査をすると、宝暦年間には、家九戸、人六〇人、産物は木綿、と記録されている。誰が飛白織を広めたのか全くわからない。その隣の車尾村についても灘村と同じく、日野川の流域に面し、鳥取県から岡山県に入るにも、島根県から東の鳥取県に行くにも通る、東西南北の交通のルートであった。参勤交代の時の宿場町でもあったらしい。元弘元年（一三三一）、後醍醐天皇を館に迎えるために造った車尾の深田家の庭園は山陰でも優れたものであり、深田家には古文書が残っている。この淀江地方は、戦国時代の武士が住みついて集落をつくり、享保時代から港が栄え、三〇隻の船舶で、北陸、九州、京阪神と交易し、山陰地方の中心地であったらしい。日本に珍らしい石馬（重要文化財指定、長さ一・五メートル、高さ六〇センチ）も発掘され、古墳がたくさんある土地である。とくに文化文政期は船舶の出入りが盛んで商業の中心地であったというから、車尾村で摑染絣が盛んであったことも納得できる。

　前出『鳥取県勧業沿革』「纃《カスリ》」によれば、本県の纃で高評のある倉吉纃と浜の目纃は、はじめは車尾村の摑染纃を模倣したものであり、車尾村は古来より機織の盛んな所で、およそ八〇〜九〇年前（文化時代）から摑染纃を製造していた。ところが七〇余年前（文政初期）に倉吉町の稲島大助なる者が初めて一定の花鳥山水等の模様を織り出すことを発明した。倉吉絣の声価は高く、車尾村と隣接する部落より漸次に広まって行った、と記録されている。

　そこで、他の記録『裏日本』（久米邦武、一九一五）の文献を総合すると、米子車尾村に発生した絞木綿や摑染纃の影響を受けて、文政初期の頃、倉吉絣が織り出されたことになる。その稲島大助とはどんな人だったろうか。前出の町の長老、進藤百蔵は、「稲島は鍛冶職人で、高田の酒屋の上側にいて

現在の経緯絣織り（倉吉北高校絣研究室）

現在の絵絣織り（倉吉北高校絣研究室）

屋号を因幡屋といった。その後、光明寺の近くの研屋《とぎや》町に移転した」という。倉吉町は鍛冶屋が多く、鍛冶町という集落を作って発展したことは既述した通りであるが、稲島の家系には「大助」は見出せない。

倉吉市光明寺、浄土宗の過去帳で稲島家を調査すると、第六代目来助が享年六三歳で嘉永四年（一八五一）八月一二日死亡、「広誉普現英薫居士」の法名で祀られていた。そして慶応三年に「秋喜庵常誉和順稲調大徳」（稲嶋来助の弟六七歳、初代五左衛門支民啓）の戒名から誉れ高い人物のようであり、兄が稲島来助となっていた。そして久米郡穴田村の酢屋で死亡し土葬となっている。穴田村の酢屋、吉田正温家は、吉田家の祖先と稲島家の両家の仏を祀り、稲島の過去帳から次の話をした。「六代目来助の妻は徳岡家より来て娘一人いたが不縁となり、娘も死亡して跡方はなくなっている。また、吉田家に子どもがなく、稲島から養子に入ってもらった」。

稲島の初代五兵衛「清誉浄心居士」、享保一三（一七二八）申年死亡と記され、来助の曽祖母は伊部屋から縁組されていた。伊部屋は倉吉の有数の木綿問屋であり、織物と無関係ではないようだ。また、穴田村の酢屋（酢を生業とした）は中部地方の大庄屋で、今もそのままの門構えを残している家柄で、宇野村の尾崎文五郎家（中部地方の大庄屋で家屋や庭園が無形文化財指定）と縁組みをしている。また、来助の妻の出た徳岡家は、倉吉の町年寄を三〇年以上勤める家柄であり、稲島家の鍛冶屋の隆盛を想像させる縁組みである。

「来助」を「来輔」と誤写した過去帳を信じていたが、再度の調査で本物の過去帳から「来助」を確認した。しかし、「大助」と「来助」は平行線である。

鍛冶職と絵絣の型紙について結びつく点は、稲扱千刃の主産地であり、全国行脚の直し職人として先進地の文化を流入させると共に、繊細な手工芸の技に秀でて刃物を持っていたことである。型紙を彫るには良く切れる小刀がいる。そして、経済力と生活に余裕を持っていた。以上の諸点から、千刃職人の稲島大助が絵絣を考案したとする説を提唱したい。

絣の発展について、当地方に残る諸記録や資料、及び県の絣産額に関する統計書を調査すると、倉吉絣は量産を主眼とせず、品質第一を条件として市場の信用を得ていることが判る。

明治二三年第三回内国博覧会に受賞した桑田、船木絣工場の絣の批評文（『鳥取県勧業雑報号外』鳥取県内務部、一八八九、第三回内国勧業博覧会本県委員復命中抜萃、「絣木綿」）を紹介すると次のようである。

「本県出品ノ絣木綿中倉吉ノ分ハ概シテ紺染色宜ク一言ノ非難ナシ又糸モ細大中庸ヲ……（後略）」。

この批評は、大柄の意匠に乏しいことや、糸の番手の小さいものは名声を落すなどの注意がなされている。この文中に「木綿絣《かすり》」と「飛白《かすり》」という文字が使用され、小飛白の出来ばえを誉め称えている。

前文にみる桑田勝平や船木甚兵衛は絣工場以前の木綿問屋で、早くから白木綿と木綿絣の製造を農家へ下請させ、生産をあげていた。

このような品質本位の倉吉絣を、県の産額統計書で弓浜絣と比較すると、興味ある問題にぶつかる。明治末期の倉吉絣の生産数量は弓浜絣より少量でありながら、金額の面では優位を示している。それは、反当価格が弓浜絣の二倍の高値であった。例えば、明治三五年の絣一反の平均価格は、弓浜絣は約一円であるのに対し、倉吉絣は約二円である。そして、その価格は久留米絣と競う値段であった。それは、商品検査を行ない証票を貼付して粗悪品をなくす一方、織出しには、「大日本帝国倉吉町、船木甚兵衛製造」という文字や、織元の屋号を入れて明確にした。染色は正藍染にし、柄は小柄の経緯絣の精密なもので、地質は厚く、板のような強さであったと言われている。

弓浜絣は工場生産などに見られぬ色縞の配色や、藍の濃淡に図柄も手前で描いたような自家製の面白い絣のパターンが歓迎されたようである。

米子市和田、倉嶋絹織物工場の主人（明治三八年生）は、弓浜絣について次のように話した。「明治三年ごろ紺屋と織屋を創業し、百軒位の出機を持っていて、配達や集荷に村の世話人がいた。弓浜絣といえば和田絣が一番上等で、県内はもちろん、県外からも絣の仲買いが泊り込みで来ていた」。弓浜絣の盛況は、大正期には全県産額の七割を占めている。耳が聞えない方が絣がよく織れ、目が見えない老人も手加減で織る。家族が揃って分業し、子どもを背負って絣の準備をした。

明治三二年の絣年間産額は、一三万四九五三反で最高潮を示し、内国博覧会、共進会はもちろんのこと、シカゴで開催されたコロンブス世界万国博覧会（一八九三）とパリ万国博覧会（一九〇〇）に前述した倉吉工場の船木と桑田がそれぞれ受賞している。しかし、このような発展も束の間で、他県の大資本を主力とする機械絣に圧迫され、さらに捺染・抜染の出現のため衰微し、工場は倒産、あるいは転業してしまった。

他県の安価な絣や新柄の機械絣に比較して山陰地方の絣は時代遅れのような錯覚を持ち、あせりながらも対策を講じることができなかった。民間では女工戻りが昭和初期ごろ農家の労働衣として製織する程度で、町の中は機の音が響かなくなった。

山陰の絣は、地方の稀少価値的存在であったにせよ、世界にその名声を響かせたことは語り継がれるであろう。

1　機織工場

農村の女性たちは、自給用や年貢のために布を織り、経済的補助の役割を果して来たことは今まで述べた通りである。ところが、明治二〇年代になって、日本の繊維産業が飛躍的な発展をすると、さらに貧困家庭の娘たちは紡績工場の女工として雇用され、一二～一三歳で工場の寄宿舎に入れられた。全寮制をしき、女工は低年齢者ほど前借金も低く、純真なので雇用者は喜んだ。そして、一六～一七歳頃の結婚適齢期まで働かせたのである。

当時は学校に入学するよりも機工場に入ることが嫁入りの第一条件とされ、全く学校教育を受けない者や、小学校一～二年までで機工場に入った者が多かった。明治中期は娘の機織り奉公や女中見習いが流行し、富農の機織下女として住み込ませ、機織りと行儀見習いをさせる家庭も多かった。

このように、機織修業が女の仕事の主流になって来たのは、木綿の発達とともに一層家計補助的要求に迫られたためである。

鳥取県内の例でも、明治十年には県勧業課で絹織物、綿紡績の工場として「栄業社」を設け、さらに同一六年には糸挽木綿製造取扱場や製糸場を開設し、坐繰器機や糸繰工場で製糸と糸挽き技術を修得させている。その工場には、先進地の富岡製糸を卒業した女工を雇い入れ、手挽きには愛知県から小川権十郎を教師に招き、丹後宮津の機織り等を研修させながら産業を発展させている。こうした製糸や木綿織物の工場も開設されるにつれ、女子労働者が要求された。当時は女工を「工女」「女紅場」等と重宝し、工場に雇われると「権利工女」として登録されて、他の工場に移ることを禁止した。この制度は経営者が女工を縛りつけておく策であるのに、女工たちは、念願の「権利工女」になったと言って誇っていた（田中くの、明治二四年生）。

工場では必ず女工の寄宿舎を持ち、三年ないし六年制の期間を定めて工場に縛りつけ、長時間労働と深夜業の二交代制労働を実施した。女工たちは縞の着物にタスキを掛け、素足で機を踏んだ。工場内は不衛生である上にランプの灯が一つあるだけ、そんな中で一日一四時間も働き続けた。

倉吉機工場の寄宿舎は、十畳の部屋に二〇人も寝る有様で、畳一畳に二人という厳しさであった。少女たちは重なり合って寝たものの、ムシロ敷にゴザが敷いてある程度で粗末であったという。不衛生な寄宿舎の蒲団に蚤やシラミがわき、衣服の縫目という縫目にシラミが一列に並んでいた。その駆除には休日一日をあてて煮沸消毒をした（倉吉市、山田つた、八五歳談）。同女はまた「生理日に休む者はなく、ボロ布を当てて血を止めて働き、風呂代は五文で時々しか入れず、食べ物は梅干や味噌漬と、芋雑炊を食べていた」と話す。また、船木絣工場で博覧会に出品し一等賞になった女工（三朝町、山本くの）は、機場でも名の通った腕を持ち、並幅に六五立の十字絣（男物）を織っていた（山本たけの談）。

女工の見回り役であった花房よね（倉吉市）は、博覧会出品前には機から離れないように食事も小さな握り飯で織り続けたという。麦ばかりか屑米の御飯でも、雑炊よりは腹もちがして握り飯が嬉しかったようだ。

賃金は腕詮議制（能率給と職能給を合せたもの）が施行され、一反織り上げていくらという支給だった。幾日も夜なべをして競い合っても、織り上がりの良否によって値段の上下があり、女工たちは苦しんだ。

女工たちの賃金は、男工の四分の一程度で安値であった。滅私奉公とはこんなことをいうのだろう。

元絣工女山田つた（86歳）娘時代に織った絣を着て野良仕事をする

少女たちは、技術習得が第一の狙いだったので、三年間働いて年季の明けることばかり考えていた。年季が明くと高機一台を貰い、それが嫁入道具でもあり、機織りによる家計補助の道でもあった。ところが、絣技術には厳重な秘密主義がとられ、師匠の織技を盗んで覚えなければならなかった。そして、先輩の女工たちも自分が苦労して身につけた技は容易に新工女には教えなかったという。絣の乱れや糸の縺《もつ》れを解く人を神技と思って機場を過したという老女（前田かつ）もいた。六年間の年季を明けた河島つちは、機場で貯めた（強制預金）お金を親に渡して親孝行をしたという。

女工の募集には、知人を通じて勧誘し家々を回って集めていた。機場では「新工女さん」と女工を逆に呼び、織機の踏み方を最初に教えた。すべて下準備した糸が機に掛けられ、織ることのみを教えていたようである。

絣のデザインや型紙の彫り方、絣括りと絣分けなど、すべて分業に専門化され、最初から織り上げるまでの一貫した仕事はしていない。したがって、三年とか六年の年季を明けた者でも、中には絣のできない者がいたようである。青春時代を滅私奉公に明け暮れ、機場に繋がれ、自由を束縛されて何が楽しかったろうか？

ある女工は、機場から赤い夕日を見て泣き、「だまされた」と嘆く者もいたという。

日本の資本主義産業は、貧農の子女の汗と脂で本格的な発展をしてきたのである。機織労働の男女比を見ても、すべてが女工で賄われ、男工は非常に少なかった（第7表「倉吉絣木綿織物主工場」参照）。『女子労働者』（嶋津千利世、一九五三）には、「明治時代を通じて、日本の繊維産業は、だいたい一四時間労働が普通であったが、大工場などでは、すでに明治一七年（一八八四）ごろから一二時間労働の二交替制がはじめられていた。資本家は二交替制をとることによって、一日二四時間機械を少しも休ませずに操業を行い、一日の全部を価値の生産のために利用してきたのである。そしてそれが、昭和四年（一九二九）深夜業が禁止されるまでつづいた。日本で女工の深夜業が問題になりはじめたのは、すでに明治三〇年代からであった。当時ははげしく世論をまき起し、社会的関心を女子労働者にそそがせた」と述べている。このように、絣産地での深夜業の操業は、当然のことのように思われていた。深夜業の二交替制によって量産目標を達成することばかりを考え、労務管理や宿舎の設備は貧弱で、盗み嫁（女工を連れ出して嫁がせる。倉吉絣工場）もあった。また、久留米の機屋では夜業をする際に村の青年たちが機屋の窓から覗き見をして、女工を連れ出して遊んだ。しかし、機屋の主人は女工が恋愛してこの土地に嫁げば、新女工を織子に仕込むよりも早道であるため、夜間の連れ出しを放任していた（矢加部アキ談）。

倉吉市内でも、明治中期創業の三島製糸、山陰製糸、船木絣工場や桑田絣工場等の女工たちは、それぞれ労働歌を歌って仕事に励んでいたようである。

三島製糸工場の労働歌は次のようなものである。

今度国会開けたら
三島製糸のその規則
朝の汽笛が四時に吹く
そこで女工は目を覚し
起きると帯を引きしめて
流るる川のそのへりの

流るる水を使いそめ
両手合して西東
拝む間もなく二番笛
鍵を持ったる福井さん
工場のあま戸を押し開き
あまたの工女がぞろぞろと
我席入ってそれぞれに
並んで先生に挨拶を
そこで先生が申すには
このごろお糸というものは
つけぶし、竹ぶしどろどろと
こんなお糸をひいたなら
お帰りなされよ女工さん
そこで工女が申すには
乱れ頭のそこ髪（註・床髪のこと。起床のままの髪）を
とき上げ涙を拭くよりも
注意に注意はしたけれど

……

老女はこの次の歌詞が思い出せなかったが、国会で規則を改正してほしいという歌である。機織労働にせよ、製糸労働にせよ、朝は四時に起きて就業したようである。老女たちは口々に「阿呆らしいことで話は出来ん」という。また、「銭にはならん所だった」と嘆いていた。この言葉は、山陰地方の広瀬の古老からも聞いた。そして、機場の食事が三度芋粥であったことを話し、腹力がなくて機が打てなかったと話していた。どうして、このように少女たちを虐待したのだろうかと疑問にさえなる。やはり、女性は人間としての扱いを受けていなかったのであろう。

ところが、そんな寄宿舎内で少女が工場経営者に恋心を抱いていたことを知った。倉吉町、船木機工場には百数名の女工がおり、その舎監兼見回り役の花房よね（明治一七年生）である。経営者の船木藤吉に、「若旦那に可愛がってもらったので、死ぬるまでに再会したい」と嘆息まじりの懇願をした。地面を這うように背骨の曲がった老婆が、七〇年昔から自分の心に温め続けたことを吐き出した安堵の表情が、私を駆り立てた。藤吉翁に逢ってそのことを告げるまでに二年間経った。「経営者は、機場も家も倒れて世逃げだったらしい」、「今さら倒れた工場や人を捜してどうなるか」と、冷笑され、相手にする者はなかった。捜し出した藤吉翁（明治一二年生）は耳が遠くなっていたが、老女の話を伝えることができた。「元気でいるか、どうしているか、連れてこい」と何度も繰り返した。その言葉に再会を約束したものの、「昔は、お籠に乗って出る見分の高い藤吉旦那に逢わせて貰うなんて夢のようだ」と漏らす老女は病臥に伏し、間もなく亡くなった。

2　機神様

女工戻りの機織り労働はどうであったろうか。安価な労賃の支給に泣き、ますますひどい労働量で奴隷的な存在であったらしい。貝原益軒の「三従七去」の封建道徳に縛られ、大家族制度の中で下女的観念が継承され、機に繋ぎつけられるような生活を強いられた。農山村には、親方と子方関係があり、親方奉公のために期限を切った織物をやらなければならなかったり、小作料の代償として夜なべ仕事に片づけなければならなかった。また、借金の返済や前借代金などについても、機織りは現金収入の唯一の道であり、身を削る思いで一反でも多く織り上げて夫を喜ばせたのである。

織物産地といわれた地方には、女を評価して村々に名人と呼ばれる人たちがいた。絣が上手に織れる人を絣の神様と讃え崇拝した。織物が無事に織れるようにまず織り出し布三センチ位を神様に供え（あわしま様に供えるという）、絣の名人になれるように祈ったという。正月は一年間の縮図で、「正・五・九月」つまり正月にあることは五月にあり、また九月にもあるといい、正月の織りぞめで一年間の縁起を担いでいたという。こうした神聖な心で織物労働につかせ、女が機織りをすることはあたりまえのこととされていたが、女たちの純粋無垢な生きざまに私は心を打たれた。ここに、山陰地方の女性の中から数人を拾いあげて紹介してみたい。

倉吉市、岡崎よし（明治二九年生）は、目が悪く掠《かす》れた今でも機工場で貰った高機で織物をつづけている。

三年間の女工の年季を明け、家庭に入ってからの賃機の様子を次のように語っている。「一七、八歳の頃、一日中かかって十銭分織ろうと思うと、朝早くから夜遅くまで夜なべをしてやっと織れた。その頃米五合の代金が十銭だったから、阿呆らしい仕事をしたものだ。それでも、銭儲けせにゃぁ、食えなんだですけえ、せわいいて機場から糸を取って来て織ったですわい」と話しながら嘆息をついた。

彼女だけではない。村中の女工戻りたちは親も娘も数台の高機を備えて賃織りに精進した。米五合（六〇〇グラム）の現金収入でも大きく、農家は子どもにも頼った。機場の代金で親の借金を返済するのは当然のことであった。それほど生活は厳しく、一汁一菜と麦味噌が唯一の料理であった。その味噌も食卓に小鉢が一つだけで、箸の入れ方も決められ、箸を垂直に入れて、一度味噌を振り落としてから食べるという家憲のようなものがあったという。

絣専門という絹見かめ（94歳）
（鳥取県東伯郡東郷町）

子どもを機に縛り、一四時間労働を続けても、生活程度は一向によくならなかった。

織物の上手・下手で嫁を評価したり、織物ができなくて離婚された、という人さえいた（前田なか談）。

このような差別に耐えなければなら

絣名人の姑の遺品を手にする高林清子（米子市）

ない屈辱が機工場の門を叩くことになり、若嫁でも農閑期を機場の寄宿舎で過ごす人もいたという。家族と離れ、技術修得と現金収入のためにひたすら織り続けた。それを女に生まれた者の業として片づけ、生涯その姿勢は変らなかった。

鳥取県中部の絹見かめ（明治一七年生）は九四歳の今も健在である。絣名人といわれた陰には人生の悲しい運命があった。

「夫婦養子の縁組みとして、夫が日露戦争に出征した留守に嫁に来ていた。姑と一緒に留守を守りながら地機で賃機を続け、四反続きの十の字絣で並幅に六〇個の十の字のある面倒なものを月に六反織り上げていた。幸いに夫は復員し、男二人と女二人の四人の子どもを育て上げたと思う間もなく、夫は四〇代で銀行の支店長の役職のまま病死してしまった。その上に、二人の男の子は妻子がいるのに昭和の大戦で戦死した。戦争の災厄から困苦がひしひしと迫りはじめた。二人の嫁の片腕になって勇気づけ、孫の養育に励んで来た。戦争に息子を奪われた悲しみを機の音で紛らして賃織りを続けた。戦後の物資不足時代に孫を嫁入りさせるのに三八反の絣を織って持たせ、父親がなくて僻《ひが》ませないような荷物を持たせた。今となっては、百迄生きておれと、孫たちが大切にしてくれる」と話していた。

戦争の犠牲を背負って生きながら、淡々と人生を語ってくれた老女には、身体を燃えつづけさせた深い愛の泉があった。

米子市のT女は次のように語った。「姑さんは、機の神様といわれていた。お祖父さんは若い頃、紺屋の手間に歩いていて機が上手な娘を選んで結婚したという。姑は八歳で機を習い、高機に足が届かないので、踏木に足枕を括りつけて機を織った人である。祖父は紺屋の主人の目を盗んで自家用の糸は三倍も濃く染めたと自慢し、八人の子どもや家族には一段と濃い藍染めを着用させた。ところが、日露戦争で傷痍軍人となると性格が一変し、その上に悪いことが重なり、大正一一年に近くの灘に大漁があって、全員出た留守に家を全焼してしまった。その時〝青い火が燃えた〟というほど絣や藍がたくさんあり、藍が燃えたのである。祖父は、ますます大酒を呑み借金を重ねた。戦争によって性不能になり、火事を出したことでほとんど廃人状態になっていた。そのため祖母は必死に絣を織り続け、一本の糸も散らさぬ正確なものを昭和四四年、七八歳で死亡するまで織り続けたが、その借金は、息子や嫁の私にも残されたのである」と話した。

私は農婦の藍衣を見るたびに、家のため、夫や子どものために屈従した女性を想い浮べる。この老女も、戦争によって夫婦生活を奪われた夫の犠牲者であった。

倉吉市内の鳥飼たけ（明治二七年生）は、少女時代三年間を倉吉絣工場で働き、今も製織する絣名人である。竹を割ったように明るい性格と正直さは、老女の健康を助け、几帳面な性格がそのまま絣となっている。糸一本の乱れも掠《かす》れも生じない、神技とは老女の織る絣を言うのであろう。機織場の戸口には「織物をしていますから御遠慮下さい」と貼紙をしている。老女は、一度機に向かうと糸から目を離さず、目の輝きは若者のようになる。主人は隣室で機の音を聞くのが何よりの楽しみであるという。

「たけよ、たけよ」と呼んでも耳に入らない。老人は呼ぶのを止める。一生涯を織り続けた老媼に今は布が恋人であるようだ。老女の織った絣は厚地で注文が相次ぎ、何年でも待つ人がいる。「この一反が最後になるか、秋まで身体が続くかと、心臓病を気にしながら挑戦するうちに数年が過ぎた」という。

私は、このような女性の隷属的な機織りの歴史を思い起す時、必ず「夕鶴」の物語を思い出す。機場に閉じ籠り無心に織り続けたつうは、鶴の化身ではなく、当時の女性の姿である。昔も今も、愛する夫や子どもに捧げる女性の気持は何ら変わりはしない。最近の母親は「愛が稀薄になった」とか、「身体を惜しむようになった」とか、よく言われているが、母親とは本来、偉大な愛情と生活力を持ち合わせているものである。

機織部屋という特別のものはなく、土間の隅や、納屋の一部が仕事場であった。農家は家畜を庭で飼い、共に寝起きをしていたので、その一部が機織りの場所でもあった。その仕事場は、塵埃が飛び散り、手や鼻や口は真っ青に藍で染まり、人に見せるような所ではなかった。足には脚袢を着け、手には手甲のタスキ掛け姿で機を織った。

作業用モンペ等のない時代であり、高機の腰掛は血で染まることもあり、男性が入ることは禁じられていたようである。そして、多産な当時の女性たちは、子どもを機に縛りつけて織り続けたという。「機の音が子守唄であった」という勤勉な生き方は、子どもの魂に強く響くものがあったに違いない。

産後三日目から機に上がった人(米子市、斎木つる談、母よねは嘉永二年生)や、十歳から機を織った(米子市、本池ふゆの、明治二八年生)人たちは、機で心も鍛えあげている。織物を止めると病いが起るという人や、目が悪くても糸がそばにないと機嫌の悪い老女がいる。また、少女時代に身体が軽くて石臼を背負って機を織った人もいた。

米子市に倉島という大きい機屋があり、八反巻の絣を賃織りしたという大谷女は、八〇歳近い高齢で一日二反の白木綿を織り上げている。人間の腕も熟練すればこうも早くなるものかと頭が下がるのである。

このような技術を農家の副業的賃機に終わらせないで、自分が機業を経営し、機の保有数を増やして量産すればよかろうなどと考えつくのであるが、地方の織物業者には織工の争奪から前借金などの暗い問題が多い。そして、安定しない産業であるために、織工として材料の支給を受けて賃織りをする方が気分的に楽であったと語る老女が多かった。

機のそばに蒲団を敷いて、気の向くままに織ったり寝たりを繰返していた老女(倉吉市、加藤しの)は、訪ねる度に裂織の細帯などを織って待っている。「死ぬまで小遣いに不自由がない」と、大喜びで童女のように銭を数える。そのしぐさが仏様のようで、私は何年も通い続けたが、尿で下半身が濡れても織り続ける老女の執念に私は泣いた。こうして、一向に機から離れない多くの老女たちは、今まで織り続けて来た布にケチをつけられ侮辱されたりもした。

しかし、現在も機に向っている老女の一人は、「雀百まで踊り忘れぬ、とは私のこと、実際に身体で覚えたことは百歳になっても機が忘れられぬ」という（関金町、山方まつの、八三歳）。「機が邪魔になる。年寄りが邪魔になるといわれても、愛着があって機から離れられない」とも言った。機を織る老女たちはしばしば不幸な立場に置かれていた。それは、一般社会の風潮が伝統的織物文化を軽蔑した現われであって、悲劇でもある。

木綿商人と黒住教

倉吉絣と稲扱千刃の二大産物を持つ倉吉の商人と町は活気に満ち溢れていた。明治四〇年、皇太子殿下御来倉に際しても、地方産出の産物を二千余種陳列し、献上品も、生糸二括、絣《かすり》木綿二〇反、繭一箱、羽二重一疋、稲扱千刃五台、梨子一籠となっている（『倉吉町誌』参照）。ところで、倉吉を織物の町、鉄（千刃）の町に発展させた要因の一つに、有力商人の宗教文化があった。

第六代目船木甚兵衛（甚市ともいう）は、文化一三年（一八一六）に市内魚町で生まれ、家業の木綿問屋を継承した。伯耆地方に黒住教の布教が始まった弘化元年（一八四四）から一二年後の安政三年（一八五六）、当地稲扱千刃商人の伊藤屋定三郎親子が千刃の商いで備前小串沖の船舶に乗船中、大嵐にあい遭難していたところを、教祖神宗忠が同船していて祈禱すると波風が鎮まったという逸話によって、黒住教への入信を決意した。そもそも病弱で暗い日々を送っていた甚兵衛は、明治九年、自宅の一部を改築して黒住講社を設立した。地方の有識者、木綿商人で町年寄の徳岡仁平（前出、鉄屋、木綿と絣屋）、同桑田正常等も入信した。

明治一二年、倉吉市葵町に黒住教会所を新築したが、その敷地三反五畝余は船木甚兵衛の寄進によった。彼は、因幡、伯耆地方の産業を背負う中心的人物であり、木綿と稲扱千刃を全国的に普及させる等、事業を完遂させる力を持っていた。

黒住教主、宗忠公の「天地の心のありかを尋ぬれば、おのが心のうちにぞ有ける」教詞を宣伝した。人の心に宿る醜い心は姿となって現われる。大自然の恩恵を感謝しつつ純真無垢に甦えらせ、希望と勇気を諭したのである（『伯耆のおみち』一九七六、および船木邦忠談話）。

黒住教会所（倉吉市）

先に述べた有力商人の船木、徳岡、桑田とも、絣の技術指導と千刃や木綿の普及・宣伝を信仰を媒体として行なったようである。そして、船木と桑田両家の子息の縁組はもちろんのこと、教詞の信念に徹して数人の教会所長や副所長を出して布教に専念した。そして絣工場を経営するや、工場内でも布教が行なわれたと言う（女工、竹原すが談）。

また、甚兵衛は、日夜病人や心の病める人に自ら「おまじない」療法を行ない、東奔西走して私財を投じて布教にあたった。心を美しく持ち、神に守られていると思うと、とてつもない勇気が湧く。これが大事業を成就させた由縁とも結びつく。人の魂の救いのためという、教祖の教えが力強く根底にあった。

3　在来綿業の減退

木綿が庶民の衣料として、江戸末期から明治にかけて飛躍的な発展を遂げたことは既に述べたが、明治末期から昭和初期にかけてしだいに衰微し、在来の手紡糸や手織りは減退して行った。その原因は、紡績工業の発達によるもので、各地方の在来綿糸を圧迫したのである。

安政五年（一八五八）、薩摩藩に水車館と呼ばれる織布工場が建設されたのをはじめ、明治三年（一八七〇）には堺に紡績所が設立されると、紡績所で相次ぎ大規模な紡糸や綿布が生産され始め、テンポの遅い在来の手紡糸の需要は減退するばかりで、機械紡績が主流を占めるようになった。機械紡績は取り扱いも簡単な上、大量生産による安価な綿糸をもたらした。

江戸時代が粋な縞の小袖なら、明治時代は絣中心の生活だった。学童から娘たち、老人に至るまであらゆる文様を絣に駆使して着飾っていた。中には、小学校に着て行った絣の着物を女教師にほめられ、下校中に村の女たちに取り囲まれた（倉吉市富海、米田しま談、明治二〇年頃）というような逸話の経験を持つ人が多かった。

このように、農家では稲作から紡糸へ、機織り全盛時代を勤勉に働いて来たが、明治中期をピークにして綿作や紡糸は衰微しはじめ、輸入綿糸に圧迫された。『日本綿業発達史』（三瓶孝子、一九四七）によると、明治初年以後、英国から輸入した綿糸や綿布の数は年々増加し、明治七年の日本綿糸と外国綿糸の一〇〇斤当たりの価格を比較すると、日本綿糸が四二・七円に対して外国綿糸は二九・六円であり、日本綿糸が一三円も高価であったと述べている。こうした安価な外国綿糸の輸入により、在来手紡糸の放棄がはじまった。家庭での綿作や紡糸では採算が合わなくなり、急激な衰退を招いた。従来の綿作農家も打撃を受け、わが国の綿の栽培面積は、明治二〇年（一八八七）には十万ヘクタールの最大栽培面積に発展したと言われたが、それ以後年々減少し、大正一四年には、一三〇〇ヘクタールに減退した。その原因は、既述の輸入綿糸にもよるが、紡績工場の発達が各地方の在来綿糸を圧迫したためでもある。

綿作が唯一の換金作物として、米作りより優位であった時代が夢のように去り、時代の流れと共に転作を余儀なくされた。綿畑が次々に蚕畑に変り、養蚕業を奨励する一方、製糸工場（山陰製糸、絹糸工場）の就業を斡旋したりして、農民は貧乏籤《くじ》ばかり引かされた。

ところで、手織綿布はどうであったろうか。前出『山陰史談』「明治前期における雲州木綿の取引き」（藤沢秀晴、一九七一）によると、出雲の平田町でも政府の金融政策による明治初年のインフレや、資本主義的大機業が影響して、明治一一年に綿布の製造高は四三〇〇反、代価は一八〇〇〇円であったものが、同一六年には四三〇〇反を製造しながら、代価は一〇〇〇〇円に下落している。生産者は、約半額に低落した綿布を持続しなければならなかった、と記述している。雲州木綿の木綿市は、ひと頃は通行人を途絶する盛況ぶりであったが、雲州木綿だけに限らず、山陰地方の綿業は大きな痛手を負い、生産者は紡績労働者として就業していった。

一方、絣工場による絣生産額は伸びたが、機械捺染の着尺と綿布の広幅の新柄が安価で出回り始めると、一般庶民の需要を増し、蒲団から着物まで供給され、在来の絣がこの色鮮やかな広幅の捺染に影響を受けはじめた。とくに山陰のような地方の小資本しか有しない工場が打撃を受けたことは既述したとおりである。ところが、明治末期から昭和初期にかけて、久留米、伊予、備後絣は力織機によって大量生産を可能にし、織り中心の工程であったものが捺染絣の分野を増していき、織物の工賃を下落させてしまった。

このように発展した日本の絣は、木綿の紺絣が主流であって、明治年間に高度な技術により産業的にも確立したのである。山陰地方の広瀬、弓浜、倉吉絣とも昭和初期には衰微し、久留米、伊予、備後絣の最盛期に第二次世界大戦が始まり、工場は閉鎖した。

戦後再び絣業が盛んとなり、備後を先頭に久留米、伊予、山陰の絣も製織されてきたが、その量は僅少である。

藍業も木綿の隆盛と比例して発展したが、絣の衰退によって藍作付面積も減退した。阿波藍では、明治三六年に最高の一万五〇〇〇町歩の作付面積となったが、化学染料の普及と綿業の減退によって需要が減ったため、昭和四一年には四町歩を維持する現状となっている。

阿波藍の伝統を守るため、昭和四二年、阿波藍生産保存協会が設立され、藍製造法と手板法の県無形文化財に佐藤平助(九二歳)親子三代が指定されている。また、蒅《すくも》を作る数名の藍師や藍商たちによって全国の織物産地の伝統保持者に送られている。

私は数年前に阿波藍を訪ねた。名西郡石井町の武知敏弘の藍寝床（県指定）や、三木文庫と藍商の三木家の豪邸など、阿波藍が全国に風靡したなごりをしみじみと眺めた。吉野川の流域に立って小高い藍寝床を眺めたとき、最良の染料を生み出したこの殿堂に、農民の苛酷な労働の歴史と染色文化が交錯した遠い昔が偲ばれるのであった。そして、忘れてはならないことは、木綿と藍によって最高の絣を育て上げた日本農民の底力である。

紺絣の素朴で美しい織物は、誰の心にも郷愁を誘うものである（第8表「絣産額と価格」参照）。

第二章　木綿の文化

一　粋な縞柄

縞帳と縞の種類

江戸末期から明治初期にかけて、庶民が木綿を自給自足するようになると、各家庭に「縞帳」というものが備えつけられた。

縞帳というのは柄《がら》の見本帳ともいうべきもので、一冊の中に縞の裂地見本およそ五百種から一千種類を貼付した分厚いものである。その大きさは、写真のように縦一五センチ、横二〇センチ位の大きさに古紙を折って綴じた帳面である。中には縦綴のものもあるが、一般に横綴のものが多く、中には自家製の縞布を縦二センチ位と横三センチ位に小さく切って貼り、縞の一単位がよくわかるようになっている。

この縞帳は、家代々の「手形《てがた》」として各家庭ごとに保管し、珍柄が多く個性的であった。そして、

江戸時代の縞帳（鳥取県東伯郡赤碕町，慶応年間）

江戸時代の縞帳（鳥取市，横川順江蔵，文政年間）

娘の結婚時には必ず縞帳を持参させ、家宝として継承させてきた。

出雲市の岸本正義（開業医、明治三九年生）は、「出雲地方では縞帳を持たなければ嫁に行けなかった」と話していた。

私が初めて縞帳の所在の探索に乗り出した頃(今から約二〇年前)、第一の目印は茅葺屋根の住居だった。建物が旧態依然の場合はほとんど縞帳が残っていた。そして、住居を新改築しても老人が健在であれば大抵保管していた。老女の中には「縞帳を譲って安心して死ねる」と言って形見にくれた人もいた。しかし、大抵の老女は「目の開いている間は手離したくない」というので、強引な縞帳の収集は避けた。なまじっか織りの苦労を覚えた私は、他人の大切な縞帳を見せて貰うだけでも大変勇気のいることで、それを強いて収集する気にはならなかった。目で確かめたことは貴重な体験だったが、その思いやりと遠慮が縞の研究を不明確で不完全なものにしたことが悔まれる。その後、数年前に歩いた際には、その頃語り合った老女の姿は既になく、縞帳は惜しくも破棄されていた。

調査した数百冊の縞帳に共通することは、縞の間隔が非常に狭く、平均二ミリ位の繰返しの縞幅で、藍を基調にした地味なものが多かった。中でも豪農の縞帳は一段と縞が繊細で濃紺であることもわかった。そして、色の薄い縞幅の大きいものや、屑糸の節だらけの縞は、貧農用であった。大庄屋の縞帳には、絹縞や木綿と絹の混織が多く、色彩も明るいものが多かった。こうした一冊の縞帳の中にさえ数百種類の縞のデザインが収められ、老女たちは、いつ、誰に、何の目的で織ったかを鮮明に覚えていた。「絣は高値で、普段着には縞ばかり着せ、正月着《しょうがつこ》には絣だった」と言う。私は、たくさんの老女から同じような説明を聞きながら、一見まっ黒い縞帳の中に老若男女の区別があり、年代別の流行や地域別の特徴のあることが理解できるようになった。そして、最初は紺一色の同じ縞に見えていたものが、縞帳の中にそれぞれの家庭の個性が滲み出ていることや、藍の濃淡や組織に手の込んだ秘法があることに気づきはじめ、夢中になった。

明治中期の絣工場で、着物の盗難事件が起こり、縞帳を持参して盗難届けをした(工場舎監、倉吉市、花房よね)。警察は縞帳を確認して捜査に役立てていたようだが、縞の種類がいかに多くても、他家の縞物と比較すると特徴や個性が出た重要資料で、貴重な記録サンプルだった。

縞帳をめぐる生活史は苦悩と喜びの女たちの生い立ちであり、縞帳は木綿と藍を凝縮させた庶民の衣生活史の記録帳であった。

縞の種類は非常に多く、従来は便宜的な名称を用いたり、名称のつけにくいものは「やたら縞」と呼び、産地の呼称も多かった。

縞の中でも藍一色の中に不規則な濃淡によって生ずる縞や、何種類もの色糸を交織させた複雑な縞など、分類整理をする上に困難であった。また組織の変化で表わす縞には、一部の糸に撚《より》の異なった糸を交織して絣糸のような斑点の縞を作ったり、縮ませた糸を縞状に入れたもの、工程上の組織で糸を適宜浮き沈みすることによって生ずる縞筋なども見られた。

そこで、収集した縞布の標本を作り、山陰地方の呼称に従って分類し、用途を記録した。

棒縞男着物（倉吉，明治期）

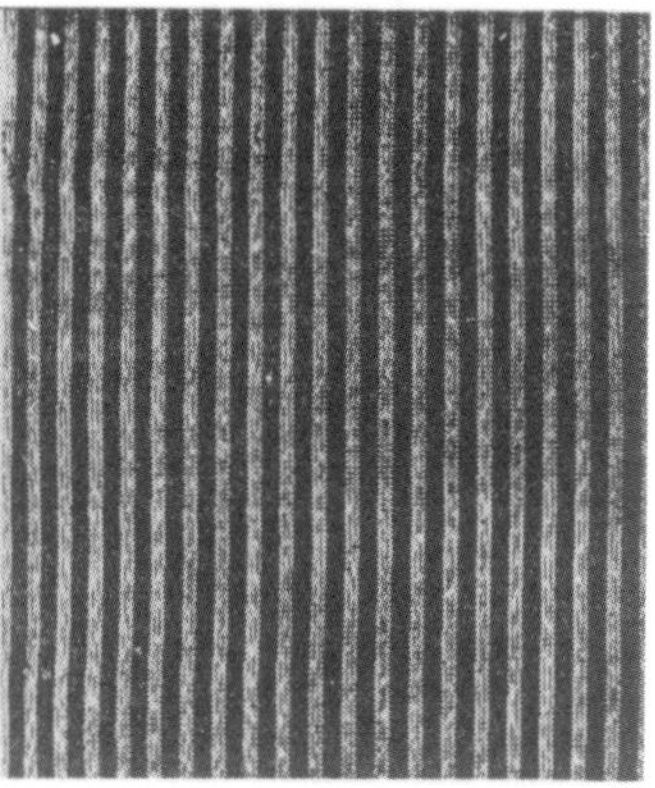

撚糸縞蒲団（倉吉，明治期）

鼠縞女着物（倉吉，明治期）

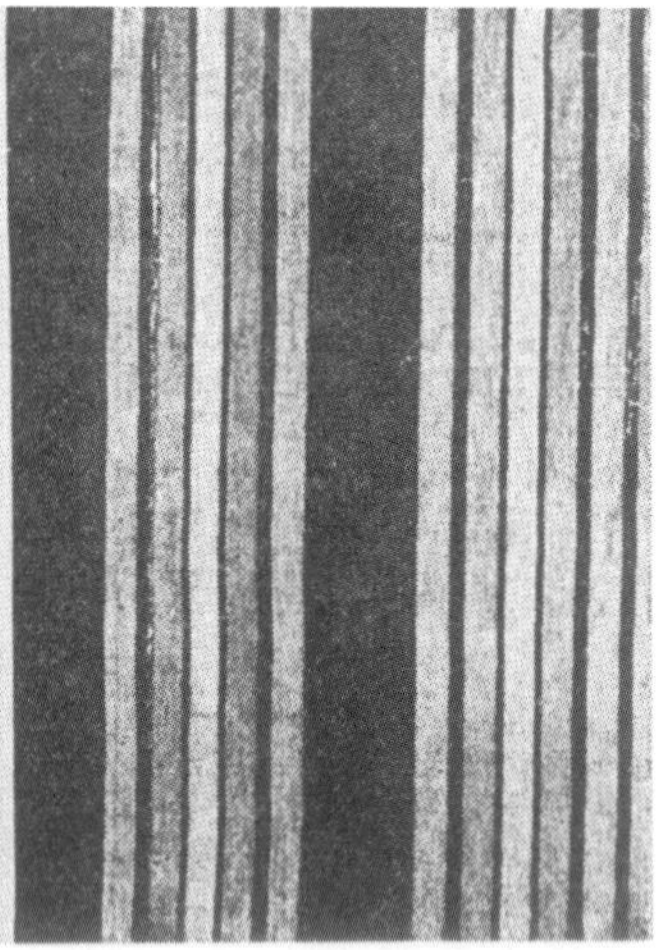

鰹縞蒲団（倉吉，明治期）

着物によく使われている縞は、千筋と万筋で、経糸の紺と地糸一本置きが配置されるものを万筋、二本置き交互の縞を千筋といった。蒲団縞は大きい棒縞や、子持縞、親子縞が目立ち、大小の縞の組み合わせで親子状に並ぶ縞が多かった。中には、でたらめで名称のつけにくい、やたら縞もあったが、ほとんど敷蒲団用だった。上掛蒲団は格子縞が多く、大小の格子が交錯した翁《おきな》格子、割込み等が見られた。

モンペ縞の多くは色彩によって呼称し、茶縞、浅黄縞、鼠縞等と言って区別した。婦人用の袖なしや下着の腰巻も、花色木綿、鰹縞等が用いられた。着物用は、鼠縞や玉虫縞が多く、糸を撚って絣状に巧みに使っていた。男子用は、特別な小縞や、繊細なものほど羽織や着物に用いて、濃紺や茶色系統が多かった。

限られた標本と老女の証言を交えながら、一般的な縞の嗜好を述べたが、着物の大半は経縞であり、僅かに帯や下着に緯縞があった。蒲団は格子や緯縞、経縞とも用いられ、全般的に藍の深みがあり、濃淡の表現が豊富なことを知った。藍色の無限な色彩による、やたら縞、変化織りの精巧さには全体的に重量感のある美しさを感じた。

縞の形状は、左右対称や追っかけ縞、中には親子縞の連続繰返し等、縞と地場の比率が一対一や三対一等で、安定した縞が多かった。

大まかな縞の形状と用途の傾向について、私の住む倉吉市の実例を述べたが、在家の工夫縞には際限がなく、縞とのかかわりによって生み出された知恵は、次に述べる縞袋からも証明される。

縞の文化

縞の発展は、衣料はもちろん家具什器など生活全般にも流行するに至り、目を見張るものがあった。明治から昭和初期に流行した小袖縞や蒲団等の実物資料を中心に縞の傾向と変遷を考察してみたい。

明治期の縞の傾向は、一般的に大人用は男女を問わず間隔の狭い縞が高級で、性別による縞の相違は色彩によって見分ける程度であった。色彩といっても紺を基調とし、茶、鼠、浅黄などの草木染めを撚糸で霜降り状や絣状に見せる陰の技巧が、全体を引き立てている程度だった。

男性用の着物は濃紺の縞で、遠くから黒く見えるほど縞幅は狭く、羽織は多少派手な二ミリ間隔位、袴縞も同じく細縞だった。

地質は、時代を溯るほど布地が厚く重量感があった。そして二重の袷仕立てが多く、厳冬を衣料のみで過す昔の生活が偲ばれる。

次頁の写真右の女物袷長着は明治初期の作品である。茶色の棒縞に配色よく紅花染めの袖口裏を覗かせ、長袖の総裏紺木綿の重量感のある着物である。縫ったままの躾糸をつけ、嫁入りに持参したまま簞笥に眠っていた。一番上等の外出着だったらしく、衿も広衿仕立てである。このように、小袖縞の多くは男女を問わず二重仕立てが目立ち、経縞の細縞（一センチの中に縞が五～六本立）であった。

次頁の写真左の羽織は、鳥取県東伯郡大栄町、平信純子（明治三七年生）の嫁入りに持参した物で、木綿と絹糸を交織した茶系の手織縞である。「娘時代は羽織の袖や丈の長い物が流行し、棒縞の光沢のある外出着だった。今は着丈も袖も短くなり、その上に縞が地味で着れん」と、簞笥から取り出し

縞の羽織（鳥取県東伯郡大栄町
平信純子，大正初期に織る）

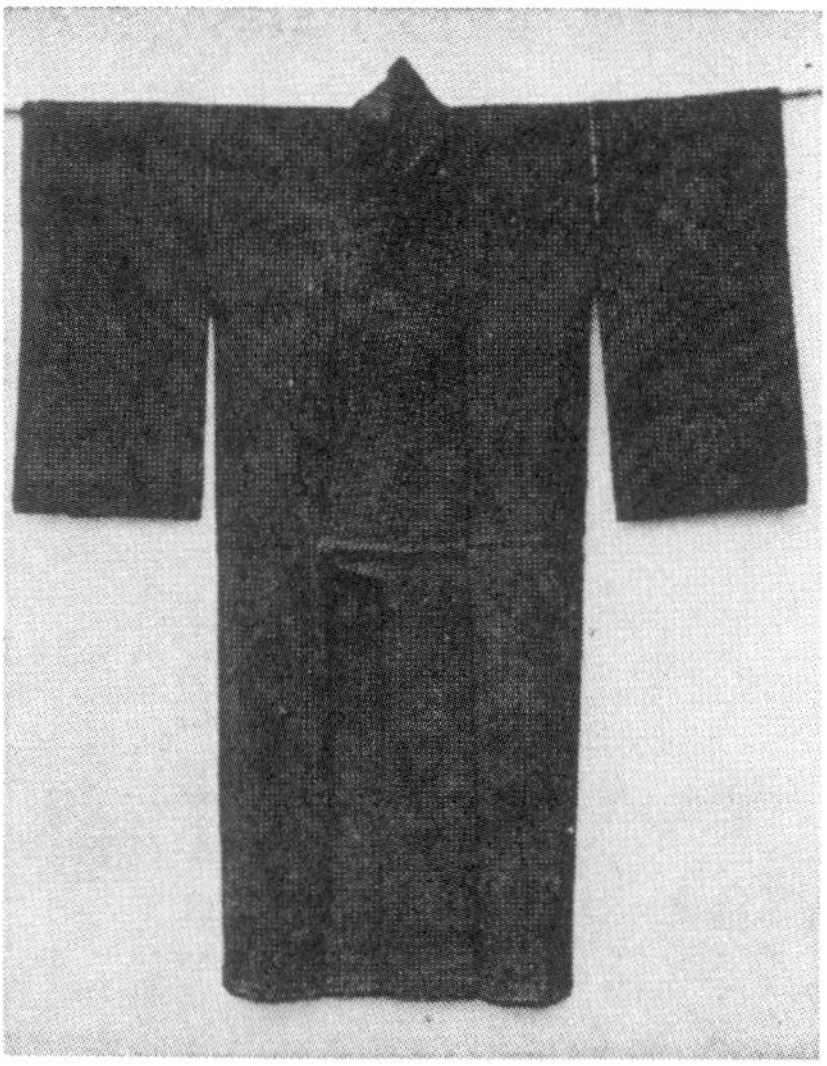

棒縞女物袷長着（香川県観音寺市，明治初期）

て着用し、膝下まである羽織を説明した。

平信家は村の庄屋だったため、白壁の土蔵が並列し、衣裳蔵には今も絣や縞が保存されている。しかし、絹との交織には抵抗を感じた。

多くの老女たちのこうした証言や、実物調査によると、明治期、嫁入りに持参した着物や羽織などは、地味な縞が多く、年老いてからも間に合うほど色彩やデザインが定着していた。したがって、嫁入りの際一生涯着用する着物を持参したようである。ところが、明治末期から大正期に娘時代を過ごした人は、娘時代の着物や羽織が地味で着用できないばかりか、手紡糸で製織した厚地の木綿は重くて肩が凝ると言う。なるほど表裏共に総紺木綿は重く、計量してみると約二キロの重さの着物だった。

大正期から昭和初期にかけて、各家

紫縞の女長着（倉吉，昭和２年，福井ちかよ）

庭に直接染料による手前染めが流行し、色に制約されつづけた女性が、爆発的に原色で派手な縞を作った。着物に限らず、農作業用のハッピとモンペ、学童のスモック等、南蛮縞を連想させる強烈な色縞を創作した。

上の写真の色縞は昭和初期に織った物である。蔵の蒲団を解いて綿を紡糸し、化学染料で濃紫色に染色して紫縞の小袖を作って嫁入り荷物にした（倉吉市、福井ちかよの母）。当時は紫色が大流行で、小袖の上に着る事務服も紫色を使った。藍一色だった庶民は、藍と蘇《す》枋《おう》（樹木の染料）を併用すれば紫色になる秘法をわきまえていても、堂々と着用は出来なかった。そのあこがれの色を不断に使ったものの、残念ながらそれは化学染料の紫色だった。

在家で創作した藍の濃淡や草木染めの縞は息を止めるほど美しい。そして、古縞を集めて仕事着に更正すれば一段と面白い。経縞の中に緯縞を張りつけたり、切り替えと補強を繰返すもの、二重に別布を貼布した布刺子など、農婦たちのアイデアには驚嘆する。

縞の着物にたすき掛、縞の前掛に縞の帯、裾をからげて縞の腰巻を覗かせるなど、経緯の縞を立体

藍格子蒲団（倉吉，明治期）

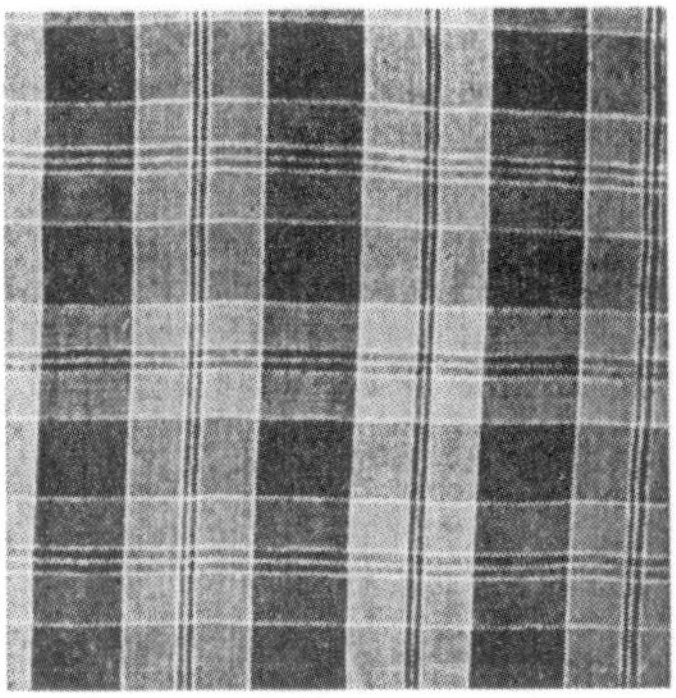

翁格子蒲団（愛媛県松山，明治期）

木綿と紬を交織した蒲団（備後，広島県福山，大正期）

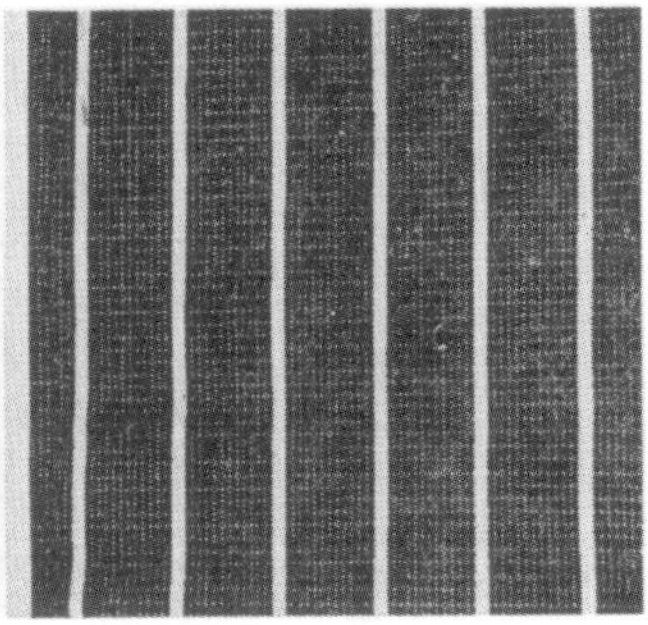

割込格子蒲団（倉吉，大正期）

蒲団縞のいろいろ

的に調和させ、動作をする度に曲線美を作り、大胆で粋な美しさだった。このような、各種の被服の組み合せは、保温や仕事の能率化の機能と、女性を一段と美しく見せたいとする執念の美だと思う。腰巻は淡色縞、小袖は濃紺縞、前掛は寄せ集め縞と、これらの構成により服飾上重要な個性的な美しさをつくり出した。まさに農作業の衣服文化の開花である。

次に蒲団縞について考察すると次のようである。縞が一段と大きく、色彩も非常に明るい物が多い。一般に棒縞や格子縞が多く、細縞が上等であるという技法から評価した当時の縞の価値観が、繊細な三重格子、五重格子と最高級の縞の交差美を生み出している。大小の格子を複雑に組み込ませているが、格子は細くても、着物の縞とは判別できるように、蒲団に構成した際、交差点上にポイントを置いた縞も考案されている。例えば、藍縞の二重格子の交差点上に経緯絣の小絣がポイントになり、藍の濃淡を上手に使い安定させている。蒲団の場合は、斜方向や直角など縫合して効果的な縞が多く、明治中期頃に藍返し法（藍染め後括った防染箇所を解き、再び藍染めにする）が流行した。濃淡の翁格子など高度な技術である。市松の縁を撚糸で囲み、洗練した格子縞もある。

明治後期になると、戦後の好況期が影響してか力強く勇ましい大縞が目立つ。縞幅が並幅三六センチ内に十センチ間隔の茶縞の淡色や、五本立の縞の色彩を全部変えて並列させるなど、多様である。とくに次頁の写真の夜着は十センチ幅の縞が三本立ち、等間隔内に線状の縞が七本並ぶ大胆な構成である。いずれも縞幅だけでなく、色彩も強くなり、社会の隆盛をよく表わしていることに気づく。

明治後期になると、農村生活も多少安定し、戦後の好況期に明るい自由な縞も作り出されたが、社会の情勢を反映し、全般的に安定感の強い大枠の格子縞や棒縞が多かった。そして、大正から昭和初期は、他の染織品の影響が強く、黄色や茶色、赤系統を積極的に吸収して明るい縞を作り出した。

明治期に全盛した縞物も、蒲団によって意のままにデザインされ着用された。中でも家庭に個性的な縞が多くなり、生活そのものが織り出された蒲団も多かった。蒲団の大きさが小型で薄く、絣屑を寄せ集めたもの、糸の残糸で縞を不規則に織ったものもあった。一般の者は就寝用の蒲団のみで、来客用の蒲団の予備を保有する家庭は裕福であった。私は、大晦日の夜になると、祖母から次のような話を再度聞かされた。「大晦日に戸を叩く者がいたので外に出て見ると、年が越せないからお金を工面してくれといって、縞や絣の蒲団を大風呂敷で背負った男が立っていた」。明治期に生家が質屋だったときの話である。蒲団は、家の財産であり、万一の危急を救ったようである。

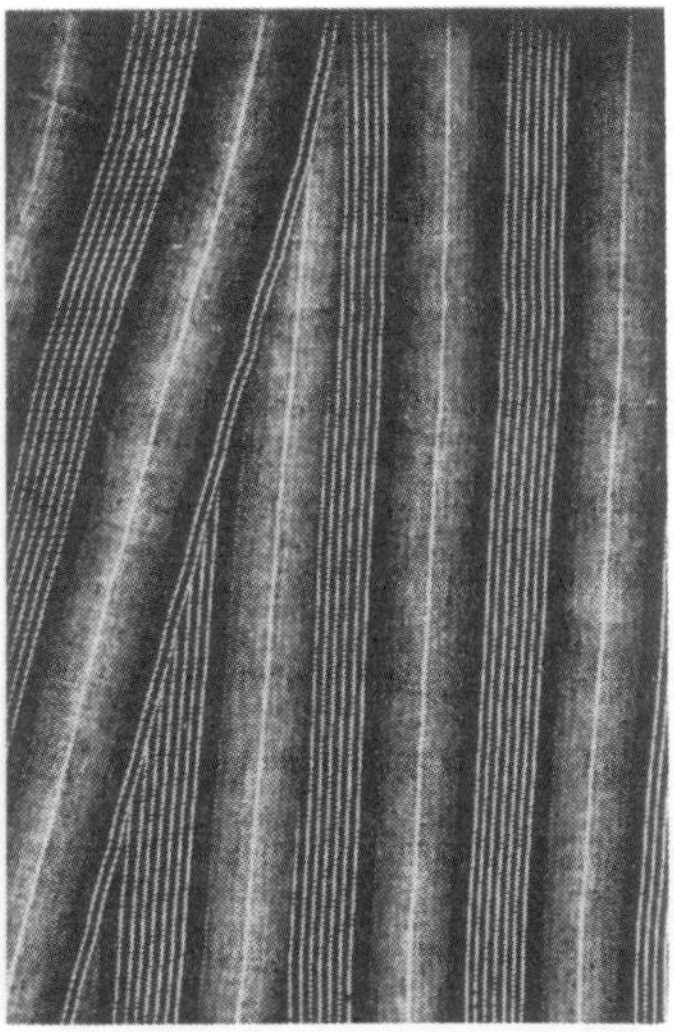

親子縞の夜着（倉吉，明治後期）

木綿縞の洗濯方法は踏洗い法により、その耐用年数は一代や二代でなく三代も続く。洗う度に藍が枯れて鮮明になり、着心地がよくなっていった。

ここに、僅か数点の実物によって、当地方の縞の色彩や形状と用途等の嗜好性を述べたが、わずか数例によって、庶民のすべてにはあてはめられない。しかし、縞柄一つ取り上げてみて

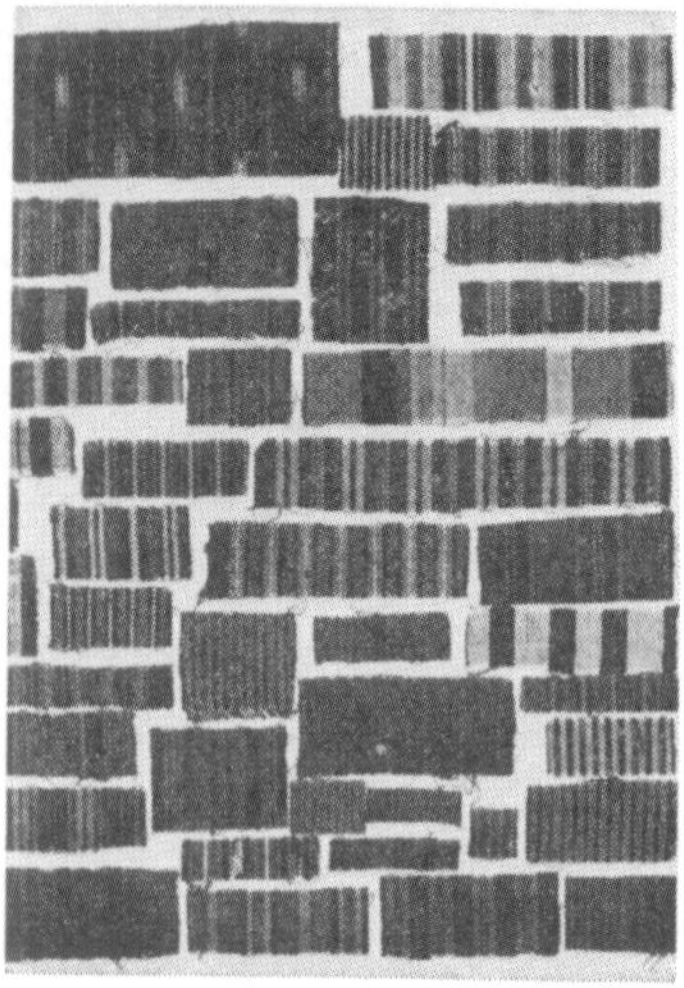

モンペ縞見本（倉吉，昭和初期）

縞帯（ボロ織，倉吉市河本不二人の母が織る）

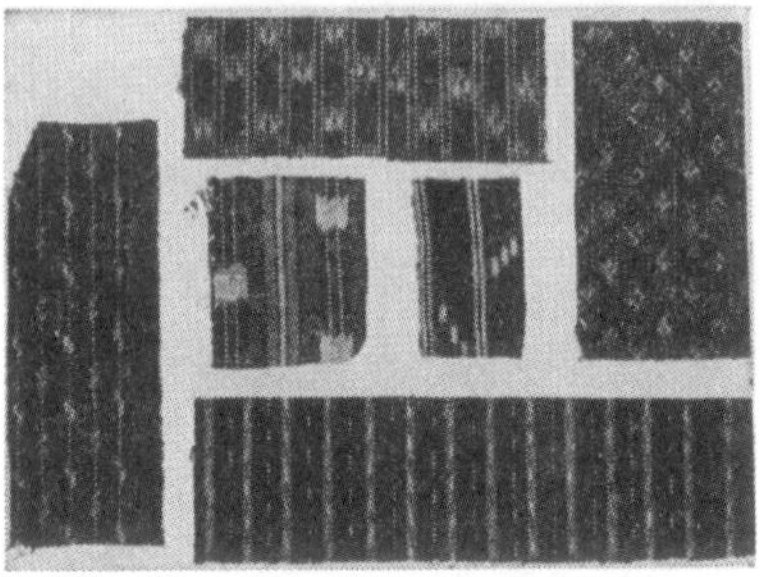

モンペ縞絣（倉吉，昭和初期）

絣蒲団（鳥取県中山町，明治末期）

縞と絣帳の一部（米子，江戸末期）

も、歴史や土地の人々の文化程度が反映して作られていた。そして、自然の山水が縞の色彩に影響したことも老女たちから聞いた。厳寒に耐える布を求めて、常に謙虚で素朴な農民たちは、無限の沈黙の中でありとあらゆる縞の更新に励みつづけ、伝統的な文化を築き上げたのである。

縞の探究は庶民の文化の探究であり、幅広く底深いものであった。

縞袋の美

縞は、土地の気候や風土、人間の知性や感情の豊かさが影響してか、土の香りが漂うような物が多かった。

ここに縞の袋物を取り上げ、どのようなものが保持されていたのか、その地方的な美しさについて簡単に述べてみたい。

袋物に用いる布は、手織縞の端布を配色よく縫合して作った美しい袋で、各家庭に大中小の数種類を常備していた。それは、物々交換の社会慣習によって、物を運ぶのに何よりも木綿が最高の必需品となり、江戸末期から明治時代を中心に一般庶民の間で愛用された。袋のことを一般に米袋と呼称したが、米だけでなく、麦、雑穀、豆類などの運搬に役立った。米の量によって一升袋、二升袋から一斗袋まで十種類の袋を区別した。それは、米中心の経済であったことを物語り、米の他に麦や豆も貨幣の代用品としてよく使用した。現在も山陰の一部の山間の村に米袋を持ち出す風習が残っている。

冠婚葬祭から慶事、神仏の御供えなど、すべて米や豆を袋で持参する慣習があった。最初は米を入れるという実用面が強調されていた袋が、村中を往復するようになると、その家の品格にふさわしい

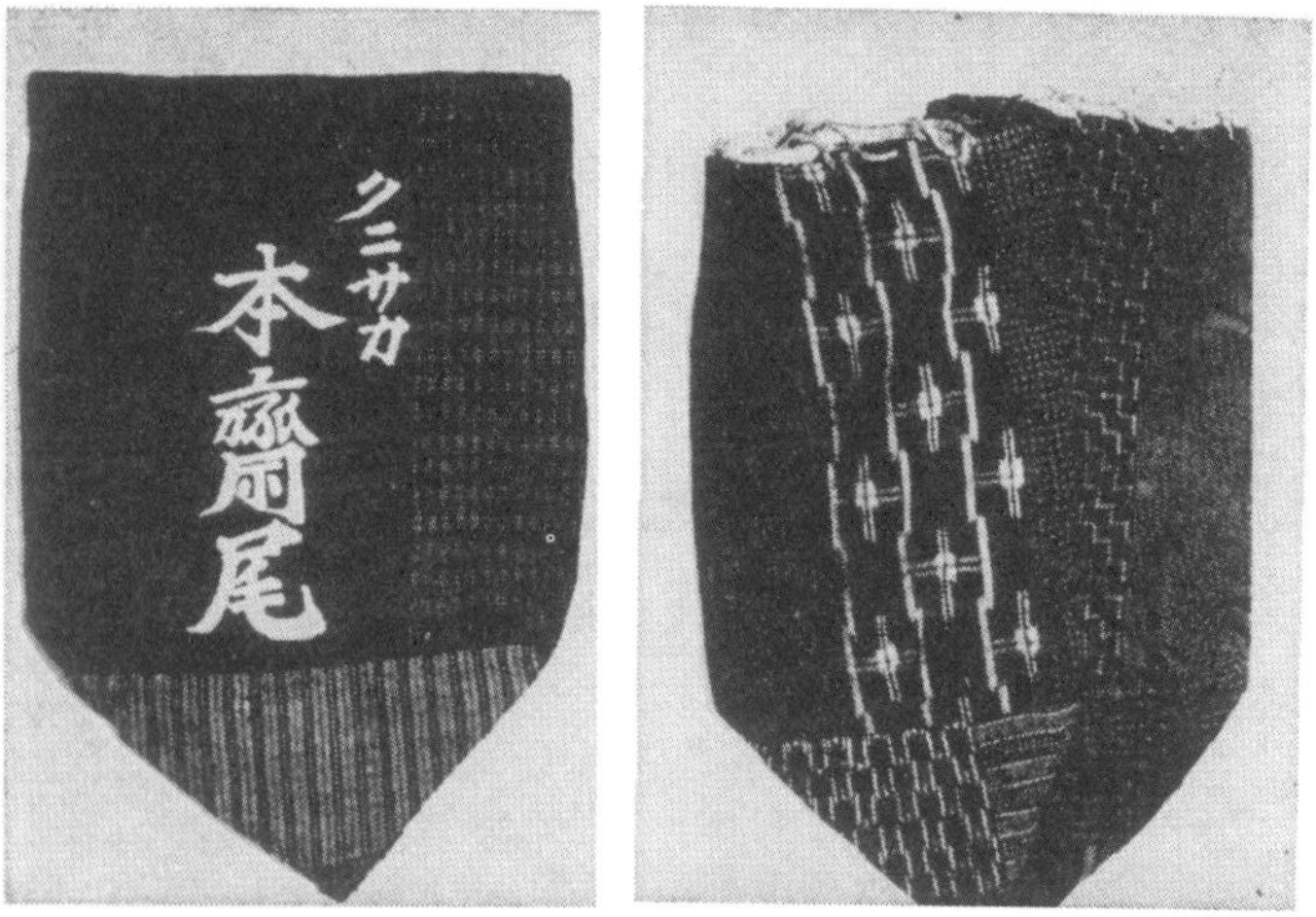

縞の米袋（明治期）（鳥取県東伯郡北条町，斎尾嘉久所蔵）

縞袋（香川県観音寺市）

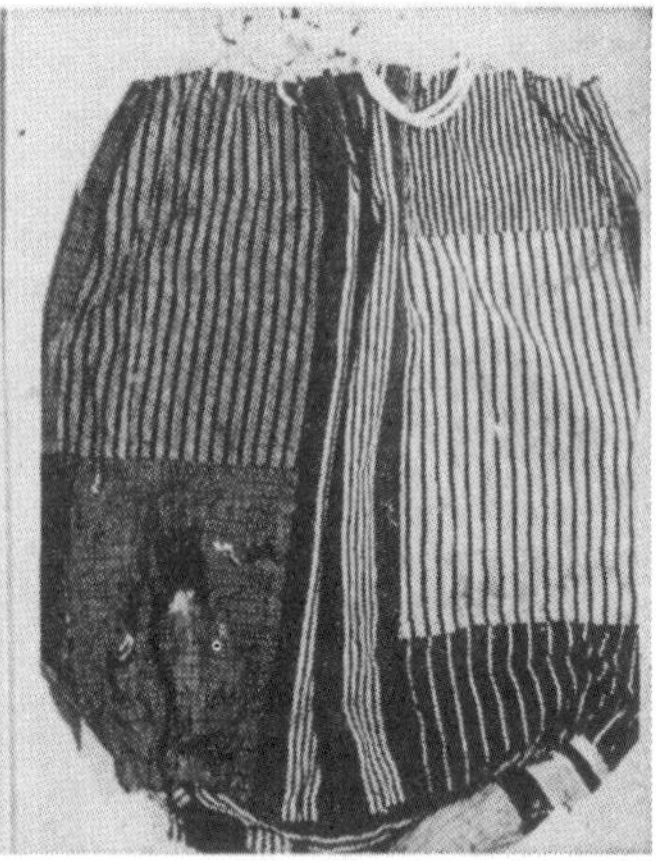

縞の米袋（倉吉市）

ものに代わり、袋の品評会にまで発展した。

袋について次のようなエピソードがある。鳥取県東伯郡、森脇せきは、明治末期に嫁入した。「結婚の申込みに米を袋に入れて持参した。すると、その袋米（註。米を入れた袋のこと）の縞が見事で、わしの親が先方を気に入ったらしく、早速に袋を開けると、米俵十俵の結納が運ばれたんでびっくりした」と言う。縞の袋の良否や機織りの評価が結婚の際に関係したとは、大袈裟な話で疑問を持ったりした。ところが、織物が家庭経済を支える物であれば、当然に織物偏重の社会も想像がつく。したがって、縞袋一つでも各家庭の風格やセンスを表わす物として重宝され、縞で貧富の程度や主婦の色彩感を問われたようである。

袋一つ取り上げても、自家製の縞布を数種類継ぎ合わせたり、二〇数種の縞を経緯市松文様に継ぎ合わせている。袋の底だけを多角形に継ぎ合わせる等、あらゆる創作縞を豊富に駆使し、手を加えた袋物は、ゆったりとした生活の情緒を感じさせる貴重な作品である。

前頁写真上の袋は、鳥取県北条町の斎尾家所蔵の袋で、約二〇種類の中から選んで載せたものである。袋の中央には「本斎尾」と染め出し、両側に縞と絣をミックスさせ家を誇張した袋である。当家は、地方の大庄屋であり、それにふさわしい風格を備えた美しい袋である。

前頁写真右下の袋は倉吉市内で収集したもので、姓の縫い取りはあるが、一見して縞柄が大きく粗末な縫い方である。これを所蔵した主婦も、生活に疲れ、着物も綻《ほころ》び、家庭内も汚れていた。縞袋も穴だらけで文化生活等とはほど遠い感じがした。縞は、村落の中においても、そこに生活する人の生活程度や知性を如実に物語っているようである。

一二二頁写真左下の袋は四国地方で収集したものである。構成が単純であり、二種類の縞を無造作に縫合して実用面を主眼にした袋である。これを取り上げて四国地方の袋がすべてこの形態で地味な縞とはいえない。しかし、縞物の残布を継いで一つの袋に構成する山陰地方の習慣の中に、より美しく、より生活を楽しくする願いのあったことを知った。

丹波地方の袋(口絵参照)は、同じ山陰の袋の中でも一段と色彩が明るい。縞帳にみる「茶、緑、藍、白」の丹波特有の色彩がよく滲み出て、藍と茶系統で統一したものである。袋の縞をわざと小布に裁断し、茜や紅花染めの三角布を角の飾りにして、花のように見事な袋に仕上げている。

このような丹波の袋を山陰の他の地方の袋とつき合わせて見ると、次のことに気づく。丹波地方の袋は紺色と栗茶色が同量配色され、その中に緑や白の入った特殊な明るい美しさがある。その反面、他の山陰地方の袋物は、全体に縞や絣の小柄が多く、濃紺の薄暗い縞だった。

ここに数点の袋を比較して、地方的な縞の美しさを述べることは危険であるが、袋一つでもその地方の人々の品性と生活の優美さなどを窺うことができた。

怨念の美

江戸末期から明治初期の縞の多くに、屑糸を寄せ集めたものが多く、自然にゴツゴツした布面となり、苦しみと戦いながら創造した強い怨念が全体に漲っていた。そして、縞の色が根底から濁っていることに気がついた。屑糸は節糸となり、暗い色しか染まらない。こんな悲しい農民の歴史を知ったのである。

今まで外観や縞の名称のみで、製作者の立場を顧みず実物精査を行なってきた。ところが、縞物と人とのかかわりを深く考察していくと、土地独特の縞文化と美を見出すことができた。経縞一辺倒の、今まで世に出たことのない、忘れられた自家製の厖大な縞が縞帳の中に収められている。素朴で自由奔放な縞や、暗い感じのする縞、繊細で規律のある縞などを、日本の底辺の文化として捉えなおし、探索してみたい。


まず五感による判別を重視し、藍の匂いを嗅ぎ、手で触れて、繊維の形状で手紡績か機械紡績かを調べ、同じ幅の中に縞筋が何本立つかなど、山陰地方の明治期の物を中心に調査した。調査に際しては密度を調べるために拡大鏡も使用し、作者からの聞取りもした。

地質について考察すると、山陽地方の縞は機械紡績糸が使用され、薄地で滑らかな物が多く、山陰地方の縞は手紡糸の厚地に繊細な密組織の縞が多く、立体感が感じられた。

明治末期の縞の嗜好から見ると、薄地で滑らかな風合がよく、直接染料の混色縞が流行であった。ところが、山陰の縞は保守的な厚地が多く、評価基準から落ちて流行遅れであったらしい。

ところが、現在の地方の縞は、手に触れてみると、地質の薄い色縞が、藍を基調とした厚地より半減するように見える。何故だろうかと疑問になる。厚地の縞の美しさは、地質の凹凸が布に深みを与え、藍の力強い色調でまとめ上げている魅力ではなかろうか。やはり、初期の縞ほどこの傾向があって美しいことに気づいた。

出雲市の工藤憲三郎（明治三七年生）は、出雲の縞について、藍一辺倒の中に、黄や茶色を一本ずつ混織させ、藍縞に隠れた美しさを出すという。こうした秘法もあれば、紅花で染めた糸を藍でさらに染め、深みのある赤味の藍染めの縞にすることもあった、と老女は語っていた。

既述の丹波縞も、地元の山野で採取した材料で染色し、緑は淡藍に楊梅を加え、太い手紡ぎの甘撚《よ》りを自由に染色し、ところどころに「貫縞《ぬきじま》」といって白絹を緯糸に使う素朴さが、木綿を最高の物に完成させている。そして、縞の構成比はこの地方の独特の方法がとられている。土地の丹波木綿の研究家、河口三千子は、「古い縞帳や蒲団縞などは、縞の配置が対照的で均等なものは少なく、不均等に追っかけて反復する縞が多いのが特徴である」という。確かに追っかけ縞が多く、色彩も明るく、緑がはっきりして目立っていた。組織は、普通の織物は均一な糸を必要な数に並べるが、丹波木綿は、ところどころに糸三本ぐらいまとめて経糸や緯糸に入れて縞に立体感を出させていた。そして、経糸上下交互に異色の糸を使用し、途中で逆に並べ変えるなど工夫し、糸の浮き沈みによる市松模様や変化織りなどがある。そして、糸の濃淡による区切りのない木綿縞の中に屑絹を豊富に使用している。屑絹材質の違うものに密度のアンバランスが併出して部分的に立体感を出し、深みのある縞となる。屑絹の異質な濁光と、不規則な追っかけ縞が、迫力のある美的効果をより高めていた。

鳥取・島根両県には、茶綿縞がある。自然色が歓迎され、格子縞などによく使用されている。茶綿は紺色とよくマッチし、縞の引き立て役として効果をあげている。

古い縞ほど産地共通の素朴さがあり、藍を基調とした濃淡が無限に変化していた。誰が製織したのかわからないが、意図的に創造したとは思えない。それは、生活に追われながら一本一本の屑糸を結び、寄せ集めて織った縞が多かった。

搾取されながら生きる農民の怒りが、縞にもよくあらわれて、暗い縞が多かった。農民が屑米や芋雑炊《ぞうすい》を常食としたように、上等の白綿を着用することは全くなかった。それ故に庶民のものは全般的に縞が黒褐色を呈している。それは、屑糸や節の繋ぎ目を染色しても黒ずんだからである。それなりに縞の均衡に秀で、眺めているうちに惹きつけられてしまう。デザインに無知であるはずの農家の女性たちが、模倣と試行錯誤によって形成した縞の美しさは、生き生きとした不思議な魅力のあるものである。それは、木綿と藍の微妙な釣合いの一致が発揮した美しさであり、農民の暗い生活を物語る芸術作品である。

地方の縞の美しさとは、一種の怨念をたたえた美であろう。

二　絣文様

1　絣の型紙

絣は、織物の中でも一番高度な技術を要する。今まで述べた縞物とは基本的にその工程が異なり、

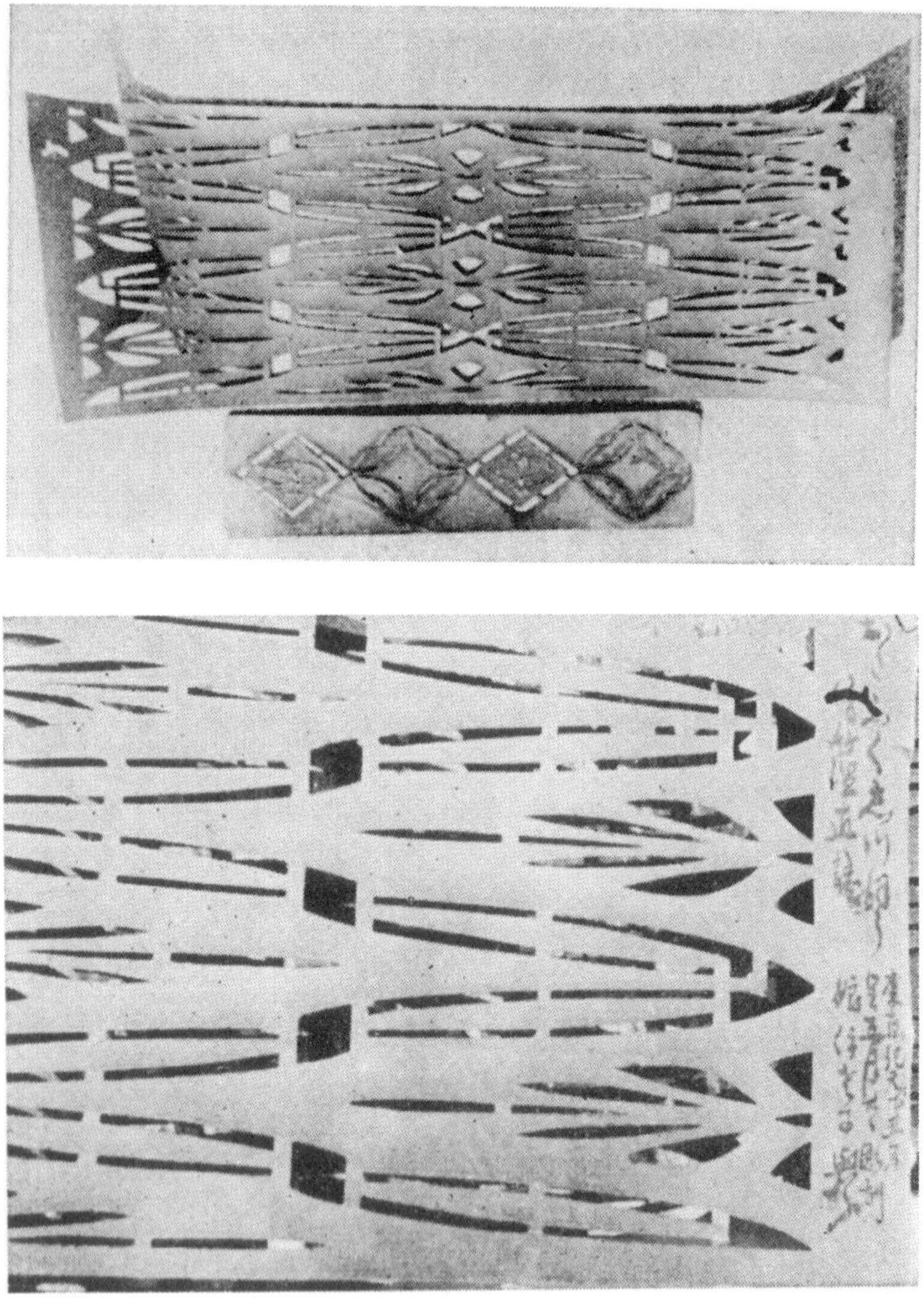

絣の型紙（倉吉，慶応年間）

絣計算をし、絣のデザイン画を描かなければならない。

明治生まれの無学な人たちが絣の技術を学ぶ方法は、藁算、豆算、松葉算などといって、糸の必要数だけ豆や藁、あるいは松葉を用意し、一回糸を動かす毎に豆を動かし、豆がなくなるまで糸を動かすと、絣に必要な糸が準備されるという方法であった。したがって、一升枡の中に豆を入れたり、松葉を束ねたものが機道具と一緒に所蔵されていた。

そして、縞帳が各家庭に備えつけられたように、絣帳が備えつけられていた。また、和紙を綴じた帳面に絣のデザインを書きつけた。そして、絣計算で割り出し、糸の本数や括り方まで添え、実物を貼付して織る時の参考にした絣帳もあった。

絣の型紙には渋紙を使用した。渋紙とは、楮《こうぞ》の繊維の特殊な和紙に柿渋を塗り、布海苔《ふのり》で縦横交互に重ねて何枚も張り合わせたものである。その渋紙には種々の絵文様や幾何文様が彫られていた。絵文様の中には、花鳥山水画や、地方色豊かな民俗行事や生活用具などを図案化し、精密に彫り抜いたものが多い。

型紙には「他人の使用を禁ず」と墨書し、氏名と捺印を押したものを家宝として保存していた。それは、材質や色彩を規制された庶民の唯一の自由は、絣の文様によって自己を表現する方法しかなかったからである。したがって、図柄によって個性を出すということになると、他人に勝手に模倣させることは許されず、型紙を秘蔵するほかに方法がなかったようである。

鳥取県の中部、東伯郡北条町土下の江田つね（安政三年生）が明治初期頃に使用した倉吉絣の型紙

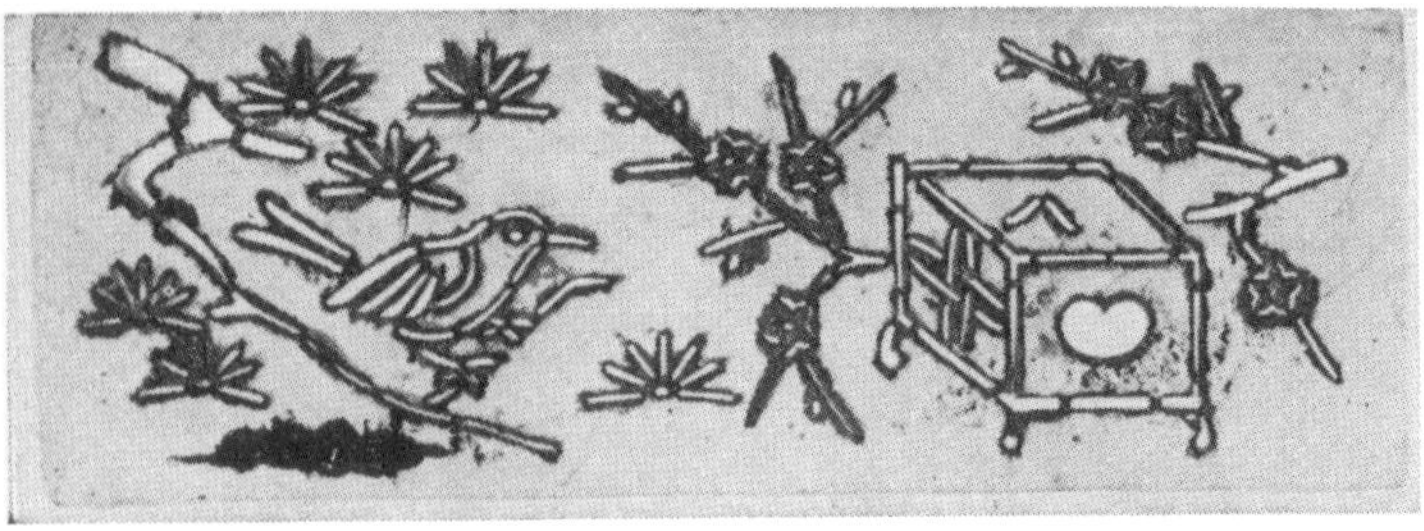

絵絣の型紙（明治初期）（鳥取県東伯郡北条町，江田つね所蔵）

（絵絣の型紙）を収集することができた。「他人の使用を禁ず、江田つね」と毛筆で大きく書かれ、捺印がある。そしてその型紙には番号が入っていた（写真参照）。

江田家の屋敷は八反あり、地方の大地主だったという。新しい図案を考案して種糸をつけ、多くの娘に絣を指導し、九五歳でこの世を去るまで絣の研究をし、型紙は家宝のように大切にしていた（当時の生徒、竹原すが談）。

絣の型紙をたくさん収集した私が古い型紙を使って試作すると、絵型そのままの絣が織り出せた。ところが、実際に自分がデザインして彫った型紙は、細部の表現ができずに崩れ、失敗した。図柄の間隔を広げて試行錯誤の結果、絣の型紙にはデザインに条件があり、絵型の間隔は、糸を束ねて括る間隔が五ミリ程度で染色が可能なことがわかった。

種糸専門といわれた米子市成美、斎木よね（嘉永二年生）は、八四歳で死亡する前まで種糸を作り、糸挽も上手だった。「境港市渡村の木下升一の親が絵絣の種糸つけが上手で、注文した種糸を取りに行った時に盗んで覚えたという。農閑期につけた種糸を何百反分も売り歩いた。注文が多くて分家三軒が手伝ってくれた」と種糸商売の話をした（斎木つる、

絵図台

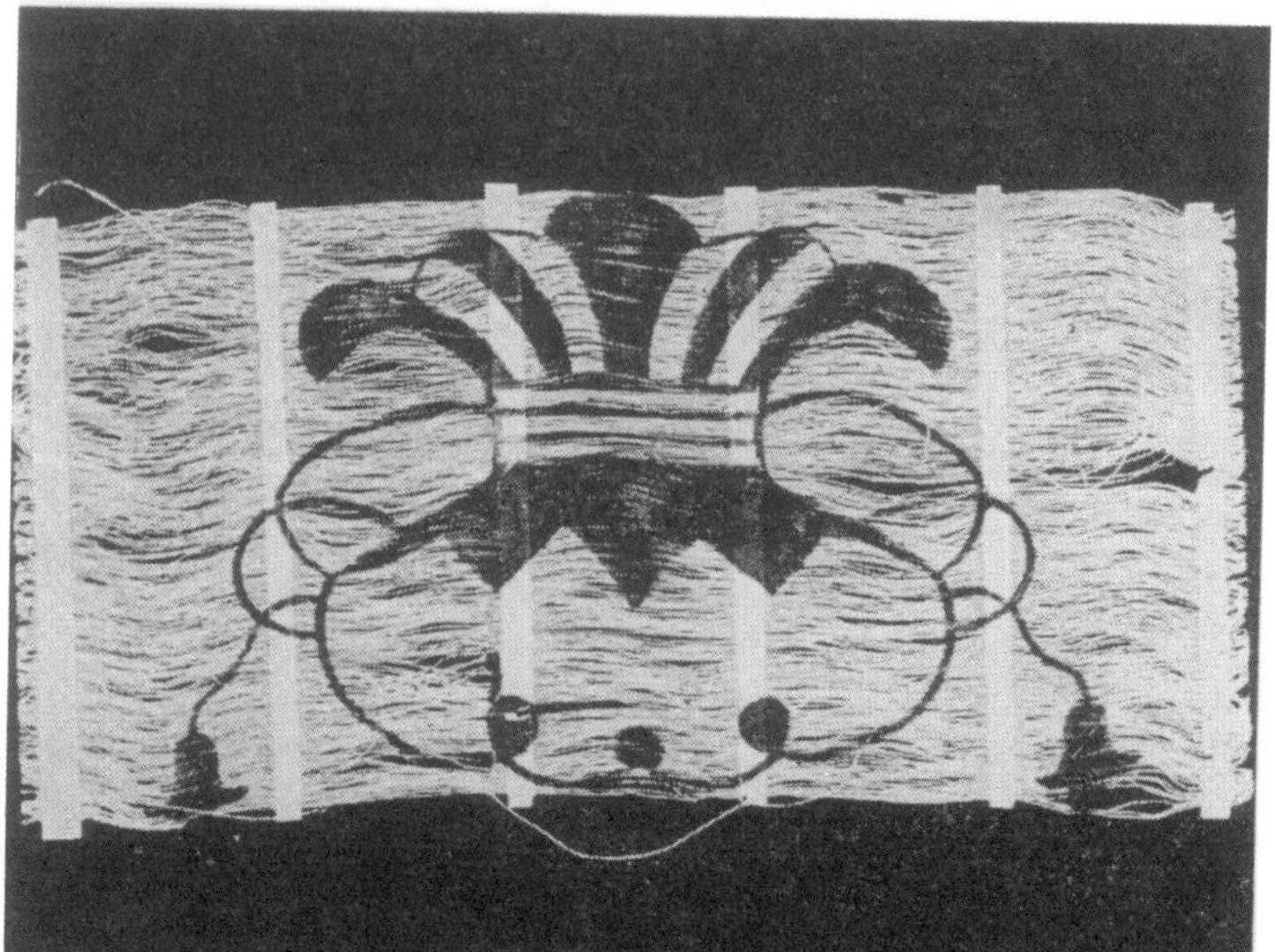

種糸（型紙を糸に移す）

明治二七年生)。

種糸は一反に一枚必要で、量産すれば商売としては利潤があった。「型紙さえあれば種糸が作れるのにと、あせりながら絵心のなかったのが残念だった」と語る老女もいた。

絵絣の中には、絵画に近い松竹梅鶴亀文様(倉吉絣、明治十年)の蒲団がある。松の大木が四幅構成で織られ、立鶴と亀も正確に織り出された豪華版である。デザインは絵師が描いたと思われるが、織りの準備は図柄を約六〇種類に区切って種糸を準備し、六〇の種糸を括らなければ一枚の蒲団は出来上らない。もっと詳しく説明すると、約五〇メートルの長さの絵付糸を六〇回(三〇〇〇メートル)織細に括り、染色後括りを解いて六〇の絵柄をデザイン通り織り上げる。絣である以上、織り出しから織り上げまで緊張そのものであったろう。製織者と屋号の記号が文字絣で織られ、江戸末期から明治初期の鳥取県中部一番の大庄屋、桑田勝平のものであることが判明した。

絣の蒲団を長持の底で発見した時、染め絣か織り絣か戸惑い、手が震えて興奮した。確かに織り絣で同種の物が旧家からも出され、絵絣の多種多様な作品に啓示を受ける。これは、特権階級の使用したもので、何の制約も受けず、絵師のデザインを可能な極限まで表わしている。これらの作品を眺めていると、溜息が出るほど完璧な作品である。それを織った無名の機織り下女たちの腕前は、芸術家も及ばないほど秀れたものが多く、最高の美しさに到達させているのである。そして、心を惹かれるものは、表面に現われた文様よりも、むしろ隠れて見えない織手の心が私の眼の前に息づいている。

絣見本帳（明治30年，桑田絣工場，桑田重好所蔵）

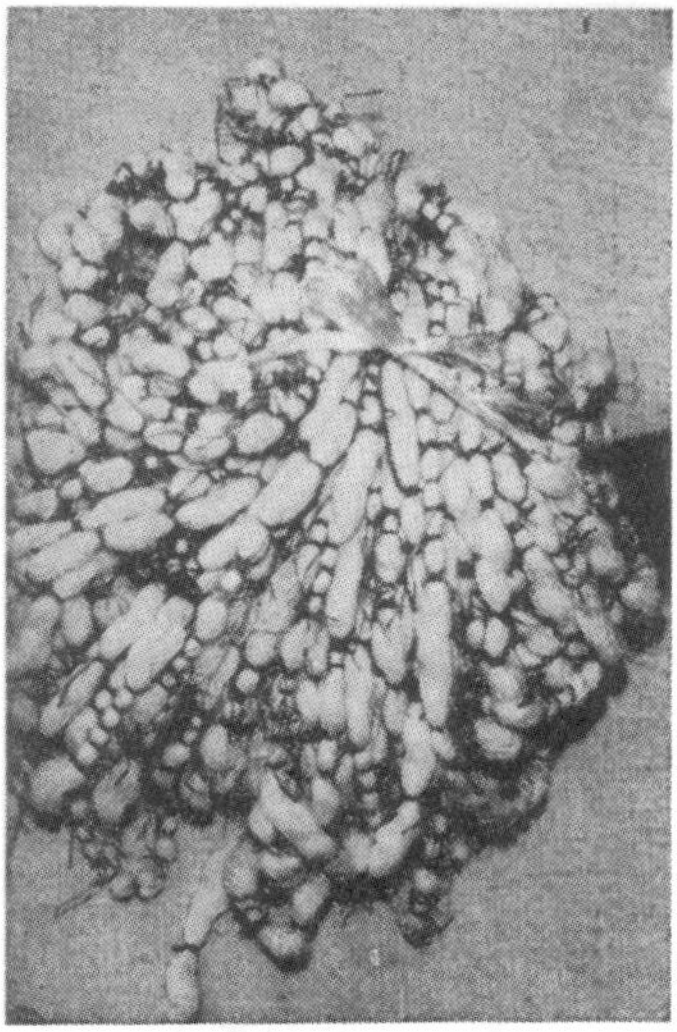

絣括り

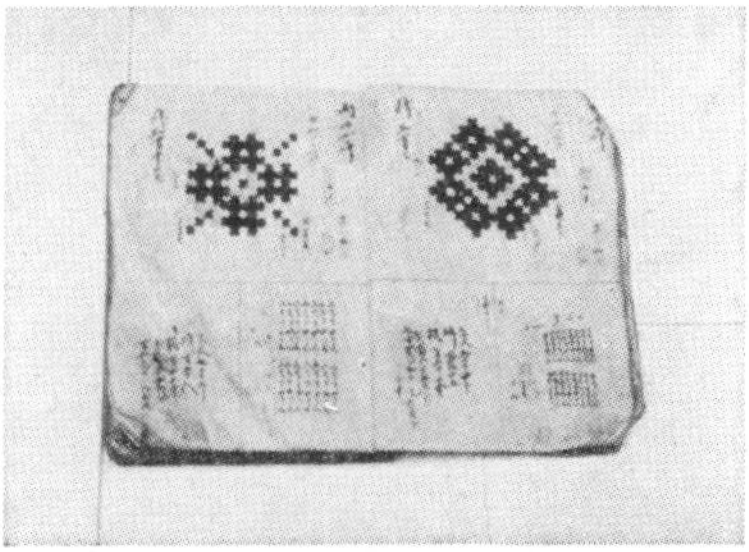

絣見本帳（倉吉，明治44年，長谷川富三郎所蔵）

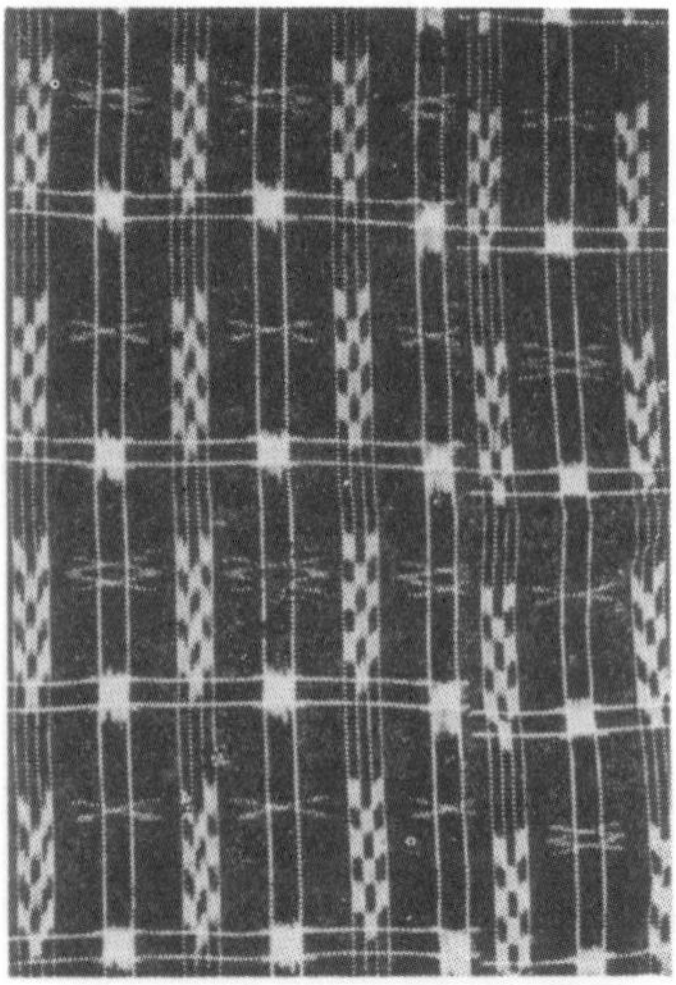

幾何文蒲団（伊予，明治期）

城文蒲団（久留米，明治中期）

唐草七宝花菱文蒲団（倉吉，明治中期）

亀と幾何文蒲団（備後，明治中期）

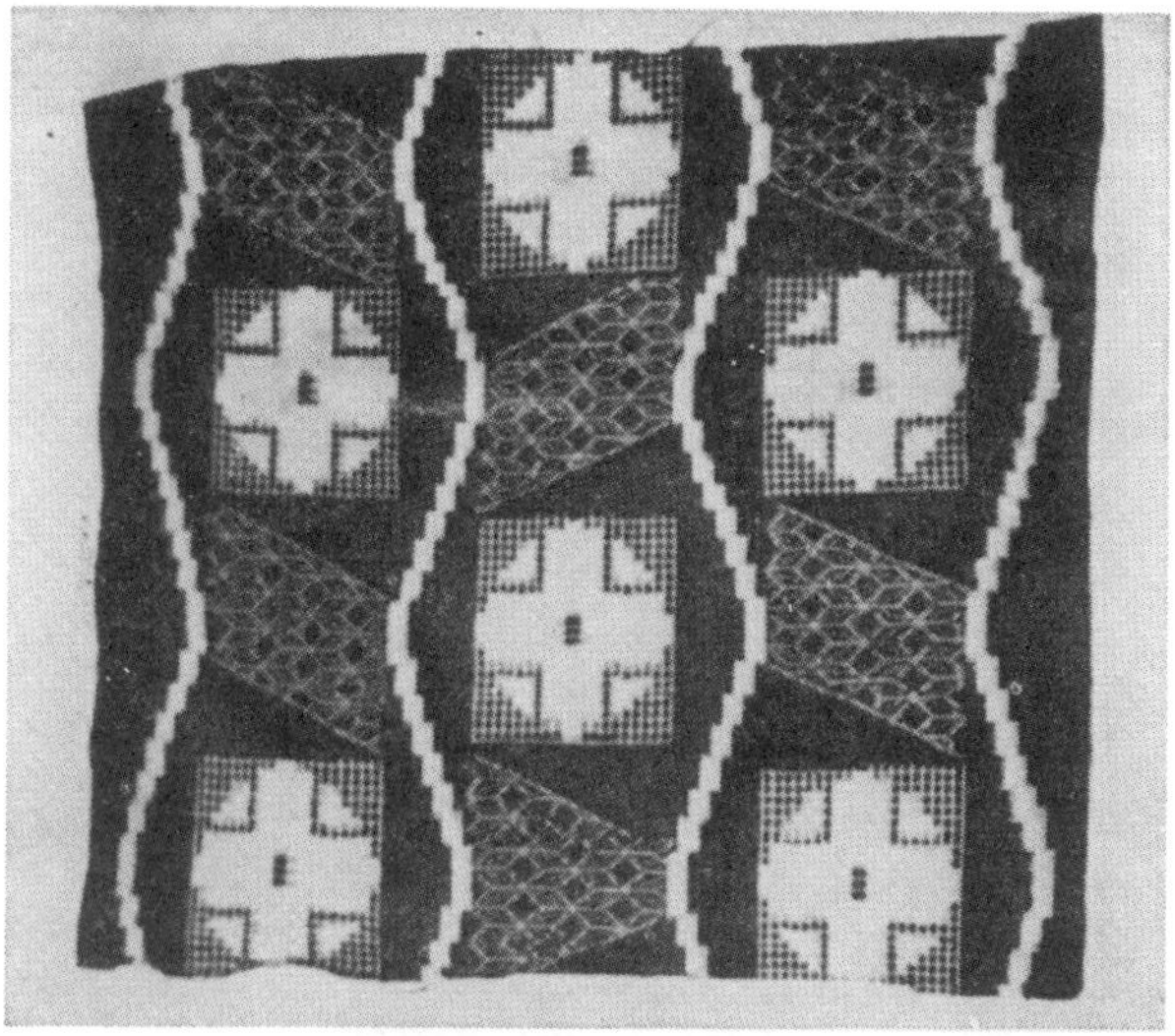

幾何文蒲団（広瀬，明治中期）

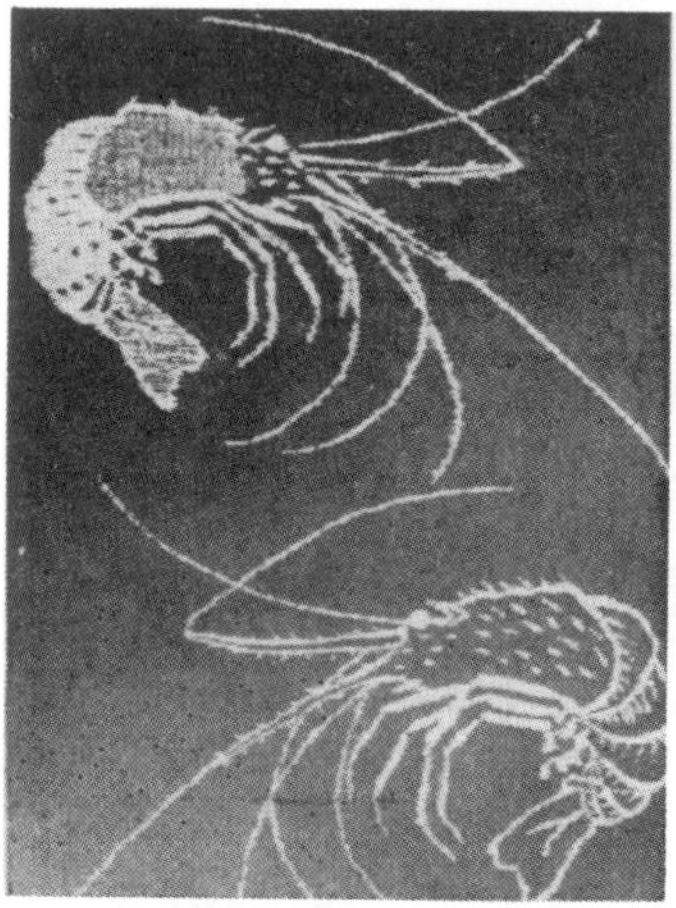

海老文蒲団（弓浜，明治期）

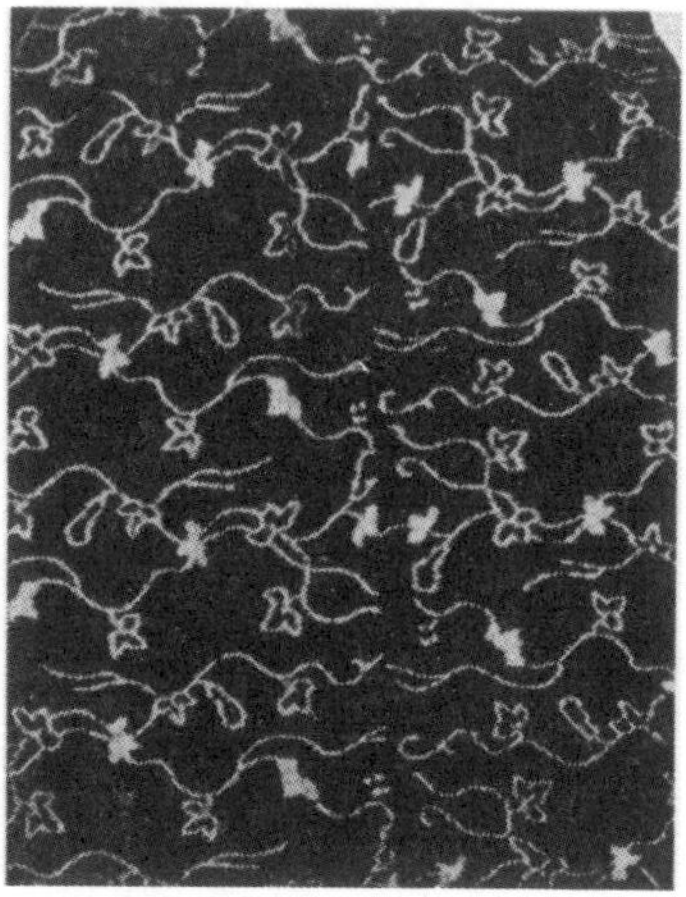

千成葫蘆文着物（倉吉，明治期）

2　絣文様

絣文様は、多種多様なデザインがあり、多くの秀逸品を生み出している。木綿絣の大まかな製品を取り上げて、その文様の由縁を探索してみたい。それは、庶民の絣文化の探究でもある。

絣文様は、幾何文様と絵画文様に大別することができる。点と直線や曲線の交錯による文様は幾何文様と呼ばれ、動物、植物、生活用具などの文様を絵画文様と呼んでいる。

これらの文様は、日本の美しい自然環境に同化し、私たち人間をとりまくすべての物からデザインされ、構成されていて、際限がない。

絵画文様の中には、動植物や生活用具以外に、架空の動植物や人間が描かれ、物語をデザインしたものも多い。中でも土地の民話や伝説、民俗行事の絵画文様などはその地域をよく表わす絣である。

幾何文様は着物や蒲団柄としてよくデザインされている。亀甲や菱形、井桁や十字絣など、年齢に合わせて大小さまざまである。図形の移動による展開と変化、また、円や三角形、四角形などが線や点と結び合い、交差点上に配置された複雑な文様もある。

平行線上の両端に正方形を重ね、図形に空洞を作ったものを虫の巣絣と呼称している。虫の巣は多産につながるめでたい文様であるといい、工程が簡単なことと縁起を担いで、明治期に山陰地方で流行した図柄である。

このように、文様の呼称には地方独特の名称があり、絣を織った人とそれを商う人が勝手に文様を整理するためにつけたものが多い。そして、それらには独創的な名称や意味が含まれていて、驚嘆させられるものさえある。

絵画文様を分類すると、四季、風景、動物、植物、人物、建造物、生活器物、物語、行事と諺、船舶、名勝、文字、記号、祝儀、吉祥、玩具、紋章、抽象文様などに分類することができる。

花鳥山水や鶴亀文様など、日本の美しい山水や縁起のよい鶴亀文は、長寿を願う文様として幾態にもデザインされて用いられている。また動物の鼠文は、子孫繁栄につながる文様として、嫁入り蒲団に好んで用いられたようである。そして、鼠はよく働く動物で餓死をしないことから、娘が生涯貧乏をしないようにとの祈りを込めた文様であった、と古老は語っていた。

植物文様の代表は、正月飾りの松竹梅なども多く、桜や菊花のデザインが幾態もある。また、優雅な牡丹や草木や花の図案化が多い。瓢簞は、蔓によく成るという縁起のよい文様で、鼠文と同じく子孫繁栄につながった。こうしたたくさんの絣文様に意味を加えながら説明すると、際限がないほど多く、魔除や長寿などの願いが込められていた。

着物柄は、老若男女によって僅かに違う程度で、井桁を小さくすると成人向きとなり、亀甲や十字絣などの密度の高いものほど高級小絣と言われていた。女性では、蚊絣（蚊のような小絣）が重宝され、あられや飯粒などの斑点の小絣が二段階ないし三段階に斜方向に連なる高度な技術が要求され、そのような地味な図柄が娘の高級な外出着であった。そして、結婚時に持参すれば、生涯それを着用できるほど絣の着物柄は定着し、かつ堅牢でもあった。そして、親から子、孫へと三代くらい着用しても破れないだけの耐久性があった。

一般的な蒲団文様は、並幅に一立（一個）文様の繰返しが多く、幾何文と絵画文様を組み合わせたものが多い。図柄も一五〜三〇センチを単位とし、縫合した時の構成美を狙った構図が多かった。

現在絵絣として用いている図案は、江戸末期から明治中期頃までの蒲団の柄で、着物のデザインに復元している。このように、文様に対する嗜好性が随分変わり、派手好みになって来たのである。

絣文様は、木綿に限定された庶民たちが美意識を一層かりたてられ、紺色の中で自由に展開できる絣文に着眼したことは、まことに偉大であったと思う。永い年月をかけ、実に多くの人たちの研究と試行錯誤の努力の結果生まれた文様のかずかずであった。特に商品として出まわらなかった自家製の絣は実に厖大な作品が忘れられ、記録されていなかったことを知り、怒りがこみ上げてくる。

このような自家製の絣の多くは、娘の結婚と同時に財産分与の役割を果たしていたようである。したがって、織りの目的と数量を計算して織物に励み、娘が結婚すれば、「娘を片付けて楽になった」という。それは、精神的にも経済的にも安堵したことを意味する。

こうした絣文様には、愛する子を守護し、子宝に恵まれ、魔除の呪符や祈占の無事安泰を祈る心が織り込まれていたのである。その文様の種類は何万種あるのか、その数は判らない。しかし、どれを見ても不吉なものは何一つとしてなく、めでたい文様ばかりであった。

名物裂といわれる金欄緞子や間道などと無縁と思われた庶民の木綿絣の中に、何の抵抗もなくそれらの文様が織り出されているのである。

宮本常一先生と木綿

木綿との出会いによって喜怒哀楽を共にし、生きるエネルギーにした私は、故宮本常一先生の収集された武蔵野美術大学民俗資料室を訪ねるために上京した。三年前に倉吉へ来られたとき、「倉吉の鋳物」について講演され、その足でわが家の絣資料館を見学された先生は、産地不明で分類できない木綿をたくさん収蔵していると話され、私は上京の約束をしていた。

宮本先生は「倉吉は古い物がそのままの形で保存されている町で、絣の技術も古い工程を学ぶべきだ」と言われ、助手の町井(改姓赤井)夕美子が昭和四三年四月から三ヵ月間滞在し、わが家の一員として絣の勉強をすることになった。そしてそのかたわら、山間部を歩き、民具を収集して、大学の研究室に送り続けた。先生の古い物から学ぶ姿勢は、家族や私にも感化し、私たちは古着を寄贈して協力した。先生の助手は全国に数名派遣され、民具を収集していたが、その中で倉吉が選定されたのである。

大学の研究室は、木綿布と民具、藁製品と木工、鉄製品と土器等の三室と研究整理室が三階に並列していた。作品には整理番号、産地、用途、年月を記入し、床から天井まで積載された厖大な資料には驚嘆した。とくに木綿衣料は、茶箱を横倒しにして積み上げ、蓋が自由に開閉する方式だった。そして蓋には中国、四国、関東と産地が明記されていた。

ここに紹介する着物(口絵写真)は、一四〇種類の別布を無造作に当てて補強している。厖大な木綿衣料の中からこの着物に巡り会った瞬間、私はとまどい、声がつまった。目がかすんで良く見えなかった。資料室の香月節子さんも目を赤くした。二人は無言だった。しばらくして「これが本物の農民の姿だ」と私は掠れ声で言った。絵絣や縞の外観の美にとらわれ、本物を見抜く力の甘さが悔しかった。怨念の美というか、その神秘な美に感動した。人の使い捨てる木綿や民具を宝物として収集して来たが、これほどの物は見たことも触れたこともない。一枚の衣料に対する執念と尊い愛情が身体全体に伝わって来た。私は、今までの収集方法に問題があることに気づいた。製作者や着用年代を明記すると、人前に古衣を出すのを拒み、新品を見せようとするのである。この着物は、広島県の竹原市で土地の久保商店を通じてボロ布を収集した際一貫目（三・七五キロ）単位で購入したものである。一枚の遺留品から推測すると、塩田着であろう。

竹原市は、近世初期に塩田が開発され、全国的な製塩地として発展した。また近くには安芸木綿が芸備全域を産地として、綿や機織の商業資本によって栄えた町もあり、塩田用に縞を駆使して美的な衣料にした。また、灘風から身を護るために三重に補強し、裏表に当布を重ねるうちに一四〇種類に達したのだろう。多種多様なはぎ方と構成に町人の経済力を背景にした文化的雰囲気を感じる。それは、実用面を考慮するだけでなく、生活を享受する余裕を持っていたことを証明する。そして小さな寄せ集めの一枚の着物が縞帳であり、布を一センチや二センチに切り分けて数種類を重ねる作業は、一縞は全部手織りであり、全体に溶け合うとともに内部から熱い温もりが伝わって来る。明治、大正、昭和と三代にわたって愛用された女性用の野良着だった。この衣料こそ、野良着の美を謳歌し、怨念の美を備えたもので、木綿文化の遺産として貴重なものである。

また、敷布団も綿入れのままの状態で収蔵されていた。同じく竹原市から出たもので、数十枚の当布と蒲団の綿の状態からみて、解いて洗えば復元できないボロだった。風呂敷の端に刺した刺子の裂を覆って補強していた。まるで庶民の生きた姿を見る思いだった。香月節子は「これらの古布が先生に逢えて喜んでいるでしょう」と言った。古布はその内部の生活を伝え、それによって木綿を考えることを教えてくれた。何十年も愛用されたその衣料には、その人の臭いと思いが染み込んでいて、そのままの形で保存することの大切さも学んだ。

宮本常一先生は全国行脚によって庶民と語り、誰も顧みなかった民具を収集し、その内部にメスを入れた。橋下の乞食にまで話しかけ、民家に宿を借りて藁蒲団で語り明かす日もあったと言う。日本の農民の持つ高い文化が破壊されつづける中で、その伝統文化を再発見させ、収集記録した人である。その偉業は書き尽せないが、先生を慕う者の心にはいつまでも生き続けるだろう。いつも笑顔で目尻を下げ、収穫時の農夫のような表情は私の脳裏から離れない。生仏のような偉大な人を失った。

3　絣の地方美

絣の広範な利用度により、文様の種類と名称もいろいろ考えられ、それぞれ勝手に意味を持たせたことについて述べてきたが、ここでは、縞にも地域的な特長があったように、絣にもその土地の伝統や人間の個性までを表わす文様があるように思うので、実物を紹介しながらその概略を述べてみたい。とくに、西日本の絣産地である、久留米、伊予、備後、山陰の絣の特長とその美しさなどについて述

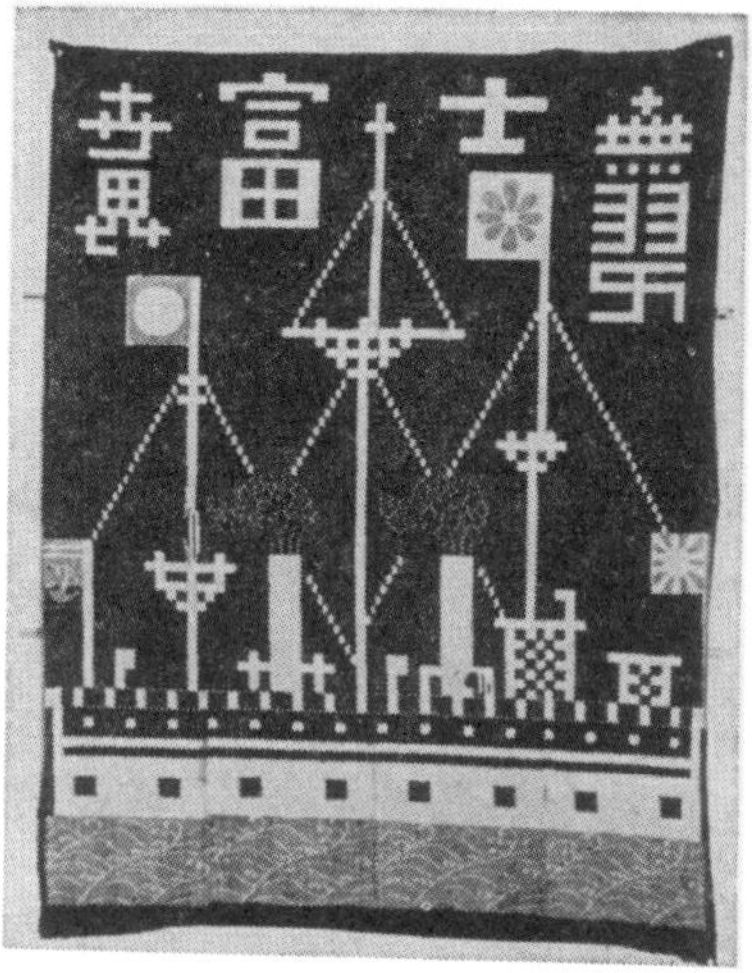

「世界一軍艦富士」文様の蒲団
（久留米絣保存会蔵，明治末期）

べる。

上掲の久留米絣は、「世界一軍艦富士文様」のすばらしい蒲団である。一般に上掛蒲団は四幅構成であるにもかかわらず、この地方の蒲団は五幅の物が目につく。他の絣産地には見られない大胆な経緯幾何文の絣を五幅構成のデザインに仕上げ、その精緻さをよく表現している。これは久留米地方の被服文化の進展を表わしているように思う。

この軍艦富士の文様は、明治後期の戦勝の好況を偲ばせる文様である。正方形を組立てた経緯幾何文は技術的に抜群である。

また、絵画文の高砂文様を五幅に拡大構成した蒲団も代表作品である。着物といえば、亀甲、十字、井桁などの小絣で男物がある。いずれも経緯絣である。絵画文や小絣を経緯で表現しているのは、技術精度が抜群に秀でていた証拠である。この他に円形やドーナツ円などの円曲線を経緯まっ白にし、幾何文の正方形の積み重ねによる城、船など、デザイン感覚も技術もよく、成功している。そして全体の構図が雄大で、藍の濃淡や部分的に色を挿入した立派な作品が多い。そして、他の産地の絣と比較して、紺地と白場の面積が違う。絣に年代による変遷があり、社会的情勢や流行を背景にしているのであるが、久留米絣が一番白場が多くて明るい。特に山陰地方の暗い繊細な絣と対照的な絣が多く、まっ白く大胆な幾何文が久留米絣の特長と言えるようである。そして、人間の可能な極限まで小さく括《くく》り、小柄に成功している。絣は小柄ほど飽きないし、最高だとすると、九州人の進歩的な人間性をあらわした、垢抜けのしたデザイン美といえよう。

伊予絣の初期の作品には、長尺絣、縷《いと》絣という大きい絵絣や糸筋の線絣が流行した。蒲団絣の多くは、幾何文と絵画文が上下交互に繰り返すものが多く、山陰地方の、並幅内に幾何文と絵画文が並立した複雑なデザインとは区別できる。そして、全般的に沖縄でよく発達した線絣の影響を受けて、縷絣として流行している。文様の一部にジグザグの線を入れたり、線で結んで効果的に仕上げている。文様も図案化したものが多く、他の産地のものとは区別できる。地質が薄く染色も硫化染料などが混

松山城蒲団（伊予，明治中期）

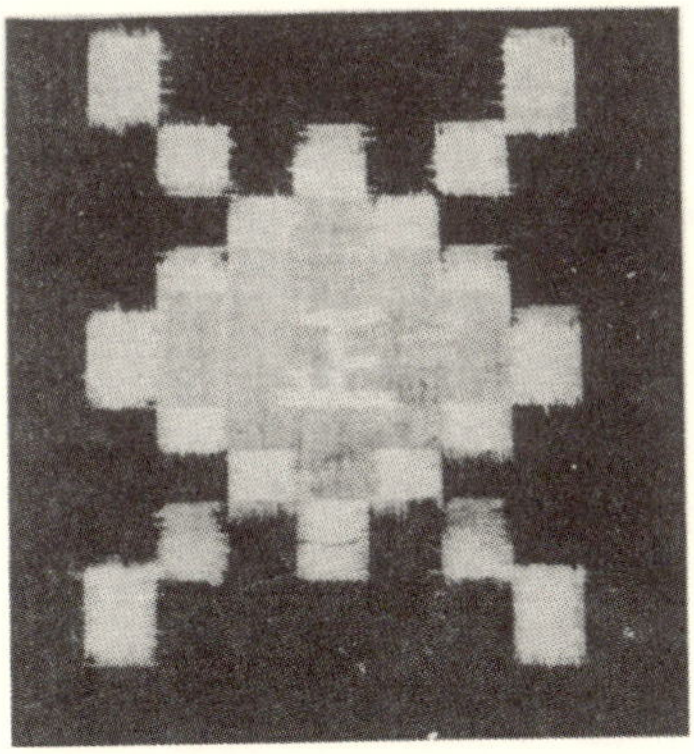

文字入り幾何文蒲団（備後，明治中期）

入し、藍色でないものもある。伊予絣の図柄は多く、中でも土地の松山城や姫だるまなどが有名である。全体として、初期のパターンである線が構図に組み込まれ、特異な文様を作っていて、他の地方にない秀でた図柄がある。

備後絣の古い資料の中に幾何文の井桁や市松などが製織され、久留米絣や伊予絣とは初期のパターンが異なっている。それは、土地の富田久三郎が経糸の一部を竹の皮で巻き、井桁絣に成功したため、経絣から出発したともいわれている。明治初期には、経絣と浅黄縞を組み合わせたものが流行し、中期頃から他産地の絣と交流して図柄が複雑になっている。備後絣は線絣を斜方向に散らせることに成功し、菱形や×形の線を自由にデザインしている。絵絣も個々の文様に制限を加えたり、文様を削減して面白い鶴や花などを描き、その種類は数えきれないほどである。備後絣の最盛期には、井桁と井桁を枡で囲み、紺地と同量ほどの太い棒井桁の真白い絣に発展した。一方、初期の線絣が複雑になり、洗練された文様つなぎに発展し、抽象化されて行った。そして、大正から昭和にかけて、色絣を部分的に試織し、それが世に歓迎されて、備後絣の特長と美しさを出して来た。

第二次大戦後の備後絣は、琉球をはじめ久留米、伊予、山陰の絣をミックスした上に抽象的な散しつなぎで備後独特の絣を打出した。琉球の燕や雲をはじめ流水等を混ぜながら丸や菱や井桁をつなぎ、黄色や桃色、青や赤の混色が多い。そして幾何文による中柄（並幅三〜四立）や小柄（並幅四〇〜五〇立）の色絣を産出した。

備後絣の特長は、経絣がいち早く発達し、構成が単純だった。後に経絣を崩し、緯糸を抽象的に散らしてつなぎ合わせた幾何文が多く、部分的な彩色も個性的で、名声を高めた原因であると思う。

山陰地方の絣の特長は、繊細な絵画文様や経緯の幾何文と絵画文が並幅に複雑に並立したものが多く、それらが連続絵文様をつくっていることであろう。

ここに山陰地方の絣の流れの大略を記しながらその特長を述べてみたい。

初期の絣は斑点文様の飛白からスタートして花鳥山水の絵文様に入り、経絣、経緯絣、絵画文と経緯、幾何文の組み合せに移り、矢絣や経緯幾何文等が全盛となって、第二次世界大戦を迎えている。戦後は再び初期の絵絣を好む一方、最高度の経緯絣も製織された。

こうして江戸末期からの流れの中に変遷や流行があり、多種多様なデザインと技法があって特長を把握するのが困難であったが、聞き取り調査の範囲では、絵絣の工程は明治初年生まれの古老が修得

文字と柏葉文蒲団（弓浜，明治期）

石畳に紫陽花と蝶文蒲団
（広瀬，明治中期）

幾何文蒲団（久留米絣保存会蔵，明治期）

した技法で、明治中期や後期生まれの者は経緯や経絣については詳しいが、絵絣の工程は知らなかった。また、大正生まれの者は矢絣の工程をよく知っていた。このように、絣にも各種の技法があり、私の知る範囲の古老たちで、全工程の技法を保持した古老は一人もいなかった。その時代ごとに流行の技法を修得し活用したようである。このように、文様の変遷は個人の嗜好もあるが、時代により技術の高度化がみられる。

こうした全期間の絣の特長は、手括りと手織りであったことである。手括り専門とか種糸屋等を耳にするが、絣の一番大切な作業は種糸付けと手括りである。絣文様は、機械括りに制限があり、力織機で製織できない柄がある。幸いに山陰地方の絣は小規模であったため、文様に制限されることなく発展した。そして、手括りのかすれの絣本来の味と手織りを守り続けたのである。

山陰地方の文様には、久留米絣以上の小絣で並幅に追っかけ十の字や井桁が黒く見えるほど密度の高い九〇～一〇〇立配置の男性用着物や、絵画や風景、物語等の文様を描写的に模写して絣に再現しているものがある。

他の産地が彩色しようが、薄地にしようが、初期の工程を継続して経糸には糊をつけ、糸を太く紡いで手括りにして、地質の厚い絣を織り続けた。織物本来の理想は、厚地に限るわけで、品質本位を第一とするならば、他のどの絣産地と比較しても決して劣らぬすばらしい織物であった。

しかし、絣を見分ける消費者が、地質よりも絣の図柄に傾いて、色絣や新しいデザインを求めたために、山陰の絣文様は時代の要求にこたえられなかった面もあったようである。

山陰人の持つ馬鹿ていねいで正直なところが絣の品質にもよく滲み出ているのである。

絵画文様の中には、松葉一本までを繊細に織り出すという神経細やかなものや、和歌の文字絣の連続や、七宝花菱とか松皮菱などがあり、紗綾文のつなぎ文様で区切りすらわからない文様も多い。そして、幾何文の経緯と絵絣を並立に組ませたものなど、同時に織り進むのに困難な図柄を用いている。さらに曲線美をよく発揮し、立涌《たてわく》や輪つなぎの精巧なものが多いのが特長である。その他にも茶綿縞入り経絣や、縞と絵絣を組み合わせたものも山陰地方の絣の特長である。

濃紺に白い絣文様は、藍と木綿の相互補完関係であり、すばらしい知恵を持っていたのだと思う。特に小麦色の日本人の顔と紺色とは補色関係であり、一段と引き立たせ、知的に見せる。また、雨の多い山陰地方には一段と濃い紺色が美しく、山陽側の温暖で雨の少ない地方には、明るい紺や彩色豊かなものがよくマッチする。この自然環境が、長い間の経験の積み重ねで生かされている。このように同じ紺色でもその土地によって選択されて、木綿と藍の調和がよりすばらしい衣服を作って来たのである。紺絣の小柄をキリッと着付けた後姿などは息をのむほど美しい。やはり紺を基調として濃淡のある安定感や、充実感のある美しさといえば、先祖が色の束縛を受けながらも、その枠の中で可能性の極限まで追求した木綿に藍染めの無数の縞や絣に心を引かれるのである。

西日本の絣について、簡単にその特長を述べたのであるが、どの地域ともその土地独特の秀逸品を作り出していた。

私は、最高の織物はやはり日本の絣だと思っている。庶民すべての多年の試行錯誤と知恵の蓄積がこのような尊い織物を育ててくれたものだと思っている。

立鶴と亀文蒲団（倉吉，明治初期）

三　草木染め

人間が草木の汁で布を染めるという発見は、いつ頃から始まりどんな色を使ったのか、確かな資料はない。しかし、日本古来の植物染料として藍が使われ、藍については第一章の「藍染めの発達」のところで述べた通りである。

藍以外にも自然界の植物の多くは染色に可能であったが、色の身分制度などに制約されてか、草木

染料（陰干のげんのしょうことくちなしの実）

染めはあまり進展しなかった。

草木染料としてよく使われるものに、紫草《むらさき》、紅花《べにばな》、蘇枋《すおう》、茜《あか》草《ね》、梔子《くちなし》、黄櫨《きはだ》、刈安《かりやす》、桜木《さくら》、梅木《うめ》、茶《ちゃ》、柘榴《ざくろ》、山桃《やまもも》、栗《くり》、玉《たま》葱《ねぎ》、よもぎ、げんのしょうこ等がある。

これらの草木染めは『万葉集』などに詠まれているものもあり、古くから草木の汁で衣服を染めたことが実証されている。また、中世末期の辻が花染めなども前記の草木の汁によって染められたもので、貴族や武士の染料であった。

茜草《あかね》さす紫野行き標野《しめ》行き野守は見ずや君が袖振る（『万葉集』巻一）

紫草《むらさき》は根をかも竟《を》ふる人の児のうらがなしけを寝《ね》を竟へなくに（『万葉集』巻一四）

茜草も紫草も、いずれも根を染料にし、灰汁媒染によって発色させる。木灰の媒染については、『延喜式』の中に椿灰の媒染剤について記載されていることは有名である。その他の紅花、蘇枋、梔子、黄櫨、刈安、梅、桜、茶、柘榴、山桃、栗、よもぎ、げんのしょうこ等は、皮や幹、葉や実などに含まれている色素を煮出して染料にしていた。一番煎汁、二番煎汁というように手間をかけて煮出し、回数を重ねて染め上げると、色相の堅牢度を増して安定する。発色を兼ねていろいろな媒染剤を使用したり、蘇枋に山桃を併用して染色し、また、梔子と栗を重ねて混色を楽しむことも出来た。古く染料として知られているものは、薬用や食用になるものが多く、特に紫草やげんのしょうこ等の薬剤利用は有名であり、茶やよもぎは飲食用に使用された。染料の中には藍と同じく栽培染料として、商業的農産物として早くから問屋へ送られているものもある。

『染織と生活』二（朝日奈勝、一九七五）によると、南部地方からは、南部紫として山紫根が江戸の紫問屋へ寛政八年（一七九六）に搬出されている。紅花といえば最上地方が江戸時代に盛んであり、紅餅、花餅にして京都の問屋に送り出している。山陰地方でも、天明二年（一七八二）ごろに大坂の三井本店に紅花染料を売った記録が残されている（『鳥取県の歴史』山中寿夫、一九六九）。

山陰地方の紅花産額

国	明治11年	明治12年
出　雲	278斤	326斤
石　見	58斤	47斤
伯　耆	700斤	1,153斤

「美しき工芸技術」
（奥原国雄，1970）

上掲の山陰地方の紅花産額一覧表によると、明治十年代に比較的多くの産出高を示し、中でも伯耆地方の明治一二年の産出は、一千斤以上の産額で、他地区に比べて群を抜いている。当地方の人たちは、藍作と同様に紅花の栽培に力を入れていたことがこの表によってわかる。

色の身分制度については周知の通り、庶民は紺に規定されていたが、色の中でも紫は品位が高く、華麗な美しさを象徴する代表色であった。こうした高位の色に憧れるのは当然であり、庶民の中には着物や下着の隠所に紫色や紅色を使用した。梔子《くちなし》で黄色に染め、蘇枋《すおう》で紫やぶどう色を染め出した。また、柘榴《ざくろ》で茶色を、よもぎで鼠色を、刈安と藍で緑色を染め出した。これらの染色は、各々の農家で簡単に親から子へと伝えられた秘法である。

このように、綿や染料を栽培した農民が色の束縛を受けながらも、染色の秘法をわきまえていたので、商品にならない屑糸を染色し、秘蔵していた。

今日、草木染めの色相が愛されるようになったのは、化学染料に見られぬ落着きのある色の深さゆえであろう。これからの織物の世界で一番重要なことは、織りの技術もさることながら、自ら染色し配色することが大切であり、色の色感が問われる時代であると思う。その意味からも、安定感のある草木染めの味は一段と深い。染色の堅牢度を上げるために糸の撚り加減や精練に注意を払う。濃淡色に限らず数回染色して色素を落着かせる。その日の天候によっても左右され、空気の酸化によっても想像もしない色相に変化したりする。染色の容器や媒染等によっても失敗することがあり、また、染色者のその日の気分によっても影響があるようにも思う。

このように、自然発色の染色は困難な点が多く、その成功は熟練と失敗を重ねながら勘に頼るより他にない。しかし、昔の縞帳の中には、草木染めと藍のミックスが豊富な色相を作り、織物の深みを増しているものがある。中でも萠黄色《もえぎ》は上層農民が着用したが、色感のある女性は紺色の中に赤や紫、茶や鼠色等を併染して一見して判別出来ない万葉の色を生み、隠れた美をつくり出すことに成功している。四季折々を通じて花や実を眺め、一年に一度しか求められぬ染料を収穫し、染色の夢をふくらませる生活の姿勢を、再び取り戻して行きたい。これが日本の伝統文化であり、すばらしい着物文化に密着したものである（第9表「草木染めと媒染剤」参照）。

井原西鶴（寛永一九―元禄六年、一六四二―九三）の『浮世草子』の文中に「膚に単襦袢《ひとじゅばん》、大布子《おほぬのこ》、綿三百匁入れて、一つよりほかに着ることとなし。（中略）一生のうちに、絹物とては、紬の花色。一つは海松茶《みるちゃ》染にせしこと、云々」とある。これは元禄元年（一六八八）頃の町人の衣生活を記録しているが、花色（薄藍色）と海松茶《みるちゃ》染が登場する。海松茶は暗緑色をおびた茶色で、染めかえがきかぬ染法だったようだ。藍に黄蘗《きはだ》や刈安を併用して緑色にし、さらに栗や山桃を併用したのだろう。染色の季節も、枝木の青木と枯木では染め色が違う。桜や梅の木は、三月の花の咲く前に染料にするのが適していると言われている。そして、前記引用文につづいて「海松茶染めにせしこと、若いときの無分別と、二十年もこれをくやしく思ひぬ。云々」とあり、当時は、一枚の小袖を何回も草木で染めかえて着用したようで、染めかえられぬ衣料を残念がっているのである。

四　絞りと糊染め

私たちの先祖は、木綿と藍によって最高の被服を作り出した。中でも、絣や縞については既述したが、それ以前に絞りや糊染めによって文様を作った歴史は古い。布地に文様を描いて防染したこれらの工程は、糸を防染する絣の技法より先行していたのである。

染色の多様な工程は被服文化の上に大きな功績を残したが、ここでは、絞りと糊染めについてその概略を述べてみたい。

従来の庶民の衣服は、無地の麻や白木綿が中心であった。ところが、染色が発達し、麻に比べて木綿の染色の容易さが買われてくると、藍染めによる絞り木綿や、型紙による糊染めの小紋などの染色技法が広められた。

木綿の藍型染めの起源については、その年代は不明である。中国の印染布《いんせんぷ》の技法によく似ているといわれているが、直接に影響を受けたのかどうかははっきりわからない。古く溯れば、琉球の紅型も

伊勢型紙（元禄7年，鈴鹿市教育委員会蔵）

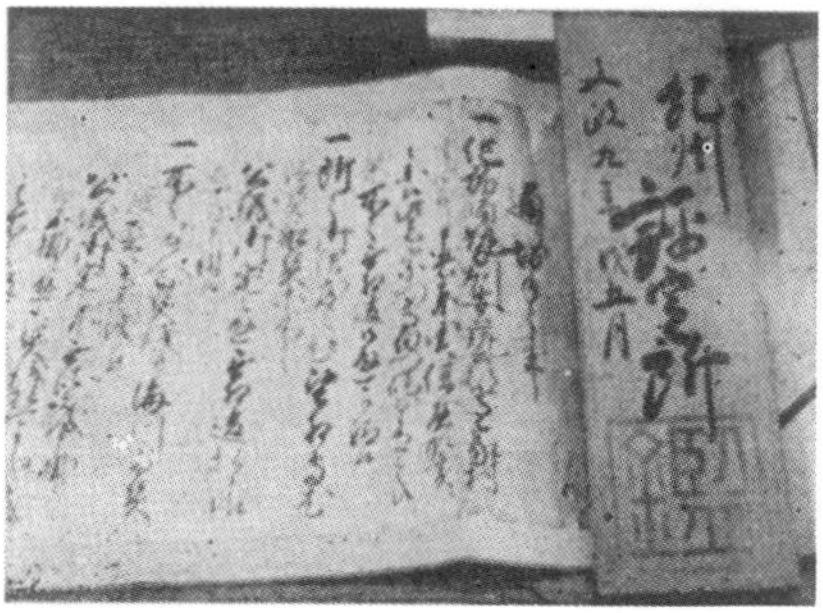

伊勢型紙の販売資料（鈴鹿市教育委員会蔵）

型紙を使用する技法であることは周知の通りである。しかし、わが国に伝えられた小紋や中型染めは、木綿と藍染めによって発展して行ったのである。

藍型染めによる小紋、中型、長板などは江戸時代によく発達し、武士の裃をはじめ胴服に至るまで広く用いられた。型紙は、伊勢の白子の型紙が有名で、全国的に取引されていて、各地方に型紙商人が出入りしていたという。

型染めを扱った紺屋を表紺屋といい、糸は扱っていなかった。その後絣の進展につれて、糸染めの紺屋に変わった業者もある。

絞り染めは、はじめ高級絹物の絞り染めに刺繍を施すことから発展して行った。そして、木綿の発達により庶民の藍染めに応用され、鳴海絞りや有松絞りをはじめ、北九州の豊後絞り、博多絞り等として発展した。

絞り染めの調査のため、名古屋の有松町を再度訪ねた。有松町は、慶長一三年(一六〇八)に東海道筋に生まれた町で、現在も江戸時代の町屋建築が並び、絞りを乾燥させるために作られた二階の格子戸が印象的であった。

有松絞りの起源は、慶長一五年(一六一〇)、名古屋城の築城の人夫として九州の豊後の人が集まり、その時に着用していた豊後絞り、博多絞りの着物を見て、竹田庄九郎らが有松絞りの産業を興したといわれている(有松町、竹田嘉兵衛談)。

鳴海、有松は東海道の宿場町として、豊後の国から参勤交代や人々の往来もあり、文化の交流の場所でもあった。また、三河木綿や知多木綿の産地を控えていて原料の供給が容易であった。そのため、豊後や博多絞りの模倣から出発したが、それ以来三七〇年も絞生産を続け、絞技法も数百種に及ぶ製品を今日に伝えているという。

「来る日も来る日も手を動かす手技で、口でも文字でも教えることが出来ない」と話しながら、実際に手で絞って見せた。一反の布を絞る粒数は一万から二〇万粒で、二カ月を要するという。竹田商店に積み上げられた絹の絞り製品は異様な光沢を放っていた。手技の美しさというか、見ていて胸が切なくなるほどだった。江戸時代の有松絞りの普及は目を見はるものがあり、東海道を往来する旅人の土産品として、全国に持ち帰って珍重された。

久留米絣の産地にも、絣以前に甘木絞りがよく発達し、日本各地で絞りが盛んに流行した。絣の発生にも木綿の絞り染めが影響を与えたことは既述したが、絞りの布を解くとよくわかる。絞りが広まると布を絞ることも、糸を絞ることもよく発達し、絣の発生を考えると、布を絞る技法の模倣だった。三河木綿の産地でも豆絞りの手拭いが発展し、木綿産地では絞りの小袖が普及した。

山陰地方では、寛政年間（一七八九―一八〇一）に米子地方で絞木綿が盛んであったといわれている。出雲民芸館の展示資料中に、絞木綿の大胆な絵文様もあり、木綿と藍の独特の調和美が観衆の目を引く。絞り掠れの美しさは、藍の濃淡と白点の交りで意図的なものでなく、自然で神秘的にさえ感じられる。その後、摑染《つかみぞ》めに発達して行った。

型染めは、前述の通り近世によく発達したのであるが、その起源はよくわからない。昭和四七年の夏、伊勢の白子（現在の鈴鹿市）を訪ね、伊勢型紙の、国の重要無形文化財保持者に指定（昭和三〇年）されている中村勇二郎に面会していろいろな話を聞いた。

彼は、道具彫の認定を受けていて、三角や四角、桜の花弁などを一突きで彫っていく技術の保持者である。道具彫に使う道具も自分で考案し、一度に七枚ぐらい重ねて彫っていた。「型紙彫は非常に神経が疲れるので、階下で人の話し声や猫の子一匹が鳴いても手元が震えるほど繊細な仕事で、昼間は避けて人の寝た夜中に彫ることにしている」と話した。

鈴鹿市教育委員会所蔵の伊勢型紙を拝見した時「はっ」と息を呑んだ。それは、数十年前に倉吉市内の表紺屋の納屋に放置された型紙と同じものだった。鈴鹿市では、重要無形文化財として、元禄時代からの型紙を木箱に納め、勝手に手を触れることを禁じていた。一番古い型紙は突き彫りによるもので、元禄七年と記録されていた（一五三頁上写真参照）。

こうした伊勢型紙は、北は北海道から南は九州に至る販路を持ち、型紙商人の背に負われて自由に販売されていた。型紙は、下着から外出着、蒲団に至るまで柄行きが異なっていた。そして、濃紺ほど高価な染賃であり、図柄によって工賃の高低があった。紺屋は農家を回って染めの注文を取っていた、と古老は話していた。

次頁の型染見本帳は、当地の表紺屋（倉吉市、妻藤紺屋）の蔵を取り毀した時に出た資料で、私が譲り受けて保存している。現在大阪市在住の妻藤一郎（明治三〇年生）は「享保年間から先祖の墓が倉吉にあり、治衛門の時代から創業した。治衛門は自分の五代前の祖先で表紺屋だった。小紋柄は、父が

型染見本帳　安永年間（1772～1781）頃のもの，２冊ある。厚さ15cm（倉吉市，妻藤一郎所蔵）

三重県の伊勢の白子から型紙を取り寄せ、新柄を染めていたのを知っている」と話していた。和紙に見本染めにした数百種の藍小紋帳で、妻藤一郎の五代前の治衛門（安永年間、一七七二―八一）の頃に創業している。見本帳の柄は、幾何文様や絵文様の繊細なもので、庶民の衣料文化を知る上に貴重な資料だった。ここに絞りと糊染めの歴史に触れてみたが、私の手に負えるような簡単なことではないので、技法や製品の特長などについての聞き取りをまとめておく。

山陰地方には、嫁入りに持参する蒲団や大風呂敷、着物等に家紋を染め付けている。また、子どもの出産に際して、里から祝着として贈る品は、長着と帯、湯上げにおむつ、子守着等のすべてで、家紋を型染めにした製品だった。この慣習は古くから根強く、世間体を重んじた村人は、借金をしても一揃いの衣料を持参させた。

この慣習はいつ頃から始まったのか、古老の誰一人として知らなかったが、私見では、木綿と藍染めの発展により、武家階級の衣服や戦場で使った幟《のぼり》に定紋をつけ、家を強調した時代の流れが、庶民に影響したものと思う。

子どもの祝着は、三つ紋と鶴や亀の吉祥文様に染め、おむつは碇や海老文様が多かった。いずれも、海老のように元気で跳動するようにとの祈りが込められていた。

湯上がりに拭く物も紺染めで、鶴亀や松竹梅文様を付けていた。そして、片隅の三角部か、上部だけを茜や紅花で染色し、その部分で顔を拭いていた。薬用効果を願いながら、衛生的配慮によって一定の場所で顔を拭いたようである。湯上げの中にも、高砂の翁と松竹梅文様など、多種類あるが、絵

染湯上げ松竹梅鶴亀（出雲，明治期）

丸鶴亀小紋染蒲団（倉吉，江戸末期）

染湯上げ宝船に鶴亀総文様（出雲，明治期）

図の構図や彩色の多いものほど染賃が高価だった。古老たちは、湯上げの鶴亀文様で、鶴の口が開いていれば女児用、口を閉じた鶴は男子用だったと言う。

祝帯にも生家と実家の二個の紋章を並列したり、宝袋や麻の葉文様に型染めにして、優雅な生活文化の高さを誇示していた。

また大風呂敷や蒲団について見ると、結婚に持参する祝風呂敷には、自家の紋章を染色する風習があり、その名残りは昭和初期まで継続した。上掲の風呂敷は、二幅、三幅、四幅の三枚を一組にして嫁入りに持参した。蒲団も、祝風呂敷と同じく、自家の紋章を染色したものが多く、そのほとんどが藍染めによって紋章を取り入れていた。

祝風呂敷（出雲，明治期）

昭和四五年に、私は「被服と紋章」についての調査を、市内一七六〇戸について行なったが、明治・大正年間に結婚した人たちが持参した風呂敷は、その九九パーセントが実家の紋章入りであった。また六三パーセントが蒲団に使用されていて、興味ある現象であった。そして、紋章は散文様ではなく、一定の位置が定められ、デザインされていた。蒲団と風呂敷とは、その工程は糊染めで何ら変わりがないが、紋章の配置、つまり天地が異なっていることに気づく、風呂敷は、物を包んで背負った時に中心に紋章が出るように対角線上に配置されていた（写真参照）。こうした違いが蒲団と風呂敷を

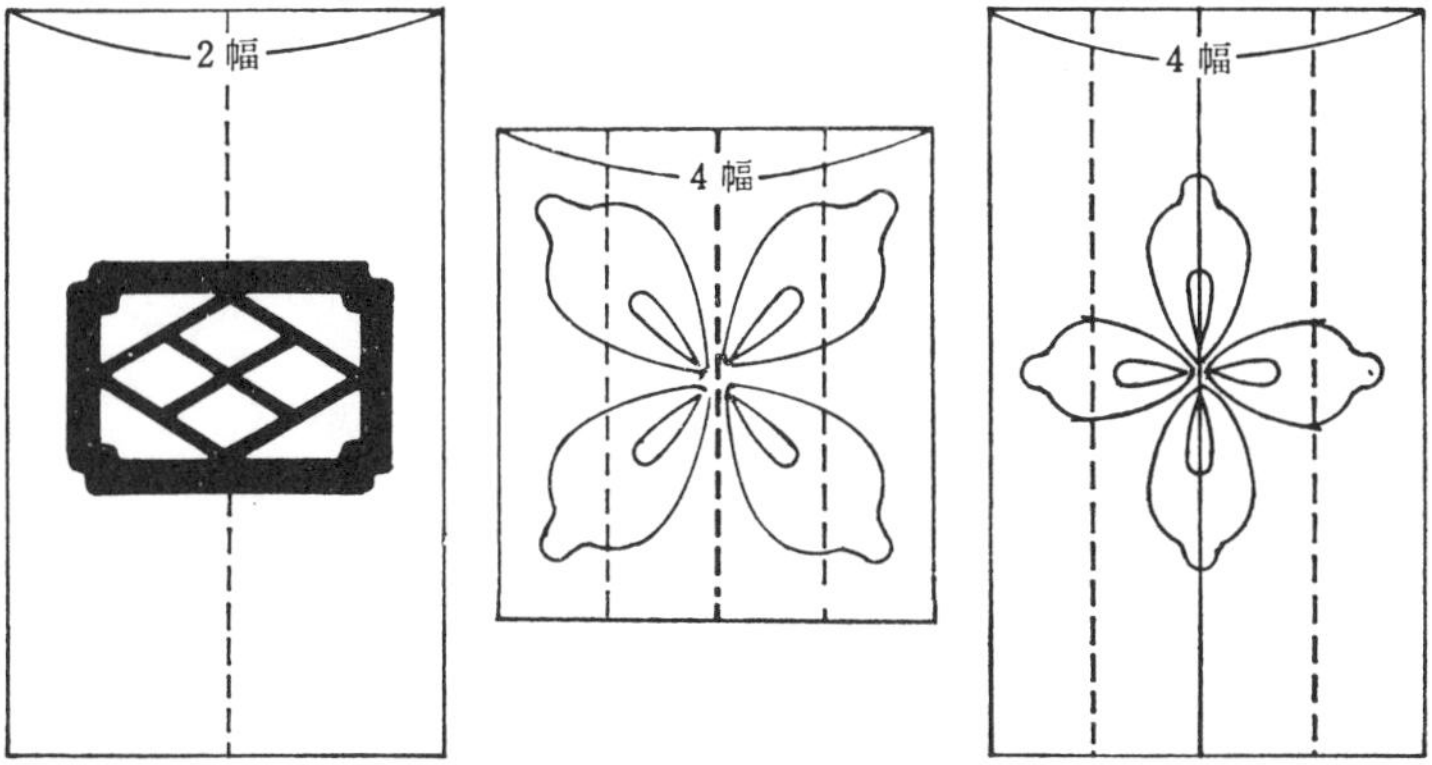

敷蒲団　　風呂敷　　蒲　団

紋章のいろいろ

容易に区別し、分類整理するのに役立った。そして、糊染めにより蒲団や風呂敷に紋章が取り入れられたものは、家を象徴する紋が文様としての役割を果たしているようにさえ思われた。こうした傾向が、山陰地方に江戸時代から明治、大正、昭和初期まで続いた。これらの遺品は手描き染めによるもので、各家庭に所蔵されていた。これらの中には、麻苧で綴じた年代の古い不明な物や、次頁左上のような藍の変色の蒲団もある。倉吉市安藤重良(明治二〇年生)は、厚地木綿に筒描きの敷蒲団(上左図)を蔵から取り出して説明した。

「江戸末期のもので、萠黄色に染めているが、祖先の誰の蒲団か分らない」という。

表裏ともに萠黄色で、二幅の丈の短い敷蒲団の真中に、隅入り四つ菱紋を白く染め、上掛、中蒲団、敷蒲団の三枚が揃っていた。萠黄色は、藍染めより高価な染色で、裕福な家庭で染めていたと紺屋は話していたが、染色方法にも特別な製法があった。「藍の中にのぶ皮を煎じて

染蒲団　唐草と三つ柏
（倉吉，明治初期）

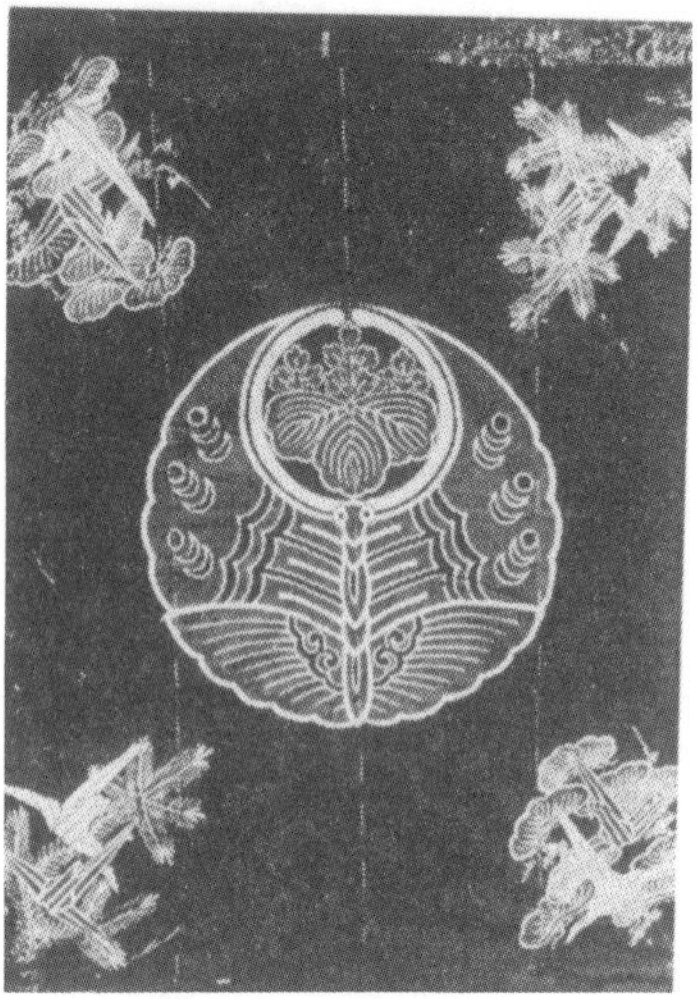

染蒲団　揚羽蝶と五三の桐
（倉吉，明治期）

染蒲団　橘紋に鶴亀と松竹梅（出雲，明治期）

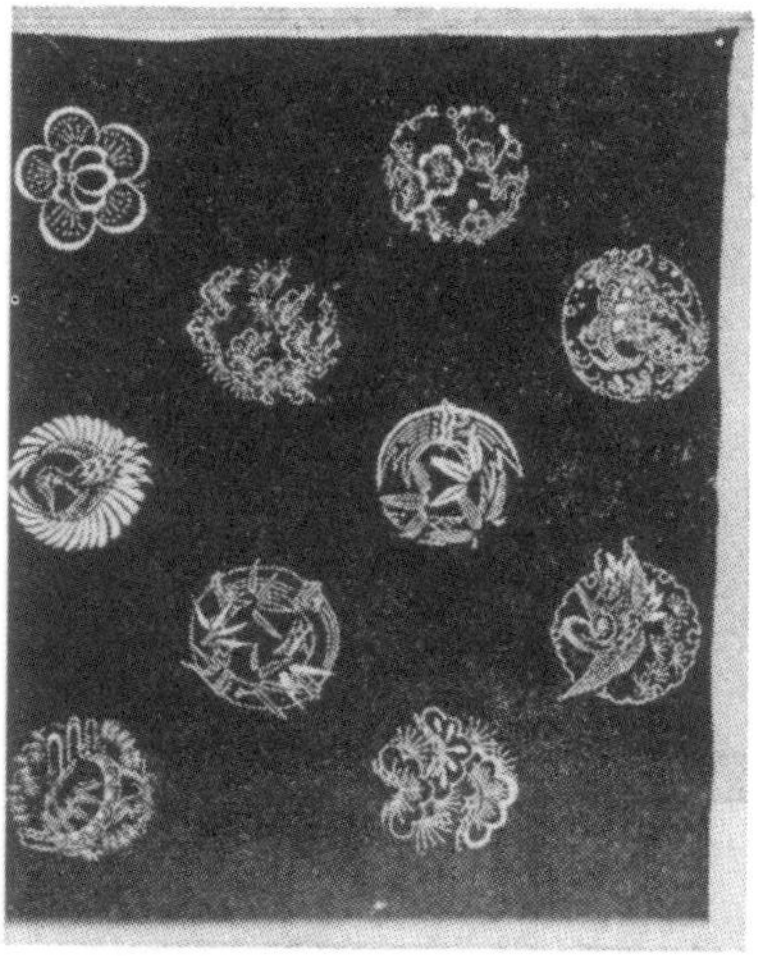

染蒲団　紋散らし（石見，明治期）

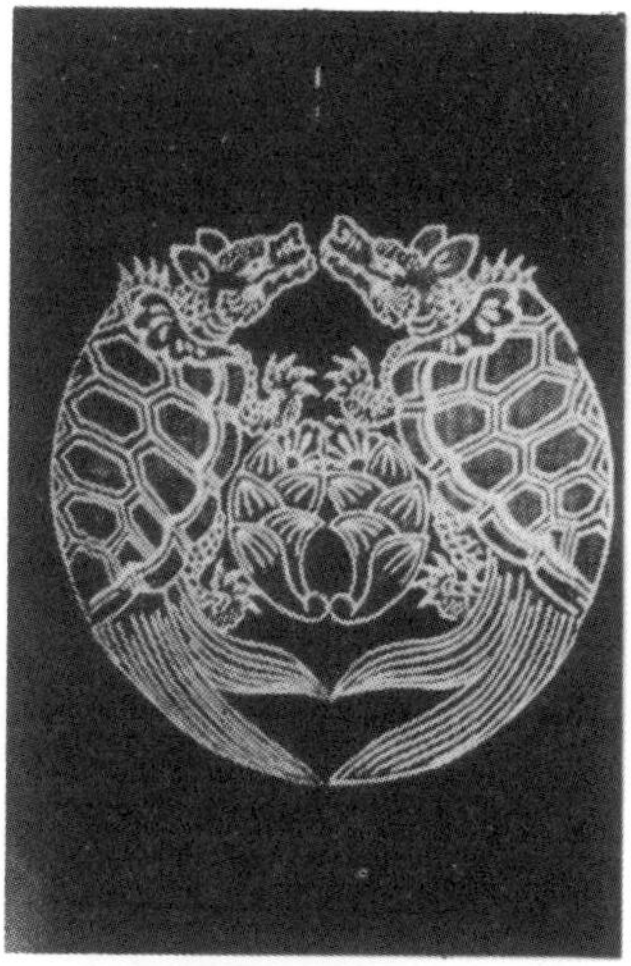

染蒲団　亀と抱茗荷
（倉吉，明治初期）

混合させる」と語る。のぶ皮は、野胡桃《のぐるみ》のことで、落葉喬木の木の皮が染料になったようである。

また、中蒲団にも背中心に紋章を染め出し、裾文様に松竹梅に折鶴を施した豪華版もあり、藍の濃淡と色で目の覚める色差しをしている。前頁右上の写真は揚羽蝶《あげは》と五三の桐紋である。また唐草と三柏や三つ割桐と扇を組ませ、全体に松竹梅鶴亀文様を飾った上掛蒲団等がある。これらの蒲団は明治初期のもので、絵画文として秀れたものをたくさん残している。

出雲地方の女用蒲団の中には橘紋の外側を雪輪で囲み装飾したもの等、紋の配置を上部にした掛蒲団がある。一般に出雲地方の女紋は、雪輪で飾り、自由な文様を組ませたのが特徴であった（長田紺屋談）。

その他出雲や石見地方でよく流行した、一枚の蒲団に数十個の紋章を散らして「紋散らし」とよんだ方法もあった。

このように庶民の蒲団や風呂敷、着物などに家紋をつけ、それを中心とした生活は続く。長持の中は、種々の家紋入蒲団で満ち、冠婚葬祭に際してはお客用の蒲団として役立てていた。

その他の被服すべてにわたって型染めが愛用され、中でも襦袢や腰巻の色は、浅黄とか花色という淡色が用いられた。襦袢は胴身ごろのみに小紋を用い、袖は別布を付けている。腰巻は、

襦袢

着物の裾を絡《から》げても何ら劣らぬ立派な小紋染めを着用し、着物との組み合わせによって大きな役割を果たした。

その他、頭巾も紋章を片隅に染め、木綿と藍との関係において、色や文様が自由に染め分けられ、下着から外出着に至るまで、その柄と色によって一文染めや五文染めなどと料金が決まっていた。

以上、製品の実物精査によって例をあげて説明したが、こんな通り一遍の解説では心苦しいほど、私たちの祖先は、木綿と藍によって下着から上着まで着装し、それに包まれた生活の中で、木綿と藍が血や肉となっていた。何度も繰返して言ったが、庶民の悲しい生活史がより美しい物を求め、最高の染色文化を築き上げたことを讃美したい。そして、家のための強調した古い時代の衣服の紋章デザインを忘れてはならないと思う。

地方に残る型染技法についても聞き取りをしたが、糊染めと一口に言っても、筒描き、型染めなど多様であり、倉吉の前田紺屋では次のような工程であった。用途によって異なるが、着物用は白木綿の上に型紙を当てて糊を置き、順に型紙を移動して一反分の糊置きをする。糊が良く乾燥すると呉汁（大豆のすり汁）を刷毛で塗り藍染めをする。その際に引き染めと、藍瓶に浸染する方法があり、染め布の大きい反物や幟《のぼり》などは引き染めにしたようである。

筒描きの工程は、糊筒を持って描くのに、特殊な技法が要求され、大風呂敷や蒲団などの唐草文様や牡丹、家紋などは下絵を使った。

倉吉の紺屋について、近所に住む小谷こと（明治二八年生）は、「前田清六は、紋染め紺屋といい、明治末期は職人五人を使い、家の回り一面に染めて干すほど盛んだった。同じ紋でも、清六の描いた紋は生きていると言われた。前田紺屋の子どもさんは両親が厳しく躾け、紋描きの子は紋を描かんと遊ばせんと言って毎日、紋を描かせていた」と話した。前田家は五代前の創業で、型紙や染色道具の長板中型や蒸し器等も保存している。

出雲市の長田圭弘（明治三四年生）は、出雲筒引藍染めの無形文化財保持者である。

昭和四五年の夏に訪ねると、庭一面の藍瓶に藍が建ち、庭先には糊置きをした四幅風呂敷が伸子張りにされていた。家の前にはあつらえ向きの川が流れ、遠い昔から藍業であることをよく物語ってくれる。

長田紺屋の糊染めの技法は、「糯米の粉に石灰を混ぜて団子にする。それを三〇分間位煮て煮汁を使って団子を擂鉢でよく練り合わせる。その時に練った糊の固さが大切で、手先と勘で覚えなければ、折角の糊置きの中に染料が入ったりする。出来上った糊を糊筒に入れて下絵通りに糊筒を手で絞って描いて行く。描き終ると木屑を振りかけて乾燥させ、さらにその上に呉汁を引いて、乾いたら藍で染め上げる。藍に濃淡をつける場合には、一度染めた上に糊を置いて乾燥させ、その上に二度染めをして糊置きをする。何回もこの作業を重ねると、図柄に濃淡が出来て面白い。特に祝風呂敷は嫁入りに持参するので両面染めにしているが、二倍の手間がかかった」と話していた。

型染めの用途は、小袖や襦袢、蒲団、風呂敷、袋物、旗や幟、油単《ゆたん》など幅広い範囲に使用され、手描き文様や小紋の繊細なものが多かった。中でも描写的な絵画文様や家紋などが多く用いられている。

五　裂織りと刺子

農民は木綿の衣料を幾通りも考案した。既に述べたとおり、農民の数々の発想は、当布による片身変りのおしゃれ、紐や襷《たすき》姿の美、縞の三幅前掛と野良着の工夫等、織ることや着ることの喜びの他、布の更正や補強等、例を上げればきりがない。

ここでは、木綿裂織りや紺木綿に刺した刺子等を取り上げてみたい。これら独自の織物が再び木綿と関係して、交織したり刺したりすることによって、より強靭な布となって用途も違うものが生まれ、一段と深い美しさを発揮したのである。

まず、裂織りは「ぼろ織り」等と呼称し、着古しの木綿着物を引き裂いて織っていた。帯には手織りの裂織りが流行し、保温性と良く締って解けない利点が喜ばれていた。経糸は木綿の紺糸を使い、緯糸に色とりどりの木綿衣料をかき集めて、御幣切りに引き裂いて再織すると、二本と同じ物が出来ない芸術的味わいの製品に生まれ変った。「ぼろぼろな着物がどうしても捨てきれない」と、ある古老が語ったように、木綿の着物は、綿から育て上げた想い出があり、愛着を持って大切にしたために寿命は長かった。裂織りは、誰が考案したのか知らないが、寄せ集めや、継接《つぎはぎ》文化の農村の中で生まれた織物であろう。ぼろ布を織ることから、ぼろ織りともいい、山陰地方だけでなく、日本海側の東北地方、山形県や岩手県、新潟県などにもすばらしい裂織りが伝承されている。

ここでは、山陰地方に伝わる裂織りの方法と用途について述べてみたい。裂織りは、家庭着や帯、仕事着や雨着、山着や海着などに最適であった。袖のない胴着として用いたり、山着として棘《とげ》と茨《いばら》を防ぎ、荷物を背負う肩当ての役割をした。また、雨をよくはじき、海女たちは海に入るのに裂織りで寒さを防ぎ、身体を保護したという。

このように、古着の再生織物という実用面だけでなく、さまざまな用途に裂織りが要求された。山陰地方の裂織りの形態は、地域によって若干違っている。石見地方と隠岐地方では、石見は袖のないものが多く、隠岐では船底袖の付いた着丈の長いものなどがある。いずれも厚地で強靱な織物であるが、山着と海着の用途の違いや、風土的な特長かも知れない。

現在、裂織りを製織している老女は、約一センチ幅の布を糸状にして織り進むため、能率が良く、目が薄くなっても手加減で織れると話していた（倉吉市、加藤しの）。

島根県能義郡広瀬町東比田には、北村トヨとマツノが今も山着用の裂織りを続けている。老女たちの裂織りの工程は、綿糸二〇番手を四本合わせの経糸に使用し、小麦粉で糊付をする。緯に、古着をよく洗濯し、ぼろ裂きという引き裂き方で布の耳に鋏を入れ、交互に裂いて一本の糸状にしたものを織っている。山着には、布幅を二センチ間隔の太めに引き裂き、厚地に織って袖なしの形に仕立てている。どれも織り味が素朴で手ざわりが良く、立体的であった。このように、庶民の裂織りとは木綿

裂織りの胴着に刺子をほどこしたもの　下は同拡大図（出雲民芸館蔵）

をぼろになるまで着用し、それを織り込むという、綿布の完璧な更生法であった。東北や山陰の雪に埋もれた貧しい農民が寒さを凌ぐために、厚地の衣服を求めたことが、こうした織物を生み出して来たのである。

次に、紺法被《はっぴ》や野良着に刺した刺子には多種複雑な文様がある。刺子の目的は、布地を補修し補強するために縫目を入れたのがその始まりで、誰によっていつ頃始められたかは分らないが、山陰地方の製品からいくつかの事例を拾ってみたい。

前頁写真の胴着は、立涌《たてわく》に花繋の繊細な作品で、出雲民芸館に陳列されたものである。針目が配列よく並び、刺子の刺し方で胴着に濃淡をつけ、強烈な迫力を表わした作品である。また、上図の風呂敷は、紺木綿に幾何文様の三つ割菊や麻の葉文様などを、輪繋ぎを対称させ、組み合わせている。気の遠くなるような作業で根気よく完成しているのである。下図のテーブルセンターもより複雑な構成に仕上げ、現代風な感覚である。この作品が九五歳の倉吉市徳岡平野の作品である

刺子　風呂敷（上）とテーブルセンター（下）（ともに倉吉市，徳岡平野作品）

から驚嘆する。

紺地に白い木綿糸二本どりで刺す針目の間隔は手仕事の重みを感じさせるとともに、木綿と藍による交錯から滲み出る力強い美しさは、芸術的な香りさえ漂う。日常の袋物や雑巾に至るまで手を加えている。ピカピカするようなものではない。何の飾り気もない紺地に白糸で刺した、それだけの美しさである。何かしら人の暖かみが伝わって来るような親近感を与える。どっしりとした厚みや、一針ごとの縫目を眺めていると、私たちの祖先の作り出した文化の偉大さにいまさらながら驚く。物を大切にする精神と、より美しい物を生活の中に求めた知恵の完成品が刺子であり、裂織りであろう。

第三章　織物と女性

一　機の織り出した知恵の言葉

学問で修得したたくさんの知識も、生活面に実践されなければ机上の空論に終る。ところが、文字一字さえ読めない古老たちは、知識人以上に人間性が豊かで、体験に基づく信条のもとに生活をしている。それは長い年月、貧困とたたかいながら身体で知識を吸収してきたためであり、また、身近に優れた指導者がいないから、自ら実践の指針を生み出すほか方法がなかった。したがって、倫理観も体験を通して体得しているので、机上の空論に終わっていない。そこに、体験学習のすばらしさが滲み出ているのである。

こうした体験から生まれた生活の知恵は、自然と金言とか名句とかいえるすばらしい言葉を結晶させる。それを庶民の底力として受けとめ、伝承することが、今日の学歴偏重社会に一つの問題を投げかけることにもなるであろう。

私は、明治時代の女性の生活や仕事の量を顧みて、今こそ織物の価値を知ってもらいたい。また、それが女性の手によってつくられてきたことを強調したい。製糸や紡績にまつわる女工哀史については数多くの著書もあるが、織りを通じて語られた名言の成り立ちを解明しながら、女性の生活を綴ることが急務であると思う。そして、現代の女性がその名言を噛みしめてこそ、昔の女性の偉大さが判るのだと思っている。

「綿になれ」

山陰地方には、地綿《じわた》を紡ぐ風習が残っている。現在八〇歳ぐらいの老女なら誰でも紡ぐ。ある老女は、「農家の現金収入は米と綿が主であり、生活を支えるために夜なべ仕事に綿を紡いで木綿を織り、問屋に持って行った。手紡が上手であると綿の量が少なくてすみ、織り上った木綿もなだらかで問屋は二倍の値段をつけてくれた」と、明治末期頃の話をした。

綿替木綿は、この地方だけの現象ではなく、全国の農村女性たちの経験したことであったが、特に山陰では次のような話も聞いた。

糸挽き宿というものがあり、村の娘を集めて夜なべに糸紡ぎをさせる。その中の娘を戸外の節穴で男たちが眺めるというエピソードなどもあったらしい。

明治期の紡糸は、こうした集団的養成法で能率をあげると共に、一方問屋では藁算によって紡糸や綿布の生産量を確認した。そして、綿を計量して渡し、木綿を計量して受領するという方法を取っていた。これはごまかしのきかぬ賃仕事の方法である。織物は尺が同じであっても重量は手加減で好きなようになる。経緯の糸の密度を薄くして、糸を余らせるためには軽く打てばよい。老女たちは、自家製綿布は二〇〇匁、売木綿は一八〇匁といって糸を加減し、商機にこのような傾向がよく見られ、現在でも糸を計量して賃機に出し、製品を計量して受取っている。

一反の重量が一定の基準量（現在は八五〇グラム）に織れるようになれば一人前になったというが、初心者は打ち過ぎて反物が重くなる。

「綿になれ」という言葉は、綿と密接な関係にあった自給自足の生活の中で生まれたものであろう。良質の綿にするには、不純物を除去して良く打たなければならない。綿と同じように、人間も同じく親の保護を離れて他人との人間関係の中から学びながら成長して行く。よく打てば打つほど人間としての品格も高まって行くのである。ここに私が母から聞いた言葉を引くことは大変あつかましく気がひけるのであるが、真実を伝えてみたい。

母は、私の嫁入り蒲団を作りながら、私を呼んで綿の入れ方を教えた。そして、こんなことを言った。

「綿はこんなに純白で柔らかい。人を包む最高のもので、昔から綿と茶碗は鳴らないといわれた。綿の中に茶碗を投げても割れない。ところが、茶碗と茶碗を投げあうとすぐ割れてしまう。夫婦というものは、綿同士の間は非常に短く、茶碗と茶碗になりやすい。もとは他人同士なんだからな。茶碗と綿の関係であれば壊れない。どうかお前の方が綿になって暮らしてくれよ」。

その場では綿になることがどんなことなのか、それではあまりにも男女不平等ではないかというふうに理解し、その言葉は実感として受けとめることはできなかった。しかし「綿になれ」という言葉だけは何となく覚えていた。

嫁して三代構成の大家族の一員に加えられると、いろいろな問題が起った。「鉄は熱いうちに打たねばならない、嫁の躾は最初が大切」。そして「今さら愚痴をこぼしても帰る家はない。綿になることを忘れるな」と、母は繰返すだけであった。「三界に家なし」とはよく言ったもので、情けない日もあった。無知な母でも窮境に立った私を堂々と説得し、突き放した。そして、姑によく仕え、長男夫婦との三代の共同生活の主軸として生きた尊い一面を見せてくれた。

味噌や醬油、豆腐や漬物などの一切を自給し、家族全員の外出着や仕事着を夜なべに織る。蚕の屑繭から紬や羽二重の背広布地を織り、綿を紡いでは縞の着物やモンぺを作る。母は愚痴一つこぼさずやってのけた。その織物は七人兄弟の上から下に着継がれても破れないほど厚地であった。こうして子どもたちに着物を着せながら、父の村一番の耕作を助けたのも、母の前向きの生活姿勢であり、それを手伝った兄嫁の働きであった。

祖母が糸車を紡ぐ、ブンブン、ブンヤー、という音や、母が糸を座繰りに移す、カラ、カラ、カラという音、兄嫁が機を織る、トントン、トントンというリズムのある音の中で私は育った。

こうしてわがままな私が、「綿になれ」という言葉を支えに、絶えず反省して、衝動的な行動を慎む人間に変わりはじめると、すべて幸福な家庭生活であるように思えてきた。

「糸より直いものはない」

糸は真直なものである。その真直な糸がなかなか簡単に扱えない。撚れたり、絡み合ったりして手におえなくなる。織物をした人は誰でも経験することであろうが、そんな時に焦ってはかえって糸を駄目にしてしまう。無心な心に落着き、正座してかかるとどんなに絡み合った糸でも解けてくれる。

私は、嫁してから祖母（大姑かね、明治一一年生）に機の指導を受けた。ところが、一本の糸が絡み合うたびに正座をさせられ、解きながら「糸より直いものはない」と祖母はいい、私の心の乱れを諭してくれた。

寒中の茣座の上は、寒いというよりも痛いほどに感じられる。機場に暖房などあるわけがない。正座をして祖母に教わる時の心の緊張は何ものにも替えがたいつらい修養であった。糸を扱う時に、無心に祈るような気持ちで扱えば糸は撚れたり、絡み合ったりはしない。不思議なことであった。しかし、しばらく月日が経って、糸を取ることぐらい簡単であると糸をなめていると、糸になめられて糸の撚れを解くのに半日もかけてしまうことがあったりした。

古老たちは、「糸取り三年」といっているが、糸はなかなか扱いにくいものである。「糸の縺《もつ》れを解くには思案と根気がいる。糸の縺れが解けるようになれば家の中が良く治まる」と、祖母は私に教え、そして鍛えた。

祖母は、九四歳で亡くなるまで一家の中心であった。そして、祖母の生きる姿勢は家族の者にとって尊敬にあたいするものであった。

昔の女性たちは、糸を切らずに解けるようになると一人前になったといわれ、嫁入りの資格にさえされていた。また、糸を見て織物の姿が頭に浮ぶようになったり、糸が思い通りの縞になると、「姑によく仕える」とか「家の中が良く治まる」とかいって、忍耐と根性を養わせた。一反より二反目という順に数多く織りをして行くうちに織る人の腰が坐り、糸も撚れたり切れたりしなくなる。杼《ひ》の打ち具合も同じ力量で打ち込みが出来るようになると織傷もなくなる。何百反と数知れぬ織物を織った人たちが「糸より直いものはない」という言葉を吐くのは、体験から発した真実の言葉であろう。

経糸を整経する時から緯糸を織り込むまで、自分の心を正して落着かせなければ、織物に悪影響を与えることを教えている。したがって、毎日織りを続けている人には、その家庭生活もそう悪い人はいないといわれていた。

八〇〇本の経糸をまっすぐに櫛でときながら揃えて行く。美しい作業である。一本でも邪道を許せば全体が傷物になって穴があく。手抜きや即席はすぐに布面に表われ、やり直しの出来ない作業である。このように、織りを通じて無心に返り、冷静さと正直さ、さらに根性が培われ、間違ったことができない人間になる。そして、それがその人の人格となって行くとされてきた。

「糸より直いものはない」と、自分の心に諭し、日々心を正しておれば、相手に問いかける場合も必ず心が開かれる。複雑な人間関係の中で主婦はいつも冷静で心を正してかからねば家庭を平和に運営することはできない。手先で体得するこの作業こそ、正しく、落着いた思考と根性を育てるには最適であろう。

「髪容《かみすがた》でわかる」

織物名人といわれた山間部に住むある古老（鳥取県三朝町、岡本）を訪ねた際に聞き取った。老女は、清潔に白髪を結い上げていて、一時代を生き抜いた農婦という感じがした。

織りとは関係のないはずの髪容について、私の髪をよく見てから、「女の髪は命といわれたので、長い髪を結うのに毎朝人の起きぬ間に手入れをしたものだ」と話し出した。そして、女性がいつも黒髪を美しく結った姿は、生活の安定と精神の安定を示すものであり、手先の器用さを見分けるものであったという。したがって、嫁を選ぶ場合の一つの条件として、現在のような、学歴とか財産や勤務先などの代りに髪容を見たようである。髪がしっかりと結える人は、手先が器用で織物が上手である。手紡ぎ糸を挽かせても糸の小さいなだらかなものを紡ぎ、紡糸も織物も二倍の収益をあげた。そして、家庭では珍柄を創作して家族を喜ばせてくれる。

このように女性の手先の器用さが、学歴などがかえって邪魔扱いにされた明治の農村では尊重された。それは、織物が経済上の主要商品であったからである。せっかくの織物が商品にならぬようでは、家計補助的な役割は果たせず、原料の無駄も多く、家庭内でも着せるのに事欠く始末だった。そのため、何よりもまず紡糸、機織り、衣服の縫製までの一貫した仕事が明治期の女性たちの仕事であり、それをやり遂げる精神が横溢していたのである。

「服装は心の鏡」とか「良い子、悪い子は親の腕前」など、衣服に関する諺や、名言がある。子どもや家族をよく引立てる服装を着用させるか否か、それはやはり主婦の感覚と腕前にかかっていた。買い与えや着捨ての現代においては想像もできない貧困の時代であった。

したがって、女の評価の基準は織り上手な働き者が第一条件であった。このような女性を求めるために、村々を回って聞き合わせを行なったという。ところが、聞き合わせでは信用できないこともあり、本人の姿を一目見て、髪容を見れば大体判ったものだという。

また、女の髪は一生のうち一度は断髪して神に祈願をかけたという。夫の浮気で苦しむ時、難病に悩む時、子どもの母乳が不足して栄養失調の時など、惜しげもなく断髪して神に縋った。

乳汁は、精神的な気がねと栄養不足、重労働が重なった場合に分泌が悪くなる。里帰りで一日肩を休めれば乳房が張り、溢れるばかりの乳汁量になるのが不思議であったという。泣く子を抱いて貰い乳をして歩く辛さは、今の人工調製粉乳時代の母親には理解できない一面である。母乳を与えたがらない今の人々にとっては、髪を断つことや神頼みも過去の語りぐさになってしまった。

「髪容でわかる」という老女の言葉は、機織りとは何の関係もないもののようであるが、生活の中で最も基本的な容姿を重要視し、それが血肉となって心のあり方を指示してくれる大切な言葉だと思った。

「身体で覚える」

機を織ったことのある人は誰でも体験することであるが、織りは身体で覚えなければ経糸が切れて織り進めない。一本の糸を放置すると何十本の糸が絡み合い、織り口が開かない。無理に織り口を開くと他の糸に絡み合い、一度に何十本の糸が切れて、布面に大きい傷跡を残す。織物ばかりは後で補正ができない厳しいものである。その都度一本の糸も侮らずつなぎながら前へ織り進んで行く。「馴れたが勝ち」と老女は言って、反復練習をさせるが、まったくその通りであることが自分で判ってくる。織物のデザインを決める際にもこうした訓練と技術の会得によってなされ、色彩やデザイン効果の予測は身体で覚えたものであった。

古老たちは、「五体を自由自在に使え」という。五体満足な者が、自分の身体を自由に使うことができなければ不具者同然である。手仕事の場合は、人間が道具の一部になって手足や口などを使うのである。

「頭ではなく指先で覚えろ」ということも熟練を要する紡糸作業などでよく言われた。早期教育が励行され、家庭では少女が紡車に手の届くか届かないかの時期に糸を紡がせる。指先で覚えるということは、理屈なしの手加減と勘である。また、女工たちも一三〜一四歳ごろに機工場に入ると、まず機に向かって二本の踏木を交互に踏むことから教えられた。踏木を踏む足のバランスが崩れると、経糸が切れる場合もある。右足を踏むと右手の杼が入り左足を踏むと左手の杼が右手に移るという動作が、時計の秒刻みのような速さでリズミカルに動くまで訓練をさせた。したがって、機工場では少女の足と手を現代の電力や石油の代用物とみなしていたと言っても過言ではないほど、新女工の養成には体験教育を重んじた。

織物は、最も原始的な工程のものほど不思議な美しさがあるように思う。紡績糸よりも手紡糸の方が面白みがあるし、製糸よりも繭から引っ張り出した紬の方が味がある。機械織りよりも高機や地機で織ったものの方が魅力のあるものになる。それは、やはり身体全体で織るからであろう。

織機具の項で説明するが、地機で織る場合には一方を自分の身体に絡ませて織るので、糸と身体が一体となってはじめて思い通りの織物ができる。心に卑しげな痼《しこり》があったり落着きがない場合は、糸が切れたり撚れたりして手のつけようがない。糸は人の心を正すのに一番の良薬である。自分の中に潜む憎悪心を、織りをすることによって解消したと古老は語ってくれた。そしてそこまで高めることが一人前の女性の教育であった。したがって、その人の技術も大切であったが、織りを身体で覚えさせるということは、女を一人前にし、他人の仲間入りの資格ができたものと評価し、機が織れなければ嫁に行けないとさえ言われた。

「身体を使って身体で覚える」ということは、織物のことだけに限らなかった。老女たちは「歯が悪くなったから絣はできない」という。口や歯が織物とどんな関係なのか理解に苦しんだが、一人や二人ではないたくさんの老女が一様にいう。目や手足が悪くなれば当然であるが、目や手足に異常はなく、歯のために絣ができないというのは、咀嚼に関係があるためのようである。老女たちは、絣を解くのに前歯を使って粗苧を切り取っていた。

絣というのは（絣の工程の項で詳説）、文様通りに種糸を作り、種糸に白い糸を加えて印通りに粗苧（麻皮）で括り染色をする。そして染糸が乾燥すれば粗苧を解く。その場合は刃物はいっさい使用せず、口に銜《くわ》えて粗苧を歯で切って口唇で剝ぎ取るのである。歯も口唇も藍で真っ青に染まる。どうして刃物を使用せず歯で切るのかというと、口唇は鋭敏に綿糸と粗苧を判別し、糸を嚙み切るようなことはなかった。絣の糸を一本でも誤って切ると、全体の糸が狂うためである。

しかし、歯が悪くなれば歯の良い人が粗苧を解けば絣ができるし、別に歯で解かなくても鋏で解ける筈である。ところが、歯を使わなければ絣はできないと思い込んでいる。考え方が古くさい面もあるが、最高のものを創り出すために、身体で覚えた工程を最初から最後まで自分でやり通す執念のあらわれである。

また、絣は約百本の糸を束ねて防染しているので、それを一本単位に分けなければならない。現在は絣分け器などの工具を使用しているが、私は身体を代用した糸分けの方法を学んだ。

まず腰をおろし、前方に右足を出す。足の親指と人差指の間に糸を挾み、指で調節しながら両手で身体の左右に糸を分けて行く。最も単純で安全な方法である。人の手も工具も不要で、糸も切らない方法である。

綿花の収穫後も歯を使って乾燥を確かめていた。綿花は何日も御簾の上に広げて乾燥させ、綿の実を噛んでコツンと音がするまで干し上げなければ綿繰りができなかったという。

また、織物に大切な糸の糊付の方法なども、すべて手加減と勘である。小麦粉ひと握りを容器に入れ、水は手を入れて手の橈骨部分まで入れ、指で混ぜながら濃度を確かめて煮る。糊の濃度は四季とその日の天候によって左右され、梅雨期と夏季では水の分量が異なり、思い通りの糊ができ上がるまでには相当の年数を要する。糊の煮え具合や粘りを舌で確かめる。童話「舌切り雀」の中に、雀が糊を嘗めながら煮る話が出てくるが、決して空想上の話ではない。現実に老女たちは、指を入れて糊を嘗めて確かめる。

経糸に糊を付ければ、早速、叩きと引っ張りをする。この作業もたびたびの訓練を要するもので、私などは糸の引っ張りに負けて逆に引っ張られてしまう。両足をふんばって両手で強く糸を握っていても腰に力が入らない。まったく身体で覚えなければならなかった。

こうして身体を使って覚えたことは、すべての生活面で生かされて、板についてくる。

「借り衣裳より洗い張り」

江戸末期から明治時代の被服整理の方法は、何よりも洗濯と板張り、表裏に仕立て直す等の方法が重要視されたが、いずれも木綿が水に強い性質から普及したものと思う。

洗い張りや板張りによる再生法の歴史は古く、京都で絹物の洗い張りや伸子張り仕上げが室町時代から行なわれている。そして、一六世紀半ば頃、南蛮交易によって石鹸が輸入されたが、一般庶民に石鹸が普及したのは明治に入ってからで、貧乏人は石鹸など縁遠く、入浴や洗顔には糠袋《ぬか》を使い、洗濯は熱湯の中に衣類を浸して踏み洗いの方法で行なわれた。また、食器や調理用具は竈の灰で磨いていたと老女たちは話していた。

木綿は摩擦に強く、水に濡らすと強さを増すという繊維の特質をもっていたので、洗濯や板張りが積極的に行なわれていたようである。したがって、「借り衣裳より洗い張り」という言葉も、木綿が実生活に浸透したことのあらわれで、木綿の発展そのものを語っている。

そこで、数十枚の木綿の古着を実物調査して考察を行なった。

着物は一回の縫製で着古していない。数回も縫い返して共布を重ね、ボロボロになるまで着用した。

したがって、着物の寿命がある限り何十年も共布は大切に保管された。

最初の縫い返しで前後の身ごろを交換し、裏返しに仕立てている。裏表のない織物は前後に数回返して、袖口と袖付を逆にし、左袖と右袖を交換したりしている。そして、衽《おくみ》の左右を交換して上下を逆に付けるなど工夫をこらし、洗い張りの度に新品同様に仕立て替えていた。破損箇所の繕い方も、共布を布目に合わせて柄や縞が目立たないような方法がとられ、補強とか、鉤裂かがりなどをして長持ちさせていた。しかし、全体的に見てよく傷み、薄くなったのは、膝や後身ごろの腰のあたりや肩と袖口、それに衿の部分であった。中でも衿首のまわりの損傷が一番ひどかった。

板張り洗濯には木綿が最適であり、洗う度に白地も漂白されてまっ白くなる。夏季の板張りは面白いほど早く乾燥した。老女の話によると、一日に着物三枚ぐらいを解いて板張り仕上げをしたという。また、衣服や敷布につけた糊の皺を取るために口に水をふくんで吹きつけ、布目を正して正確にたたみ、その上を足で踏んで皺を延ばした。さらによく乾燥すると、箪笥を引き出して上に乗せ、固定した。板張りをした着物を夜なべに縫い直し、何度も裏返して着用させた。紺縞や紺絣の耐用年数は非常に長く、いつまでも美しかった。

「借り衣裳より洗い張り」とは、女性の見栄から、借りてまで着飾ろうとすることに対する戒めでもあり、手まめに被服類を洗濯管理し、長持ちさせることをすすめている。

日本の着物は、周知の通り直線裁ちであるため、更正して羽織に仕立て替えたり、蒲団や二部式の上衣とモンペなどに仕立てた。こうした和服の長所が洗濯更正に欠かせぬものであったが、一方、それは貧困の苦境が節約習慣を強いたためともいえる。そして、手織り品に未練があって、捨て去ることを非常に嫌い、物を大切にしたのである。

「親不孝者の夏機《なつばた》」

日本は湿度の高い国で、湿度に合せて文化を発展させて来たといえる。中でも衣服、住居をとりあげると、夏に最適の着物は、通気性と吸水性に富む木綿材質のゆかたなどがあり、住居も床上げと天井裏の空間に紙障子で室内の湿気を調節した。これは一例であるが、夏を過ごすことが何より優先し、夏向きの生活であった。「親不孝者の夏機」というのは、機織りは綿埃にまみれる重労働であり、夏期に織れば汗と綿埃でまっ黒になってしまう。湿度の高い夏場をしのぐことさえ大変なのに、夏機を織るなどというのは、親不孝者の罰だといって避けていた。

親孝行を第一とする生活信条の中で、織物と結びつけている点は興味深い。

以上、木綿と私たちの生活との関わりの中でいくつかの名言を記したが、木綿にかかわる貴重な伝承はもっとたくさんあるはずである。日常的な生活の知恵が忘却され、特殊なものに変わって行きつつある今日、本物の文化とは日常的なものであり、それを伝承することは重要な意味があると私は思っている。

二　織物と女たち

梨と耕に花が咲く

織物で生活を開いたというS女（五七歳）は戦争未亡人である。二八歳の時、五歳と二歳の男の子を残して、夫は戦病死した。耕作反別は食いぶちほどの零細農家だった。夫の葬儀の終った夜、彼女は「これから先、どうすりゃあええのか、困っちゃった」と相談を持ち出すと、親戚一同は「どうしようもこうしようもない。運命だから仏をまつり子どもを育てることだ、戦争未亡人はお前一人ではない」と、口々に強い返事が返って来た。仏や子どもの世話をすることは判り切ったことであるが、乳児を抱えて水呑百姓を守り続けることは容易なことではなく、窮乏生活とたたかわねばならなかった。核家族で子どもを預ける人も銭もない。口先だけで田を耕し、仏をまつり子どもを育てるという簡単な結論では何の協力にもならなかった。誰にも頼れないことを悟り、自分に鞭打って男まさりの生活を始めた。

乳児を抱えていて出来る仕事は何でも手を出した。和牛を飼育して、山草を刈って与えたり、乳児を背負って山に登り、木蔭に寝かせて開墾をした。開墾しては梨の木を一本、二本と植えつぎ、拡大していった。水田耕作の男仕事までやってのけた。子どもを背に括りつけ、牛で田を耕したり、あるいは田圃の畔に寝かせながら働いた。

農閑期と夜なべには、機に向って賃織りを続けた。働いても働いても現金収入のない日々の家計に苦しめられた。その時に誘惑の手が延びて来た。「お茶飲み相手になってくれ」と頼まれたのである。「三〇代後家は立たぬ」といわれるのに、自分は二〇代後家である。一度や二度は心を許したくなる時もあった。何度となく、家や仏壇と僅かな田畑が邪魔になって捨てる覚悟をしたかわからない。都会に出ればもっと気楽に生きられるのかも知れない。村姑の目は冷たく、心を迷わせ続けた。未亡人はすぐに噂をされる。牛の博労《ばくろう》が出入りしても名立て話にされた。それは山間部特有の、話題にこと欠いた人たちの集まりだったからだ。水田に囲まれた一軒家が点在して集落の形態をとり、山間の湖水のそばの村であった。湖水のそばで何度泣きわめいたか知れないが、こだまが返ってくるばかりであった。一日に朝と昼と夕方の三回のバスの連絡も、終点までには随分山を下らなければ町に出られなかった。

生活に疲れた時、ふと男の甘い言葉に乗りかけては、「ハッ」とした。閉ざされた生活の中で無心に仏を祈っていると、ふと心に浮かんだ霊感に出会った。それを追っかけて三〇年間、曲折しかける心を支え、くい止めて来た。S女は「私は、地獄につき落されたような生活だった。一本の糸を手繰って登るように、何事にかけても慎重に正直にやったので米も稔り、梨も実った。絣の糸も一本一糸を大切にしたので商品になった。男たちの甘い言葉にも一度も乗らず誰の世話にもならなかった。ましてや国の生活保護なども受けずに夢中に生きて来た。人生に快感を感じるとはこんなことだろうか」と、語ってくれた。

一度高機に向かうと、人間の技とは思えない早さで織り上げる。普通の人の二倍は織る。高機で織る場合は、月産四反が最高であろう。彼女の織りには生活がかかっている。物思いに耽る感傷的なゆとりがない。杼《ひ》を左右に走らせ筬《おさ》を打つ音色が違う。無心に身体全体で織り続けている。今では子育ての任務を果たし、平和な暮らしをしているが、彼女の生き生きとした姿を見る度に、典型的な日本の母親の標本を思わせる。女は弱いが、母親はこんなに強いものか、と頭が下がるのである。

次に織物ばかりの婚礼衣裳について述べてみたい。

大山《だいせん》の麓に住む高見しげよ（六五歳）は、嫁入りに持参した絣の着物が三五枚と絣の蒲団が六枚、その他帯やモンペなど、縞織物がたくさんあった。

絣の着物が嫁入り荷物（鳥取県西伯郡中山町，高見しげよ）

高見しげよの母親あさの，90歳

山陰地方では、男女の差別が出産の日から始まったという。男を産めば「ええ方でした」という呼び方で賞賛し、女の場合は「とってなあー」といって笑った。女はなんでも持ち出す、あるいは取って出るということで、お金や物資を加配するという方言である。

昔から「娘三人持てば家が傾く」といわれるほど、女に衣裳はつきものだった。ところが、しげ女は四人兄弟の三人まで女で、その長女だった。母は産み落すたび毎に女児であったため、心に決めて生活をしたという。「女を産んで家を傾けるようなことをしてはならない。祖先の田畑で箪笥や荷物を作ることは出来ない。女を産んだ自分を恨むとともに、人の寝た時に織り続けよう、と決心した。お金をかけずに箪笥に入れる荷物は絣、それ以外に何もなかった」と語ってくれた。

蔵から大風呂敷で運び出す嫁入り衣裳は、縫い上げたままで手を通したことのない絣の着物ばかりだった。三〇年近く箪笥に眠っていたにもかかわらず、藍の香りがプンプンとした。十枚や二〇枚の着物ではない。蒲団までも私の周りに積み上げてくれた。私は、こんな新品ばかりの絣に囲まれると多少興奮気味になった。彼女は一人娘ではない。三人娘だと聞いたばかりだ。三人に平等の衣裳を作ったとすると厖大な数になる。溜息をおさえながら一枚一枚を両手に取って手で触れてみた。何か心に伝わって来る暖かいものがあった。よくもこれだけの量を織り上げたものだと感心し、母親の偉大さに敬服した。

真白く抜けるような経緯絣は、高度な技術を要する。これらを織った人は几帳面で賢婦であることも読みとれた。今までたくさんの織物を見て来たが、人の心を打つ暖かみのあるものは、そう手軽に出来るものではない。

やはり、織った老女に逢いたくなった。老女のあさの(九〇歳)が元気でいるという。私は、芋づる式に広がって行く名人の探索に小躍りしながら、やっとの願いで老女の実母に面会した。織った実物と織った人がともに健在である場合は珍らしい。翌日も写真家を伴って同村を訪ねた。県内といっても一日がかりで来る場所である。老女は仕事を置いて案内をしてくれた。

老女の母は予想通り背筋が延び、キリッとした賢婦の感じがした。

近年、片目を失明して人前にも出なくなっている。老女は、母親をなだめながら「織りの秘法を持って死んでも何の役にもたたぬ。なんでも教えてあげて」と頼むと、「わしの思いつきは」とポツリ、ポツリと話し始め、経緯絣の秘法を教えてくれた。私は、老女の名人芸を聞いても、手加減による方法などは理解できないし、数十年かかって修得した技を、話を聞いただけで実際に出来るわけがない。しかし、老女は細かい動作までも教えてくれたりした。

老女は、「自分の嫁入り衣裳も三人の娘に分配し、身分相応の所と縁組の出来るのを願った。恥をかかせぬために荷物の準備は計画的に作り、お茶を飲むのも節約して水を飲みながら働いた。娘の嫁入りに借金をして見栄をはる人も多かったが、自分は貧乏性なのだろう」と話す。

現在の私たちは、家族制度や古い因習は捨て去ったものの、一体その後に何が残ったのだろうか。思考したり創造したりする生活とは縁遠くなっていることに気づいて恥かしかった。

八八歳の祝織り

鳥取県東伯郡の中部に住む竹原すが（明治二〇年生）は、今年の正月に八八歳を祝うため親戚に配る記念品の反物を織り続けている。「女物は好みがあり、年齢などによって面倒なことが多いので、一律に男物のウール着尺を二〇反近く織り上げた」というのである。

竹原すがは一四歳で絣工場の女工になり、三年間工場で働いて年季をあけ、機を貰った。その高機の黒光りは顔が映るほど光っている。小柄の老女が一度高機に腰を掛けると、背筋が延び、腰の決まった姿勢となる。老女は「機に向うと気がしゃんとして病む暇がなかった」と話しているが、視聴覚の衰えもなく、精神力で身体を支えているようにも見える。

「子ども七人、孫二〇数人、曽孫が次々に殖えるこのごろ、一番の楽しみは何といっても機織りであり、織物を配って歩くのがまた何よりの楽しみである。子どもや孫の所に出向いて、自分が贈った織物を着ている姿を見ることも楽しいし、子どもや孫たちが順番に織物を待っていてくれるので旅行が大好きである」と話す。八七歳という高齢とは決して思われない。二〇年間を間違えて生きているような若さもある。

老女は、小学校三年まで学校に行き、絣工場の女工になった。絣の指導と合わせて黒住教の教旨を教わり傾倒していった。こうして、少女時代に受けた織物の技術と神道を一生涯求道し続け、毎年黒住教の教祖である岡山の宗忠神社に参拝して心を清めているのである。

昨年の春、岡山の黒住教の宗忠神社に参拝し、その帰途大阪まで足を延ばしたという。春の日は日が長いといっても、老女には冒険である。一人旅をするのも楽しみであると話すが、その勇気に驚く。この老女の記憶は正しく、土地の絣工場の労働歌や寄宿舎の生活や規則を話してくれた。それが縁となって、十年前に老女はテレビに出演した。「誰もが知っている織物を織るだけなのに、私は世に出させてもらってもったいない、老女たちの羨望の的だった」と話すのであるが、若者も羨望する老女である。

老女は今までに織物を何千反織り上げたのか、その数は判らない。機は健康の良薬であるようだ。近所の老女たちは、医者通いをしたり人の蔭口を話し合ったりで機など織らない。これと対照的な存在の老女は、家事一切をやってのけた上に織物をするので、家族から宝物のように大切にされている。絹糸も織る。紬糸の引っぱり出しから、練り上げや染色もする。

老女は、自分の人生を振り返って次のように語ってくれた。「女《おなご》は技が大切だ、女の技で家の中が決まる。わしらの若いころは養蚕が流行し、現金収入の道として村中がお蚕さんを飼った。ところが、お金にならぬ屑繭がたくさん出来る。これで紬絣や帯などの珍品を織って着せると家族も喜び、自分も楽しみであった。家族の着物を人に褒められると、悪い気はしないし、賃織りで台所をきりもりすることが出来た」。

一生涯織り続けても人間の手仕事には限度があり、機が上手だから蔵が建つというほどのこともなく、僅かな収入である。しかし、人生に目標を持つ生き方は、人に依存した生き方とは異なっている。老女のような勤勉な生き方ばかりが良いのかどうかは判らないが……。

織物の技術を持っていても、何もしないでぶらぶらしている老人の何と多いことか。やれ老人福祉が不服だとか、家族から邪魔者扱いにされるとか嘆いて、死を待っている。

一生涯の喜怒哀楽を織り続け、八八歳の長寿を自ら祝って記念を贈った老女に心から拍手を送りたい。この老女は、一つのことに燃える情熱を持って仕事をすれば、心身ともに頑丈で幸せに暮すことができることを証明してくれた。

祈りながら織る

鳥取県中部に住む谷本いま（明治二三年生）も、織物や手紡糸を亡くなる直前まで続けていた。私は、老女と知り合って十数年来交際を続けていたが、いま老女が清らかな仏心に到達した姿を見出して驚いた。

初対面のとき「先生さん」と呼ぶので気持ちが悪く、「さん」を止めるように断ったが、なかなか癖は直らない。それだけではない、私に合掌するのである。子どものような心で人に接し、会話や行動が人間を超越している。織物や手紡糸の工賃も要求しない。「ごされますほどで結構です」という。私は、面くらってしまうのだった。尊い立派な仕事をしながら驕らずもったいぶらず、「仕事があって有難いことです」と、感謝の生活をしている。これは、すべてに私欲を捨てた奉仕の精神のあらわれであった。

老女の仕事場は、使わなくなった養蚕場の二階に機道具を並べたてて、広々とした所であった。階下の道路に立つと、「カラカラ、トントン」というリズミカルな音が聞こえる。その音に吸い込まれて黙って二階に上る。七〇〜八〇年と機を織った人をたくさん知っているが、この老女の機の音は何か響きが違っていた。ちょうど、読経の時に叩く木魚の音に似ているようであった。不思議なことがあるものだ、と、私は耳を疑いながら、ある日忍び足で二階に上がると、絣の着物に手繦《たすき》を掛けた痩形の背高姿が、仏像のシルエットとして私の目に映った。「はっ」として「お婆さん」と、近づいて行くと、にっこり笑いながら機から下りて、身の上話をしてくれた。

「私は生まずだった。一生涯自分の子どもが欲しい欲しいと願い続けた。しかし、その願いも叶えられなかった。自分に子どもが恵まれなければ世間の子どもがたくさんいる。人のためになって死にたいと思うようになった。親戚から夫婦養子に入って貰って何不自由なく暮らしているが、遠慮があって我が子のようには暮らし向きが出来ない。邪魔者にならんように、若い者に手を掛けさせないように死にたい。それを念じて機を織っている。何の責任もなくなると淋しいもので、こうして好きな織物が出来るなんてもったいない、生きる張り合いです」と話した。

老女の機に向う姿は、「祈り」のように思われた。心に宿る憎悪を機を叩くことによって消し、仏心に近づいて行った。「機を織っていれば銭はいらんのです。毎日が楽しく心が晴ればれするんです」ともいう。お寺参りは欠かさず、「有難いことです」「もったいないことです」と口癖に語る。「お糸さん」「機さん」と、敬称で呼び、糸や機と話が出来るようになっていた。

ところが、昨年の六月、老女の入院の知らせに驚き病院にかけつけた時は、もう口もきけなくなっていた。老女は願った通り、人の世話にならず極楽に行ったのである。

数日前まで紡ぎ続けた紡糸と残りの綿を胸に抱え、心が裂けそうになって彼女の仕事場を出た。

こうして、数知れぬ老女たちと死の対面をしながら、「生きる」ことがどんなに尊いものであるかを見せつけられた。数千年の歴史の中に僅か七、八〇年を生き得る人間にとって、人間らしく生きて行くことは、至難の業であるように思われた。

名誉も地位も欲望もない「無」の姿で、無からの出発を悟りきっていたこの老女は、山陰の片田舎で質朴な生きかたを教示してくれた。ここに、骨身を惜しまない、銭を目的としない民芸の精神を見出すことができる。

結び織りが着せたい

織物の中には「結び織り」というものがある。手前で使用頻度の多い蒲団等に使用されている。それは、数年間織り続けた残糸を集めて一本ずつ結び合わせ、ボールのような球にしておき、緯糸に織り込んだもので、珍重な織物であった。ある古老は「機糸結びの襦袢を着れば中風にならないといって老人から先に着せた」と話していた。

別名「機糸織《はたしお》り」とも呼んでいた。織機の先端が約二〇センチほど残るので、それを機糸と呼び、機糸を長く残す人ほど織物の下手な人だと古老はいう。

機糸には、絣や縞や多種類の残糸があり、手毬にして集めておくと色とりどりの手毬ができる。約四〇〇グラムの手毬が溜ると一反分の緯糸になった。

凶作や貧困に明け暮れた農民は、一本の糸端も捨てられない愛着がしみついていた。結び目が多け

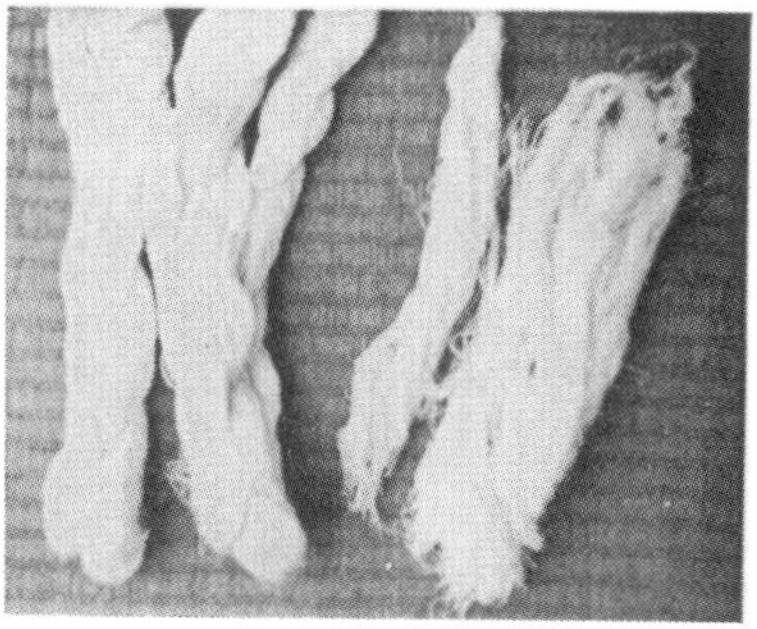

機の残糸

結び織り（機の残糸を結ぶ）
の蒲団（倉吉，明治期）

残糸織り（絣糸の寄せ集め）
の蒲団（倉吉，明治期）

れば多いほど未知の織物が出来上がり、病気に勝つめでたい織物として重宝された。結び目の飛び出した立体的な織物で、二度と同じものは出来ない天下一品の味であったという。

ちょうど、農民が水田の落穂を拾ったように、僅かな屑糸が捨てられなかった。これこそ、ぎりぎりの生活から生まれた知恵の織物であろう。

また、「結び織り」は、糸が数千回結び合うので、吉を表わす織物であった。一寸の糸にも命をかけながら大切に扱った女性の織りへの執念と、庶民の信仰ともいえるものが入り込んでいた。屑糸として処置する着物の解き糸まで捨てなかったという。しかし、このことに関しては、糸の節約だけが目的ではない。新しいものを生み出すために、寸暇を惜しんで糸を結び合わせた。

一年間の機糸《はたし》で一反の結び織りが出来るほど織物が盛んであった。家族を病気から守るために祈りを込めて織りあげた。その心にケチな貧乏根性が入る隙間もない。手が加われば加わるほど愛情の深い血の通った織物が出来上がった。勤勉に結んで織り上げれば、無条件に頭が下がるすばらしい神聖な布になった。

このような心の籠った織物を創り出すことは、祖先が長い年月をかけて産み出した愛情の表現であり、生活の中に残しておいたものである。これが生活文化というものであろう。

機糸が切れない

市内の河本不二人（大正一一年生）は、「機糸が切れない」という。彼の母は病いに倒れておよそ十年の歳月が経つ。河本家は昔から菓子製造業であった。五人兄弟を育てるのに、戦中戦後の衣料不足に困り、二台の高機を備えて製織に励んだ。ところが、戦後の砂糖不足から菓子製造の中止を余儀なくされ、一時タオル工場に家業を切替えた。機械生産は量産出来る半面に残糸も多く、山のように残糸が残る。ところがその残糸を高機に掛ければどんな織物でも出来上がる。縞や厚地の炬燵敷、帯などいろいろの創作品だった。

高機に残る残糸を結び合わせるというようなテンポの遅いものではない。機械織りの残糸は長くて利用価値が高く、捨てるにも捨てきれない。糸を眺めては創作の夢が広がるばかりであった。

元来健康だったので注意を怠り、無理が重なったのだろう。血圧が上がっていた。織物は神経を使う細かい仕事で、よく疲労する。糸がそばにあると病みつきに手を動かしてしまう。いつものように縞糸を高機に掛けて織り出すという、一番楽しい工程に入って倒れてしまった。脳卒中であった。

彼は、母を看病しながら次の歌を作って心を慰めた。

母病みて　はや六歳か　織機の　張りし糸の上に　眼鏡置くまま

倒れて六年目になっても高機の糸はそのままであった。母の生命のある限り機糸を始末することは出来ないという。「もう一度、母に機を織らせたい」と、病気の回復を願っている。毎日、母のオムツを取り替えながら、次々と母に寄せる歌を詠む。病気が回復しても機は織れないことは判っている。しかし、「機糸が切れない」のである。母を思う美しい心に感激した。そして、あれから十年近くたった今、高機にかけたままの糸は色褪せるだけでなく、糸が脆くなって織り進めない。この糸の掛かった高機を、私の勤務する倉吉北高校の絣研究室に寄贈してくれた。高機を生かしてほしいと申し出る老女はいるが、糸の付いたままの寄贈ははじめてであった。

糸は一反分の長さが巻きつけられていたので、五〇名の学生が各々二〇センチずつ織って完成させた。一人一人が病気の回復を祈りながら織りあげた。

機糸を通じて学生や私は母と子の美しい愛情を学ばせてもらった。

三　絣の現状

1　山陰地方の絣

山陰の絣が脚光を浴びはじめ、観光客が探し求めて来る。観光客だけではない。毎年の夏休みには、数十人の大学教授や学生たちが突然訪問する。一日の計画を投げ出して遠くから訪ねた人に同じ説明を繰り返し、資料を見せたりするが、時々、電話の受話器を外して玄関を閉めたくなることさえある。嬉しい悲鳴とは、こんなことをいうのであろう。しかし、絣に取りつかれた私は、その時が一番幸せの絶頂であり、断わったことがない。

絣とは前述した通り、インドや沖縄、中国などから入った技法や文様が、その土地特有の絣に発達したもので、山陰の絣も自然発生的にはじまり、飛白（かすり）を先進地の模倣によって庶民の女性たちが育て上げたものであろうと思っている。

絣は飾り気のない誠実で素朴な温かさと、深く味わいのある織物である。最近は、鮮やかな色調の化繊や高度の風合いの絹を着飽きた人たちが、天然藍で染めた白と紺のコントラストの木綿絣のよさを再び求めだしているのである。絣は、着れば着るほど藍の色が美しく冴えてくる。それは、藍のアクが洗い落とされて鮮明になるので、昔から山陰の絣は「洗えば洗うほど美しくなる」といい伝えられている。

山陰地方の絣は、既述のとおり、広瀬絣、弓浜絣、倉吉絣の三つをあげることができる。広瀬絣というのは、島根県能義郡広瀬町で早くから発展し、小さな町で栄えた織物である。広瀬絣の起源は、山陰地方の絣の起源と前後する文政七年（一八二四）に、町医者長岡謙祥の妻さだが米子から織り方を習得して広瀬町で広めたのである。

広瀬は月山城の城下町として栄え、それにふさわしい芸術的な大柄の絣が生産された。その最盛期は明治年間で、綿打ち屋は一二軒、藍染め紺屋二三軒、町内十数ヵ所に絣工場ができ、周辺の郡内にも工場ができた（『広瀬町史』広瀬町、一九六九）。

工場の主な経営者は、大森栄蔵、三沢庄太郎、籔栄三郎などで、販路の拡張に努め、年産一三万反の絣を、北は北海道から関東、関西方面に輸出し、内国博覧会にも受賞している。町内をはじめ郡内の娘は工女として働き、倉吉絣工場と同じ年季制をしいた。

広瀬絣の黄金時代は短く、昭和期に衰微しはじめ、大森工場のみ昭和一六年まで営業を続けていた。しかし、しだいに衰えはじめ、山陰地方の他の倉吉絣や弓浜絣も大正末期から昭和初期にかけて地に落ちてしまった。その原因には諸説があるが、第一にあげられるのは、山陰地方の小資本による工場制生産形態に問題があったように思われる。工場制をしかない弓浜絣は打撃は少なかった。久留米絣や伊予絣は、工場生産と合わせて農家に出機をして、副業に賃制度を取りながら、明治四〇年には他地区に先がけて、刑務所の囚人に委託生産を開始し、それが好成績を収めると中国大陸の大連の刑務所までも手を延ばして積極的な開拓をした。安価な労賃で量産できる刑務所生産を軌道に乗せると、他県の小資本の絣産地に大影響を及ぼし、山陰の絣も久留米絣との価格競争に敗退したのである。また、当地方の絣は厚地の織物一辺倒に考えて、実用的特質の長所を持続させ、デザインの複雑なものだけが高級品という考えから抜け出せないで、勤勉な織物本来のものを生産した。しかし、他県の久留米、伊予、備後の絣では、山陰の描写的かつ繊細なものとはちがって単純なデザインが多く、地質も薄地で、色絣を作ることによって、時代の嗜好を尊重し、時代の要求にマッチさせながら生産を伸ばして行ったのである。

明治年間の弓浜絣の生産方法は家内工業が主であり、自家用を自由に織り出したり、織元の支配する賃織りであった。隣の倉吉絣は、工場生産と賃織りの併立で全国に販路を持つ進展ぶりを示したにもかかわらず、弓浜絣は一般にその名を知られず、僅かに出雲や美作地方に輸出する程度であった。そして、審査を受けなかったので均一な商品としては出遅れていた。

ところが、明治後半期の弓浜絣の産額を県統計書で調査すると、倉吉絣をはるかに凌駕するだけでなく、大正元年の記録によると、絣産額は弓浜絣が全県産額の七割を占める優位となっている。以後、弓浜絣はますます発展する反面、島根県の広瀬絣や鳥取県の倉吉絣は、工場制生産形態に問題があり、衰微してしまった。また、工場制生産形態だけではなく、捺染絣の出現に圧倒されたこともその原因であろう。土地の人間の絣に対する考え方が実用一辺倒であり、糸の番手も太く、厚地でデザインが複雑なものを数倍の日数をかけて織っていたことにもよる。したがって、価格も高く、他県の絣の二倍の値段を下らない絣を少量生産したことなどが、当時の一般庶民に容れられなくなったようである。消費者は、耐久力よりも体裁のよい、薄手で安値の品に引きつけられてしまったのである。

倉吉絣は、県中部の倉吉の城下町に育った絣である。先に述べた通り、絣の原料である綿は、弓浜半島で生産したものであった。弓浜半島の綿は、短繊維で優秀なもので、山陰一帯に供給していた。そして絣の図柄の交換もあり、花鳥山水の絵絣が流行したようである。

山陰地方の絵絣の起源は、文政初期ごろに織り出されたとみてよかろう。

倉吉町は、宝永から正徳にかけて農機具稲扱千刃の生産地で、全国に販路を持つ工業の町であった。千刃商人は、土地の絣を着て商いをすると、絣の宣伝になり評判が上がった。千刃と絣は、北は北海道から南は九州に至る販路を獲得し、倉吉絣の名声を急速に広めたといわれている。

明治二〇～三〇年代には、百人以上の女工を持った工場が数多くでき、一日百反の生産をあげていた。町内では機の音が響きわたり、地響きがしたと古老は語っている。町内や周辺の農村から一二、三歳の少女たちが学校の代わりに、嫁入り仕度の一条件として機場に入った。工場では「新工女さん」と呼んで、織物の知識は教えないで、足で機を踏むことしか教えなかったという。そうしてようやく三年間辛抱すると、嫁入りに必要な機一台が貰えたようである。その機が、嫁に入って後の内職の賃織りの道具であり、家族の衣服を織る道具であった。前にも触れたが、機を織ることが若嫁の評価の対象となり、強制された。村々には、絣の神さま、絣の名人として、今でも祭りたてられている老女がいる。

山陰地方の絣の中には、繊細で絵画的な文様や、民俗行事や神話や伝説にちなんだものなどが多く、文様は多種多様で目出たいものが多い。これらの文様が無名の女性たちの手で織り出されているのである。勤勉で正直な、手を抜くことを知らないゴワゴワした厚地の織物など、これが本来の織物の姿であると思う。

着物を選ぶ目が図柄や色感を主眼にして安易に傾くようになると、倉吉絣は当然市場から駆逐されてしまった。やはり、品質本位だけでは時代の流行について行けなかったようである。

嫁のいない所に来てくれといわれて行くと、タンスから絣の洗いざらした着物を出してきて、「わしが死んだ後を思うと、あんたに預けて安心して死にたい」などという老女がいる。また、絣の蒲団はお客のご馳走にならぬといって、姑の長持に大切に保存された嫁入り蒲団を化繊の蒲団に変えてしまう中年の主婦もいる。

色が美しくて、ふわふわの柔らかいものが上等で、紺地のゴッゴッした木綿が流行遅れであるように思い込んでいる中年の婦人たちがいる。それればかりではない。家族制度の中で姑に家風を強いられた人は、自分が主婦の座につくと、その反動というか、姑にまつわる物はすべて取り替えてしまう。

このような現実の中で、日本の家庭の嫁と姑について、とうていここに語りつくせぬ複雑なものを感じながら、私は木綿を収集した。そして、その綿布はどんなボロボロの布でも一枚一枚ていねいに板張りにし、絣の産地、織られた時代、用途、絣の呼び名と製織者の氏名を貼付した。これは江戸末期から明治、大正時代の女性の絣見本で、形見ともいうべき貴重なものなので、私一人が酔っているわけにはいかなかった。私は、昭和四一年に倉吉市内で収集した倉吉絣を「倉吉絣資料展」と題して展示した。どの作品も使い古したものであったが、布地から力強い訴えの声が聞こえるようであった。「絣はええもんだ、絣を着せるちゅうとわが子がよう見えてなあ……。絣の技を残してごしなはれ、わしの手形を持って置いていな」。

展示会場に坐り込んだおじいさんが「家内を思い出す」と呟いて動こうとしない。

私はふと、織物とは夫婦、母子の魂の触れ合いであり、着る者と着せる者との心が通う大切なもので、愛の表現だと感じた。母を大切にする心が織物を愛して大切に守ることにもつながる。織物という物質を通じてどれだけ多くの人々が、母の愛や勤勉な母の姿を学びとって来たのか、私は会場で人の心の深さに涙を流した。そして、そのことがあってから翌年、広瀬へまた行くことにした。手織りの帯を私にくれた老女に逢いたくなったのである。ところが二度目に訪問した時は、老女の姿は見当らなかった。その帯は、広瀬絣を織った女工時代のことを縁側で話してくれた優しい老女の形見となってしまった。こうして年々に老女は少なくなり、絣も処分されて行く。私は、女性の生活史にますます関心を持つとともに、その生活を記録することを急がねばならないと思った。

広瀬へ行くたびにまた、絣が盛んになってきたように思う。戦前、戦後にかけて工場生産はしなくなったが、大正一三年ごろまで広瀬絣伝習所で学んだ女性たちが、在家で織物を続けている。その中の一人に花谷初子（明治三五年生）がいる。広瀬町では、絣に熱心な妹尾豊三郎、畑伝之助、天野圭などの力によって、昭和三七年に絣を島根県の無形文化財に指定し、技術保持者に花谷初子と松田フサオ（明治三〇年生）、天野圭（大正九年生）を指定している。紺屋の天野圭の宅には、藍瓶に藍が満ち溢れ、藍染めにした糸が山積みされていたし、花谷初子も手括りの経緯絣を、糸一本も乱れぬ正確さで織り進めていた。

隣の弓浜絣は企業化され、量産している。県立工業試験場の境港分場の指導のもとに、日本伝統産業織物の指定地となり、年産六六〇〇反を生産し、その中で手紡ぎ木綿が九〇〇反であるという。織物業者は六工場で最高九三歳の老女も糸を紡いでいる。紡糸に十数名の土地の老女があたっているが、量産できない悩みを持ち、製織も出機方法も取り入れているが、他県の機械絣とは比較にならない産出量である。手仕事には限度があり、僅少生産であるが、手紡ぎによる独特の絵絣は、現在の山陰の絣を代表し、全国に名声を響かせ、同地を訪ねる人も多く、若い後継者養成も行なっている。

当地の紺屋、角良正（明治四〇年生）は、藍染めで「キワニス賞」を受賞した。指の爪の色も藍で染まっていたが、十年かかってやっと一人前になれたと謙虚な姿勢であった。毎日舌で藍の味を確かめ、山陰の絣の復活に精進している。

また、倉吉の増田紺屋も主人が倒れた後、女手で紺屋を守り続けている。男まさりの仕事だけに汗の色も藍色になるほど重労働であると話す。紺屋の屋号を持つ家はいたる所にあるが、町に一軒残るのみになってしまった。こうした藍染めの技術保持者の陰の努力によって絣の伝統は守り続けられた。

山陰地方にはまだたくさんの絣が所蔵されている。絣の蒲団や着物が長櫃の中で眠り、藍の香りを残す新調そのままのものがある。写真の男子用四つ身袷着物（倉吉市元庄屋、小川家蔵）は、鮮明な経緯井桁絣の裏に総紺木綿をつけた明治中頃の作品である。明治の学童の風俗を知る上に貴重な資料として、県立博物館に寄贈した。

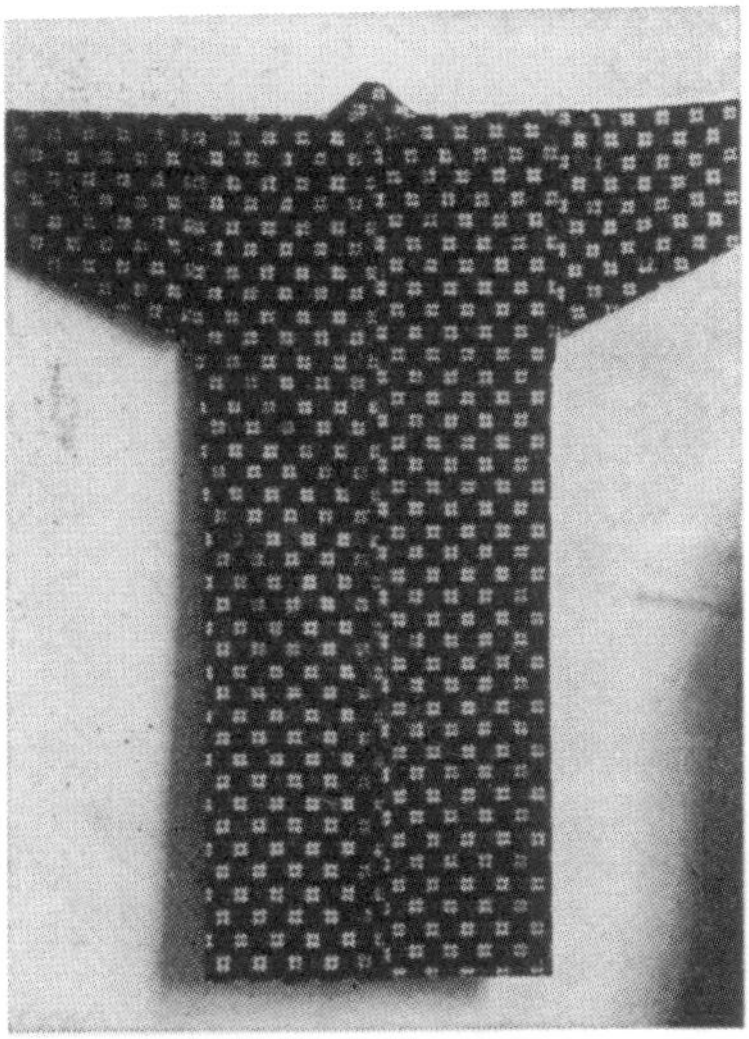

男子袷着物（倉吉，小川満寿子旧蔵，県立博物館に寄贈）

絣は洗いざらしの破れでも最後まで気品のある美しさを保っている。ボロ回収屋のリヤカーの中から抜き出したすばらしい絣もあり、また、在家のボロ包みの中から継ぎ合わせの縞や絣を見出すこともある。収集品を一堂に整理して置く場所がほしい。この願いが一昨年の暮にようやく実現した。家族の理解により、独立建築に米倉を連ねて絣の納屋にした。老女の形見の収蔵庫と呼ぶにふさわしいものだが、藍の枯れた美しさを再発見し、心の安まりを感じる。吊した絣布の裂地毎に収集カードを貼り、いつ、誰が織ったのか、個人名を記録しているが、大方の老女は亡くなった。庶民の築き上げた

浜がすり民芸館（米子市）

木綿文化を伝達するために、行政の力によって村々に民俗資料庫をつくることが必要だと思っている。

弓浜半島の松林に囲まれた白壁の浜がすり民芸館は、山陰の絣や民具が一堂に展示され、いつ訪ねても懐かしい。支配人の須山準三は「敷地一六〇〇坪に展示品約一〇〇〇点を常設すると、維持費が月一五〇万円ほどかかり、経営が困難である。しかし、山陰の文化をたくさんの人々に紹介するために、誰かがやらねばならない大切な仕事である」と、情熱を燃やしていた。日本のふるさとの良さを再考させる資料館である。

こうして、山陰地方の絣も弓浜絣を先頭に復興しはじめたが、境港市に住む稲岡文子（呉服商）、米子市の後藤菊代（ごとう絣店）らの熱心な努力によって実を結んだともいえる。そして、絣の美しさを唱えて古裂蒐集を続けた長谷川富三郎、村穂久美雄、坂口真佐子等と、織りの技法を絹やマフラーとネクタイ織りに再現した吉田祐らの郷土の人々を忘れてはならない。

倉吉絣は企業化はしていないが、昭和四六年に「倉吉絣保存会」が結成され、はや十年以上経った。織りを求めて集まる都会人に異様な目差を向けた地元の人たちも、織物のよさを再認識しはじめ、若い人たちが集まった。初織りに歓声をあげながら、織り進むにつれ、趣味の織物から脱して行き、難問にぶつかる。

十数年前に柳悦孝氏がおいでになり、倉吉絣の古い資料の中から幾何文様の経緯絣の小絣を取り出し、「これだ、こんな素晴らしい経緯絣を復元するのだ」と、お教え下さった。倉吉絣の伝統を備えたもので、日常の用に徹した地味で堅実な木綿は、いつの時代にも容れられる織物である。私は、自分の技術の前進のために、自分ひとりで籠って仕事に打ち込みたいと何度も思い悩みつつ、二兎を追えない現状である。しかし年を重ねるうちに、大量には出まわらないが、若手の絣技術保持者によって、家庭で機の音が響き、織物文化の町として歩み出している。

織手にとって価格の高低は大きな関心事である。動力織機の技術が進み、量産で安値のものが出まわる一方、機械で処理のできない手紡糸などの手織りは高価である。消費者たちは、数倍の価格の絣より安価の方に傾くのは当然であり、生産者は矛盾にさらされている。しかし、良い物は残るであろうという確信のもとに、迷わず伝統産業を守り、本物に近づけて行きたいと思う。

伝統産業で行くか、地場産業で商業ベースに乗せるのかは、それぞれの用途と目的によって選択しなければならない。地場産業であるなら東京、関西方面の町着、おしゃれ着に合う目的意識で、糸の番手、藍の濃淡、斬新なデザインを研究し、過去の郷愁にこだわってはいけない。草木染めでカラフルな新柄にすべきだと思う。伝統を守るなら、古い文様の中で復元可能なものを手がけ、手紡糸に手括りで良いものを生産したい。やはり、後者の工程で高機で織られた絣は、機械絣とは何か違う美しさがあるように思っている。

2　丹波木綿の旅

丹波篠山は城下町として、慶長一四年（一六〇九）徳川家康の命によって築かれた城を中心に発展した。武家屋敷と商家が建ち並ぶ町内には、七〇〇年間の古丹波を陳列した古陶館の土蔵や格子戸が昔の生活を残している。丹波の生活そのものを表わすような、陶器や織物のどっしりした作風は、温かみを帯びていた。

福知山筈巻の住職夫人、河口三千子は丹波木綿と丹波黒谷紙布の製作者である。昭和四九年の初夏に彼女は東京の「紙の博物館」の館長を案内して山陰を来訪された。その頃、私は地元の大因州製紙の手漉和紙で紙布を製織していた。彼女の着用した丹波太物の風合や丹波黒谷紙布の小物の土産に魅せられたが、その感覚の精緻と技術の良さは、彼女の人柄そのものを織り込んだものだとさえ思えた。それが縁となり、私はかねて念願であった丹波の地を訪問した。福知山の駅に午前四時に到着し、夜が明けるのを待った。彼女は早朝の駅に出迎えてくれた。丹波の山裾に広がる静かな桑畑を通りぬけ、石段を登ると小高い寺が彼女の工房である。

新茶を摘み、柚餅子を作り、銀杏を拾う中に機のトンカラリの音が響くお寺であった。手作りは織物だけではない。すべての生活が手作りで個性的であった。こんな近くに夢に描いた生活を実践している人がいたのかと思うと、私は合掌せざるをえなかった。

二階の機場には、丹波特有の一間機の頑丈な高機が数台備えられ、通ってくる村の老女たちと一人の娘が機の準備をしていた。どの作品にも丹波太物独特の「つまみ糸」の緯絹の光沢があった。

聞くところによると、柳宗悦が京都の朝市で織物を発見し、丹波布と名づけられたという。丹波布は太い手紡糸を使い、緯糸のところどころに繭から紡いだ糸をまとめ込んで織ったもので、立体的な感じがする。そして、色彩も藍を基調として、茶、緑、白絹の四種が濃淡によって交錯している優しい色調である。丹波の自然環境と女性の温かさに同化した綿布ともいえる美しさだと私は感心した。

彼女は、丹波の山里で昔織っていたという紙布の復興に情熱を傾け、昭和四一年に成功し、着尺、マフラー、帯などを製織している。和紙を糸車にかけて紙糸の撚りをかける方法や、山野から採取した栗や桜木の染色法を教えてくれた。地綿を紡ぎ、草木で染めた太物を「日本伝統工芸展」に出品する工芸会の正会員でもある。住職は元教職でありながら、丹波奥地の古い木綿を収集し、一部屋に山積みするほど古い資料を所蔵していた。丹波で生まれ、丹波で織られ、着破れたものを、この地で保存したい、と話した。

縞を復元して織る河口三千子と、古い資料を収集する住職に、一日も早く、幾世代にも伝える丹波織物資料館が建設され、織物文化財を行政の力によって保存したいものだと思って門を出た。

その後、丹波の各地を何度も訪ね歩いた。ある時は、国鉄の春闘ストを気にしながら、篠山口駅に下車した。土地の人はいつも親切で、地図まで描いて道順を説明してくれる。

丹波布を染める前川澄治紺屋は、河原町で約百年前から紺屋を営んでいる。染料の藍は阿波の佐藤家の藍を使い、年中藍瓶に藍が溢れていた。庭には藍叺《かます》が数十個並べられ、二〇数本の藍瓶で北は北海道から南は沖縄に至る全国の糸を染めていた。

前川紺屋の自慢は、「柳先生が、この藍は生きている、上等だと褒めて下さった」ことで、なるほど藍の匂いがたち込めて鼻を突き刺す。

紺屋の夫人は、地元の老女に自分がデザインした丹波木綿を製織させ、自分も織っていた。糸を紡ぐ人、織る人と分業しながら、草木染めの栗皮や楊梅を使っていた。

前川紺屋の近くに骨董屋があり、古丹波の糊染めが一・五メートルのものが一八〇〇円で売られていた。その通りみちに民芸品店「あめや」がある。丹波焼、黒谷和紙、丹波木綿の陳列された中で、旅人らしく商品を眺めていたが、思い切って話しかけてみた。「あめや」の夫人、小林幸子は、「捨てられて行く丹波木綿を何とかして守り続けたいと思い、昭和四六年から二、三年、お寺の籠堂《こもりどう》に数人の老女を集めて機を織らせていた。それが町の観光には役立ったが、古い籠堂が老朽化し、ストーブもなく、施設が悪いので能率も上がらず困った末、多紀郡西紀町に県立創作館（昭和五〇年ごろ、県費の補助事業）という、老人たちが集まって楽しみながら仕事をする場所を建設してもらい、そこを利用して六〇〜七〇歳位の老女七人が丹波布を織りつづけている。農閑期を中心にして、自家で一人で織るより、仲間同士が楽しみながら腕先議制で製織させている」という。糸を紡ぐ人、機を織る人などに分業化し、染色や図柄を指導しながら、伝統的な厚地の縞貫（絹糸を織り込む）や、用途によって、色彩や重量を考慮している。丹波木綿を再興させる彼女の情熱を目のあたりにして心を打たれて聞き入った。設備は老女の使い馴れた高機を創作館に並べているが、織傷もあろうし、工賃の問題もある。

彼女は、この仕事を始めてから八〇歳以上の老人（五～六人）の死を見送ったという。そして、機に掛けた反物を気にしながら死んで行く老女の執念に何度も涙を流したという。老女たちは、仕事が生きがいである。小遣いにもなればと思い、また、織った物が人に喜ばれればと思い、家で一銭にもならない邪魔者でいるより、ここに集まれば心が晴れるという。

私は、丹波の伝統を守るために、先祖や老女を守るために良い仕事をして下さったと心からお礼を申し述べた。戸外は夕闇に包まれ、人の見分けもつかなくなっていた。この店のように土地の特産物を持つことは町の誇りであり、旅人を慰める。丹波布を手にして、ほのぼのとした気持で駅に向かった。

丹波布は、兵庫県氷上郡青垣町佐治に「丹波布技術保存協会」があり、代表者は臼井芳郎である。保存会員は、六〇～七〇代の女性六名である。その中の一人に足立康子がいて、先代は綿屋であったという。天保時代からの縞帳を所蔵し、昔ながらの手紡ぎ糸を天然染料の榛の木の皮や栗の皮で染め、媒染に木灰を使っている。彼女の染色は、材料を煮出しその中に糸を入れて焚きながら一五分位染める。中干しをし、また染めて干す。この作業を数回繰り返す。丹波では、染色も下準備も厳しく、「泣き泣き整経して、織る時は笑い笑い織れ」といわれている。準備に手を抜かず、良いものを織れば、いつの世にも残って行くことを信じている。また、元保存会員であったという青垣町の金子三八子は、毎年、日本伝統工芸展に丹波布を発表する人で、垢抜けた作風を作っている。その他、西垣和子は、自分で糸を紡ぎ、自分で染めて織る。他人の分業を許さない織手もいる。丹波といっても奥が深く、たくさんの名人がいる。この人たちによって後の世まで丹波布は織り継がれるであろう。

私は丹波布を求めて歩き、丹波の土壌にマッチしたものが生き続けている姿を見た。
次に丹波で唄われた古謡と、篠山地方の糸紡ぎ唄を紹介する。

丹波古謡

雪が降れども　糸さえつむぎゃ
　お手もおみやも　あたたかい
様がかどに立ちゃ　十匁のじんぎ（篠巻《しのまき》のこと）
　糸が太《ふと》なる　むらとなる
細うつむいで　とよみ（木綿に使う筬羽）に入れて
　いとし殿御の　羽織縞（丹波布技術保存協会より）

（篠山地方の糸紡ぎ唄から）

丹波木綿産地には
　ビービーチョン　またきれた
　　おおきしょく
おばあさん　このわたふるわたけ

なんのおまえ
　カヤで作ったじょうわたや

四　木綿雑感

秋風が吹き始めると、一段と木綿縞を素肌に着るのが心地よい。最近は暖房設備などの改善で、年中ひとえ着物で凌ぐことが多くなった。綿を紡いで太めの糸を正藍染めにし、経に草木染めの梔子《くちなし》やげんのしょうこの縞糸を入れて、厚地に織り上げる。一本の糸を八〇〇本集めて経糸を作り、緯に約二〇万回の糸を交織させると一二メートル（約一反）の織物が出来上がる。気が遠くなるように思われるが、実際は楽しみである。私一人が悦に入って楽しむのではなく、周囲も活気づく。創作することは苦しいが、完成した時の喜びは最高である。

バーナード・リーチが、「民芸でないものを民芸に仕立てる風潮には、本ものとにせものは野の花と造花ほど違う」と言っている。まさにこの言葉の通りで、織りの世界にもこの傾向が現われつつある。手間を抜くために機械で糸を括る。絣の一番大切な部分は手括りであることを忘れている。また化学染色でごまかしたりする。数反織れるようになると、もう名人級になったと思い込み、民芸織物だとか、美術展に出品だとか、織物や民芸の恐さを知らない人が多くなったように思う。手仕事は、二、三年の修業ではモノにならないと思うのだが。

優れた技を持つ無名の女性たちの力強い伝統をもつ地方に生きていると、昔の女性たちの作品には全く頭が下がる。繊細で精巧な作品を織り出しながら、売名宣伝など思いもよらず無名で一生を終えたすべての女性の慎ましさと素直さよ。自ら絣計算をして図案を考え、手括りと正藍を尊び、あせらず悠々とひたすら織りの生活に精進して来た。これらの作品には素朴な力があり、なんと芸術的価値の高い作品が多いことか。私は芸術を愛する心とはこのようなものだと思う。寸暇を惜しみ、夜なべ仕事にする機織りは、苛酷で無償の労働である。時間や労苦を惜しまぬ精神が民芸の心につながる。この心を理解する人は、他人の分業すら許さない。機械括りなどの絣は、企業経営上の能率とコストの切下げだけを考慮した方法で、民芸と離れて行く。現に民芸手織り絣の中にも機械生産されているものもあるし、絵絣の類似品を久留米や備後地方で製造している。民芸ブームに乗り過ぎて、粗製濫造も目につく。地元産の手紡ぎ、手括りの純粋な物との見分けは、素人には困難であろう。値段も数万円の差で区別されているが、私はこの現状を放置すると、食うか食われるかの日が近いような、はだ寒さを覚え、対策を講じなければと思う。

昭和四八年の夏休み、陶芸家故浜田庄司氏を訪ねた。彼の窯は登り窯であるが、一度窯に火を入れると、一千束の赤松のマキを使って二昼夜焚き続けるという。現在の益子焼は一五〇軒の窯を持っているが、マキを使って焼いているのは一、二軒であるという。ほとんどがガスを使って焼く。ガスは人件費とマキ代が不用で安価に焼ける。マキは高価であり、その一千束を焚き続けるには、慣れた職人四人は必要であるという。しかし、焼き上がった陶器の色と味は比較にならないすばらしさであるが、素人には区別をつけにくいという。このように話しながら、彼の目の奥には、陶芸の美というか、人間の美を追求する光が見え、私の心は圧倒されてしまった。窯の辺りには陶器の破片が山積みされていた。これらは、気のすすまない作品を割ったものだという。日本一の陶芸家の姿勢に頭を垂れて聴き入り、手作りの尊さとは、その人の心だと思った。

現在は、派手な絵絣の美しさを唱える人が多く、幾何文の絣を敬遠するようである。不思議なことである。織手にとっては、絵絣の方が簡単で織りが楽である。前述した通り、大きい絵絣は蒲団文様であり、初期の工程であった。こうした絵絣の流行は、現在の社会状勢や経済と関連を持ち、図柄の嗜好も派手なものが歓迎され、もてはやされる由縁が理解できるようである。しかし、幾何文の構図の中にも、経緯絣のすばらしい胸のときめくような図案もある。絵画はよほど鮮明に、しっかりと織られていないと飽きてしまう。とくに動植物文様など、鳥の首が延びたり、花が潰れるようであれば、幾何文の方が逃げ道があるようだ。原料の番手や、染色技術、デザインと製織の力量などが計算された上に、はじめて本ものの創作美が醸し出されるように思う。例えば、木綿と藍の調和一つにも熟練を要する。図案と紺地を取り上げても、優しいデザインを濃紺に染め出すのと淡色に仕上げる場合では、仕上がりの絣の美しさが違ってくる。これと関連して、厚地に織る場合と薄地にする場合では、文様の線の太さや立体的な美しさが異なってくる。そこで、糸の番手と紺色をどう工夫するかということになる。

このように織るたびに納得のいく絣は少なくなり、絣なら何でも抵抗なく美しいというのは、過大評価であると思うようになった。

したがって、前述の条件の中で一つでも手を抜き、機械括りにするとか、化学染料にするとか、手間や経費の節減ばかりを狙ったものは、美的な、生命のある織物とはいえないだろう。

ある時、一通の便りが私宛に届いた。「古い絵絣を一千種ほど収集したので買ってほしい」という。山陰地方の絣でないが、一千種も同時に拝見出来ることはすばらしいと思って興奮した。しかし、貧乏な私に買えるわけもなく、絵絣なら何でも美しいということと裏腹に醜いものをさえ感じてしまった。絣の洗いざらしの美しさとは、枯れた藍の色が教えてくれるものである。ところが、どうだろうか、絣の図柄が浮び出ないほど色褪せているかと思うと、絣の白場が穴だらけになっていても黒に近い化学染色で繋ぎ合っている。使用頻度と藍の色変りなど何一つ感じられぬまま、地質が薄くよれよれでアンバランスであった。

これら山ほどの絣を手に取り上げて、化学染料や動力織機でごまかした作品の最後の見苦しい姿を見てしまった。そして、機械生産の薄手木綿に絣の迫力や、美しさはみじんもなかった。しかし、絣に取りつかれた私は、研究資料にひと夏のボーナスを当ててしまった。そして、調査しながら織りの文化とは違う異質感を味わった。

絣は織り掠れ、絣の足が出ているほど美しいと思う。絣を収集するときに、製織年代や工程と用途、織りの呼称を聞き、製作者が健在である場合は、わが子同様の愛情を注いで織り上げたと何度も聞かされた。「絣の足が出るのに困った」とか、「経緯絣の小さいのは一日に一尺が限度で織り進んだ」と話す。

絣の足を出さないように一日に三〇センチしか織り進めない苦労を重ねて、ついに一反織り上げるのであるから、糸に自分の心が移るのは当然である。動力機械で織った絣に何の訴えが聞こえようか。

絣とは、何度も触れたが、厚地に強く打ち込み、手を抜かずに括ったものの方が味がある。そして、掠れを生じないように一本一本織り上げても、どことなく掠れたものに人間の手仕事の美が滲み出ると思う。

最初に斑点文様から絵絣に進み、究極をきわめた経緯絣が明治末期に全盛をくり広げたように、その美しい魅力は尽きることがないように思う。技術的にも高度であり、着用しても紺と白場が引き締めてくれる。また再び、経緯絣を要求する時代が来るように私は思っている。それは、絣の源流である沖縄や南方系の絣が経絣からスタートし、経緯絣の伝統が今なお続いているからである。

やはり、経糸も掠れ、緯糸も掠れ合ってこそ一層の美しさを作り出すもので、緯糸のみの絵文様には物足りなさを感じてくるのである。

絣の美しさとは、あまり色彩を入れない紺と白の調和美であって、デザインの晴れがましいものや、色の多いものは破廉恥なものになりかねない。控え目なデザインや小絣は、飽きることのない深い味と誇りをそなえているように私は思っている。

山方まつの（鳥取県関金町、明治三七年生）は、「母親が生きておれば百歳になる。その母親の姑が嫁入りに持参した絣（そろばん絣）を着用しているが、嫁も着れるだろう」と語っている。これが実質的な絣文化であろう。この老女が実証するとおり、着れば着るほど美しくなる、これが日本の絣であり、庶民の芸術品として世界に誇示し得るものである。

また、紙布の美しさも、木綿と交織することによって発揮されたといえよう。出雲地方の紙布について、松江にいた小泉八雲は次のように書き残している。

「西洋人は一度も見たことのない織物――字を書いた紙を撚って不規則な黒い斑点の柔らかい着物である。それを着ると、神が日の光を纏うている如くに、自分は文字通りに詩歌を纏っていることになろう……」(『小泉八雲全集』第六巻「影」)。

それは、明治三二年の正月着として、一学生が八雲に贈った紙布である。八雲が賞賛した紙布は、経糸に紺木綿を使用し、字の書いた和紙を「こより状」にして織ったもので、灰鼠の落ちついた着物であったようである。

このような織物は、在家でよく織られ、軽くて喜ばれたが、八雲のような名文で綴り伝えると、日本文化の重みが改めて感じられる。第二次大戦中の衣料不足に祖母も字の書いてある和紙を切り、糸車に掛けて紙糸にして織っていた。こうして、紙産地の女性たちは紙布織りを身体で覚え、最良の衣服を作り出す技を持っていた。

丹波黒谷紙布は、前述の通り、福知山市に住む河口三千子の復元によって現在も織り継がれている。黒谷は手漉和紙の産地であり、古い資料の中に紙布が含まれていた。それを解きながら再度試織し、昭和四一年にはすばらしい紙布を織り出した。紙を漉く人と織る人とが一致した上の作品であるだけに、手で触れて熱いものが伝わってくる。そして、木綿と和紙の調和した光沢と地風は逸品であると思った。

ぜんまい織りを元庄屋で拝見してから、私は再織したいという夢が広がり、野生のぜんまいの綿毛を集めるのに二年間を要した。一本のぜんまいから指先ほどの綿毛しか収穫できず、綿打ちすると半減した。谷本いま女がぜんまいの紡糸に成功し、経糸に紺木綿を使って織り出すと、薄茶色が藍色とよくマッチし、立体的な厚地織物（毛織物のラシャ風）となり、木綿に美をそえるのに役立ち、個性的な製品となった。このことは、昔の人たちが、何年かかろうと良い製品を作り出す努力を惜しまなかったことをよく証明してくれる。

茶綿木綿についても触れておきたい。

山陰地方には、古くから茶綿が栽培され、茶綿縞や茶綿絣が織られていた。縞帳や古着の中に自然色の茶綿が混っている。私はその綿実を捜し求めていた。つい先頃まで、鳥取県の綿作試験場が村にあり、茶綿もあったと古老は話すのだが、もうその跡もない。弓浜地方の畑に白綿に混って茶綿が点在するという知らせを聞いてホッとしたある日、弓浜の青年が茶綿の種子を十粒届けてくれた。種子は白綿より濃茶色で長方形をなし、表面に茶の毛状の繊維を残していた。

みかんの花の咲く頃に種子を蒔き、毎日のように観察した。芽が出て枝が伸び、綿花が咲いた。その時の感激は今も忘れることができない。十本の綿木を大切に育て、綿桃が割れて茶色い綿が吹き出し、垂れ下って行く。生物の神秘に胸がときめいた。発芽から花盛り、綿桃が割れる瞬間をカメラに収めながら、いつか本で読んだ探険家マルコ・ポーロの「インドには木に生じる羊毛がある」という言葉を思い出し、熟して割れるたび毎に驚きながら、羊毛と綿を関連させた発想に納得したものだった。綿実一粒から三〇数個の実子が得られ、茶綿栽培と茶綿木綿の夢が実現したことは、私にとってこの上ないよろこびだった。

最後に、より多くの人々の理解により、日本の伝統工芸が継承できるよう行政の協力を望むと共に、家庭の織物文化を再現する安定した社会を築きたいものである。

五　木綿への郷愁

「荷物は何もいらない。絣の着物がたくさん欲しい」と結婚前に夫は便りをよこした。夫は日本民芸協会員で、柳宗悦の提言した紺絣の美しさを知っていた。母は、「変った人だ」と言いながら、嫁入り荷物の準備を急いだ。母の手織りの羽二重や木綿の絣や縞の着物が多く、私の織物に対する関心が生まれた。

大平洋戦争、敗戦。そして私は、失われた日々をただ鏡に反射させてばかりいた一人の青年と結婚した。まだ少女だった私は、織りたての藍の香りのする絣や縞の木綿を着用したものだ。素肌に着た絣や縞の藍が汗で身体を藍色に染める。洗えば洗うほど藍色はその青さを増し、木綿の繊維が柔軟になって肌にふれる着心地は忘れられなくなった。

木綿に魅せられた私は、数多くの老女たちと語りあい、そして教えられた。たとえ一反の絣にも妻として、母としての愛情が、きめ細やかに織り込まれている。老女の人生は長く貧しかった。「家」の封建的人間関係、農民であるがゆえの貧困。老女たちは汗を経糸とし、怨念を緯糸として、今は色褪せて、しかし美しいその絣を織り続けて来たのであった。

木綿と私の結びつきを語ることは、私の人生の恥さらしになるかもしれない。私は、周囲に迷惑をかけると思ったが、木綿に魅せられるようになった経緯を隠さず述べたいと思う。

私は、木綿について無知だった。木綿と絹のどちらが良いかと問われると、素直に絹を着たいと答えたであろう。私は、懐妊中に小遣いで絹の鹿の子紋の掛蒲団地を購入した。すると、大姑と姑から「この家の子どもに絹を着せて育てた子は一人もない。洗えば洗うほど美しくなる木綿で育てにゃあならん。子どもに木綿がいいことを知らんのかいな、早く返して来るがよい」と、忠告された。早速町へ行き、大きな腹を抱えて店の前で立ち崩れた思い出がある。私が多くの老女たちと心を通わせ得たのは、私の過去にそのような生い立ちがあったからだと思っている。

山陰の二月の天候は一年中で一番寒い。大雪の後は雪折れ松がたくさんできる。山中の松の大木が途中で折れたり、裂けたり、痛々しい傷跡を残して雪は解ける。山林持ち農家は、雪解を待って山に登り、雪折れ松の始末をはじめるのである。

父は、私が結婚した数年後の二月のある日、雪折れ松の下敷きとなって帰らぬ人となった。

朝は小春日和のように晴れ上がったので、腰弁当に蓑をつけ山に登った。長兄は勤務のため県庁に出張し、農業見習生（作男）は自動車免許取得のために自動車学校に通学させていた。いつもは父と少年は一緒に働いているのに、運悪くその日は父一人だった。

夕方台所に立つと、西の空からボタボタと重なり合った重そうなボタン雪が舞い降りて来る。急に冷えてきたなと思って空を眺めると、実父が雪の中に幻のように浮かんでいる。不思議なことがあるものだ、おかしいことがあるものだと思いながら夕膳に向かった。家族全員揃うと、「寒い夜は早う寝るがええ」と、父が話し出した。夕食の片づけを終えて自分の部屋に入るなり、部落の有線放送が私を呼んだ。市外電話の知らせである。小走りに庭にあるマントを頭からスッポリ被り雪の降りしきる中を電話のある隣の公民館に行った。「父が死んだ、早く来てよ」。せわしそうな実家の兄嫁の声で電話は切れてしまった。私は咽頭に声が詰まって出なかった。狐につままれたような状態だった。家に帰るなり、「何事だった?」と、祖母が尋ねた。「父が死んだらしい」といった後で、ホ、ホ、ホと気が狂ったようにいやな笑いをしてしまった。家族の声をとぎれとぎれに聞きながら、倒れるような身体を小走りで自分の部屋に入り、夫の前に膝まずき「信じられない、親孝行が出来なかった」と、ひとり言をいい、うつ俯して泣いた。家族が私を取り囲み、出発の準備を早くしろという。喪服を持参するようにいうのだが、箪笥を引き出しても中がボーッと霞み、何が何だかよく分からない。着物の上に涙が落ちるばかりだった。

夫と私が実家へかけつけた時は、夜の十時だった。広い外庭で焚火にあたった三〇数名の農夫たちは、蓑笠に長靴を履いたままで、不吉な現実が目前に開かれた。広い中庭には、白いエプロンの女衆が三〇数人夜食の準備をしていた。その中を押し分けて入ると、上り口の座敷に父がいた。地下足袋を取り仕事着のままで新しい筵《むしろ》の上に寝かせてあった。今、山から遺体が帰ったばかりである。私は座敷に飛び上るなり、変り果てた父に対面し、冷たくなった手を握りしめ、「お父さん寒かったろう」と、心で言った。もう一滴の涙も出ない。枕元にいる医師に尋ねると死後一二時間くらい経つから今朝の十時頃に事故にあっているという。腰弁当も食べていなかった。

雪折れ松の伐採は、幹がないためによく裂けて意外な方向に飛んで行く。そんなことは百も承知の筈の父がどうして過失をしでかし、命まで絶ってしまったのか、何かの物思いに耽っていたのかも知れないとすると、それが私のことのように思われる。

私は、貧しい農家の嫁でありながら隠れて大学の通信教育を受け始めていた。実父は私の気が狂ったとばかり叱り続けた。母は、婚家先から追い出されるとばかり心配した。

大学の勉強をするほど経済的なゆとりや暇があるわけでない。昼間は農婦で夜は母親であった。しかし、苦しければ苦しいほど勉強をしなければどうにもならない境地に立った。

初めてスクーリング（夏季スクーリングといって、大学での実習授業を四二日間、最少四年以上受講するか、通年制は一年間受講し単位を取得する）に上京する一カ月前、田植時の息の詰まるような多忙なある日、突然実父がやって来た。玄関を上るなり畳に頭をすりつけ、「わがままな娘ですが、病気をしたと思って諦め、四二日の休みをやって下さい。二人の子どもは預かります」と、何度も頭を下げ、両親と祖母に私の休暇願いをした。その顔は、日焼けした部分と、母が剃った剃りたての部分が青くはっきり区別され、悪い顔であった。父は、人気のない納屋に私を呼んで、「お金のことは心配するな、身体に気をつけてしっかりガンバレよ」と、強い声でいいながら、懐から木綿の縞の財布を取り出し、分厚く節の高い手で私の手にお金を握らせた。「いい家族だ、たのみ甲斐がある」と言いながら財布の紐を縛った。

父は、四人の兄を教育し、戦後の不況と荒廃に疲れていた。すぐ上の兄は東京大学に在学中であったが、女の私に大学教育は必要ないという信念を持っていて、進学に反対した。しかし、今となっては反対の気持をおさえて陰で協力してくれた。ちょうど一週間前の日曜日は、私の科目試験の受験日で、実家に二人の子どもを預けて米子の試験場に行った。試験を終えて帰る汽車に途中の停車駅のプラットホームで二人の子どもを乗せて貰う気の良い約束をしていた。ところが、ホームに二人の子どもの手を引き小男の父が立っていてくれたが、二人を乗せ、発車のベルが鳴った瞬間に父は、待合室のベンチに土産や子どものオムツ等を置き忘れているのに気づき、汽車の発車を手こずらせた。私は車中にテキストや外套を残したまま下車し、汽車は発車してしまった。

「悪いことをした。家を出るとき母さんが、土産や大風呂敷を忘れんように注意したが、一人の手を引き、一人をおんぶして歩いたら汽車が入ってしまって、あわてたんだ」と、悪い顔をした父を思い出す。

何という悪いことをしてしまったのか、私は叱責の念にかられた。それにしても、何故遺体を早く家に帰せなかったのか。やはり、ボタン雪がすっぽり父を覆ってしまったのだ。そして、発見しても警察の許可がなくては死人を動かすことが出来なかったらしい。今しがた山から下るリヤカーに乗せた父の遺体の前後に松明行列が続いたという。働き者で、村の世話や人の世話をしてきただけに、村民に愛され惜しまれた。早く乾いた蒲団に眠らせたい。私たち親族だけで父を囲み、私が医者の指示に従って父の着物を切り開くことにした。長姉は母を抱えて奥の間から出ない。日頃から血圧の高い母を守るためにそれよりほかに方法がないのである。

父の着ている着物は、母の日頃の手織り木綿ばかりである。白縞のシャツ、紺の股引、縞の着物、毛糸のチョッキを中に着ていた。硬直した身体にびしょ濡れの衣服がぴったりくっつき、どうしても脱がせることが出来なかった。私は、衛生鋏を手にして一番上の木綿の着物から手あたり次第に小刻みに切り開いていった。なかなか軋んで鋏が切れない。着物をずたずたに切るなどということは、織りの経験のある者は気が狂うか命を断つことにも通じるといわれている。歯をくいしばって上から下へと切り開き、股引に六尺ふんどしの白木綿を切っては引っぱりながら取り去った。驚くほど痩せた身体が出てきた。熱湯で全身を拭き温めながら、こんな貧しい生涯の最後は人には見せたくないと思った。

父は着物が大好きで、いつも着物姿だった。中でも木綿の着物が大好きで、縞や絣がよく似合った。父が愛した木綿を研究することが父の供養にもなろう、そう決心してから私の木綿の旅が始まった。父の着ていた着物や、ずたずたに切った毛糸のチョッキも結んで編み替え、木綿の端布も形身に持っている。それらの品々は、私が父に負けない勤勉な生き方をするための励みともなってきた。土の上に死んだ父は六六歳だった。

第四章　織機と織物の技術

一　木綿機と附属用具

1　織機

手織機には、いざり機（または地機）と高機の二つがある。いざり機と高機のどちらの織機の構造も、経糸を機台に固定し、二枚の綜絖《そうこう》の上下操作によって開口させ、緯糸を組み合わせて行くものである。いざり機は、原始織機（経糸を束ねて棒に縛り、一方は織手の身体で固定して緯糸を織り込むもの）に機台と経巻具をつけたもので、原始織機よりも能率の高いものであった。いざり機の形態には、機台の支柱と脚が直角に組み合わされていて、前脚が高く経糸が織手に向って傾斜した傾斜型と、機台の支柱が垂直に組み立てられていて、経糸のみが傾斜した垂直形の二形式がある。いずれもその操作は、片足の屈伸によって綜絖の上下開口をし、綜絖が織手より高く経糸が傾斜となって、いざって織ったこ

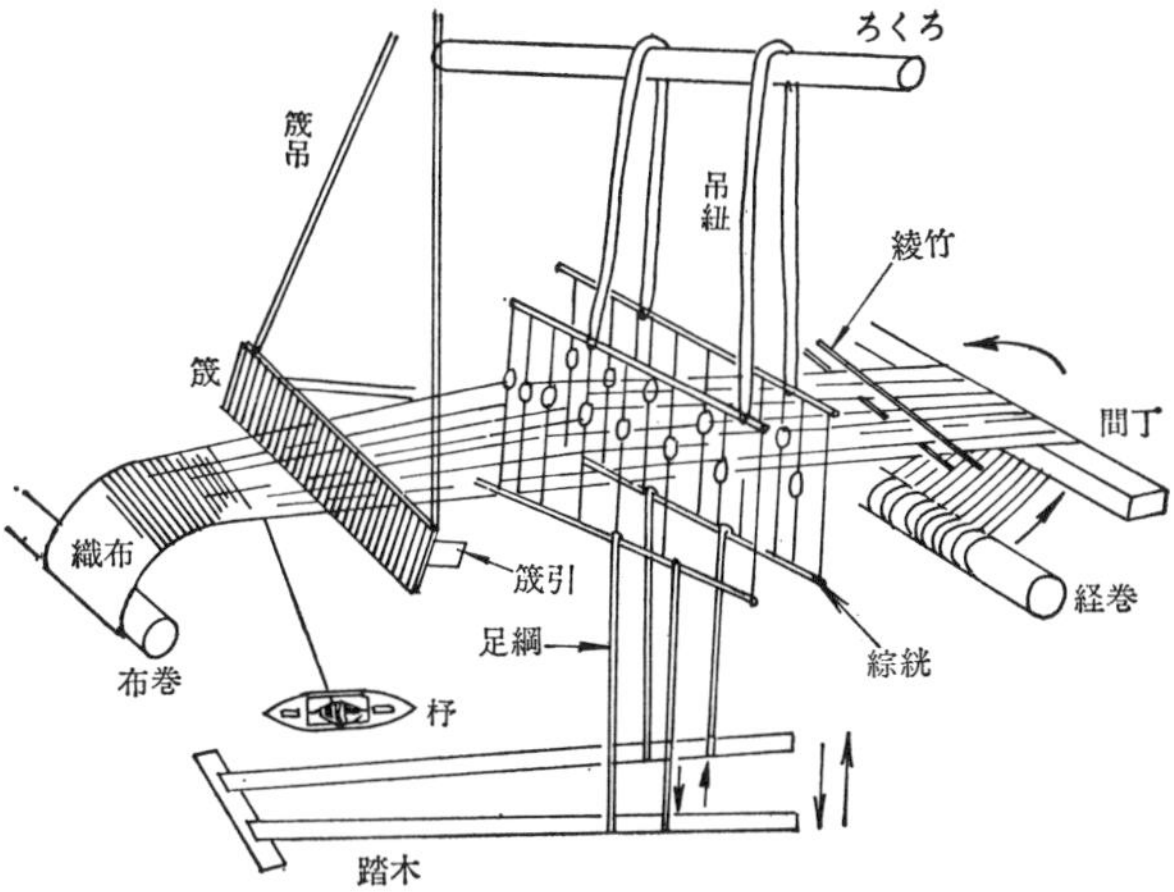

高機の構造

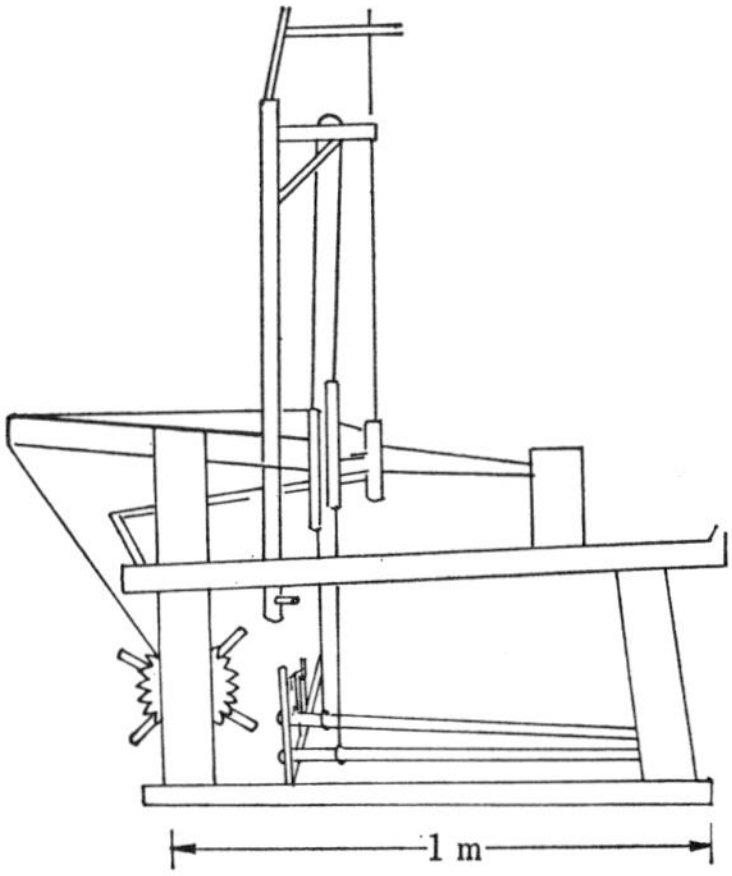

とからその呼称がつけられたともいわれている。山陰地方では次頁下図のような傾斜機が昭和二〇年ごろまで使用されていた。一般的には藤や楮、麻織物用に、江戸末期ごろから在家の自家用の織機として各家庭に備えつけられていたが、木綿の普及とともに地機から木綿用へと転換してきた。

幼少期からいざり機を愛用してきた米子市福田せつの（八二歳）は、お尻に織りダコが出来たというほど、いざり機は腰に力が入る織機である。

このいざり機は、いつ日本に伝えられたのかを知る資料はない。しかし、一説によると五世紀のころ絹織物を献上した帰化人（渡来人）によって、大陸から養蚕と絹織、いざり機が伝えられたのであろうといわれている。ところが、現在でも伝統を重んじる結城紬は、このいざり機を愛用し続けているし、沖縄でも使用している。この織具は、織手の足腰で調節しながら織るので骨の折れる織機であるのに、なぜこれらの地方で今も愛用しているのか、疑問にさえ思う。それは、単純な道具の場合にこそ、人間が道具の一部になって織ることが、手織りの最高の味を出すからである。おそらく、その地方の人たちは地機でなければ織り出せない最高の物を創り出そうとして、今なおいざり機を使っているのだと思う。

高機は、絹織用の織機として、中国からわが国に伝えられ、普及した。高機の伝来については『日本機業史』に、「中国においてすでに殷時代に錦が織り出され、前漢時代に朝鮮半島の楽浪部遺跡から、羅、からみ織の断片が出土している。朝鮮半島には、漢より高機が伝えられ、日本には漢の織法が帰化人によって伝えられたであろう」と述べている。

高　機

地　機

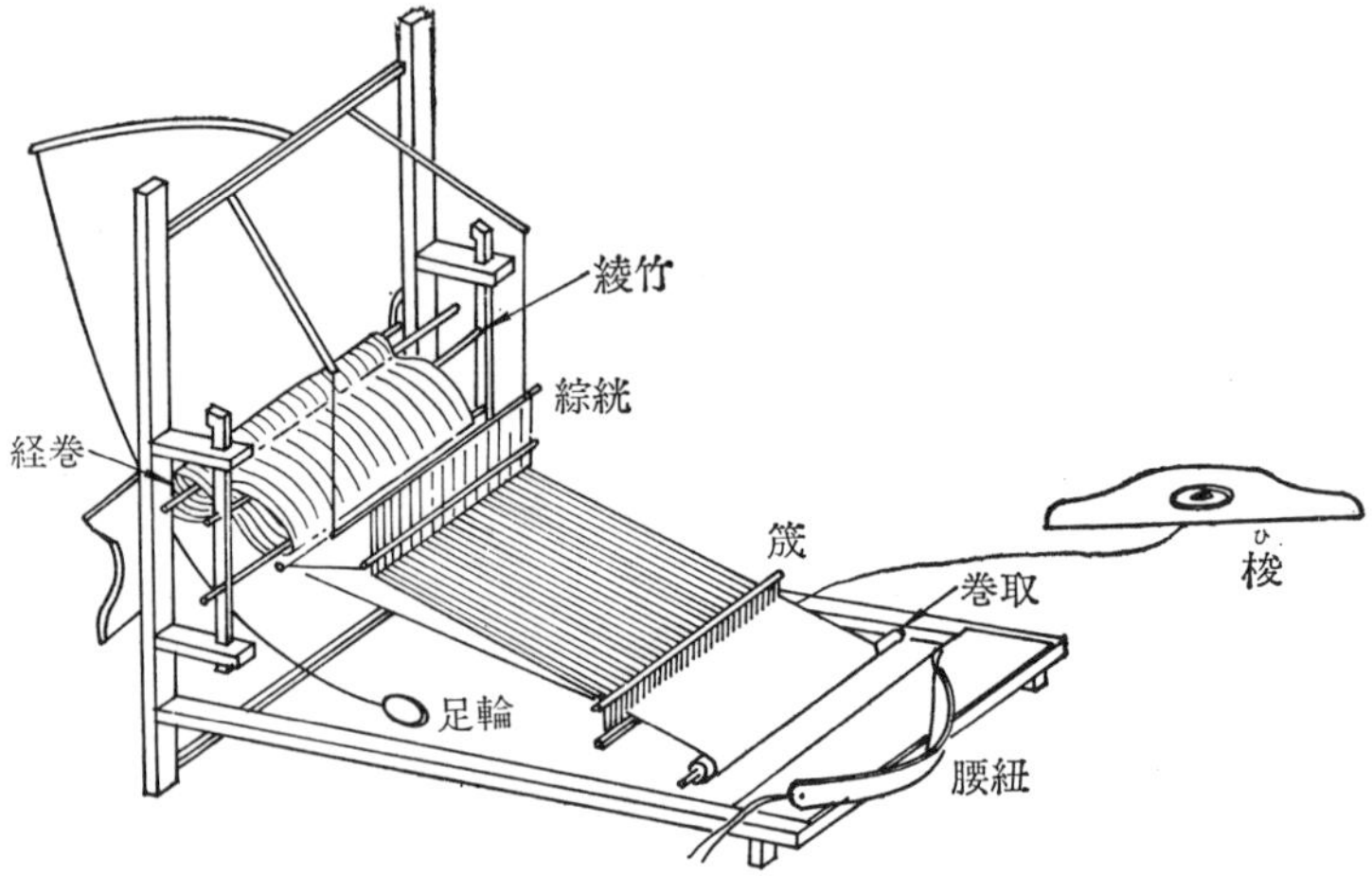

地機の構造

高機の形態も不明であるが、諸文献によれば、その後朝廷の儀式用や祭祀用の織物として、朝廷直属の高機とその織法が進歩して来たものと推定される。奈良の正倉院宝庫中の織物に聖徳太子の用いた広東錦などがある。これらの錦も多くの綜絖と跡木による複雑な操作で、機台の上部に空手の助手がいて織る高機であったといわれている。こうした高機の技術は、京都を中心として急速な展開をし、織部司の支配下に置かれ、日本独自の絹織として発達した。しかし、朝廷の織部司による高機の支配はやがて崩れ、一部の特権的な職人の秘法として保存された。なかでも京都西陣における精巧な絹織は高度に発達し、錦、綾は空引装置をもつ高機で織られたようである。そして、西陣で習得した織法を各地方に出て広め、高機を普及させて行った。

こうして、絹織機として中国からわが国に伝えられた高機は、絹織物だけに限定せず、木綿織用に使用されはじめたのが文化・文政のころであるといわれている。

絹専用の高機は、一間機とも呼称されるように、奥行が長い。それは、上質の密度の高い絹織物を織る場合には経糸の伸び率を考慮して、ある程度の経糸の長さがなければ織り進めないからである。しかし、反対に木綿機は絣を合わせるのに機の奥行の短い方が正確に織れるので、木綿が地方の産物として普及すると、木綿専用の丈の短い（間丁の短いもので半機という）ものに改良された。文化年間（一八〇四〜一八一七）に、伊予松山の菊屋新助という人が京都から花機（高機）一台を取り寄せ、木綿用に改良したことは既述した通りである（第一章の五「木綿絣の完成」参照）。

こうして、各木綿産地に高機が普及すると、今までのいざり機から能率の良い高機に替えて行った。高機とは、いざり機を改良し、腰かけをつけて高くしただけの構造ではない。文字通り高台に腰かけて織る。経糸は間丁の上を通って千切りに巻き、前方に巻き取る装置もある。踏木を交互に足踏み操作して開口させ、小舟形の「杼《ひ》」で緯糸を入れ筬《おさ》で緯打ちをして織る。

いざり機は坐って織機の一端を腰で支えて織り進む。緯糸を入れる「梭《ひ》」の長さは約五〇センチあり、杼の両端を握って緯打ちをする。このように、構造は別系統の部分があり、いざり機が改良されて高機が組立てられたのではないようだ。

山陰地方では、いざり機から能率的な高機にいつ頃変ったのか、正確な資料がない。今のところ古老の語り伝えを述べる以外に方法がない。

兵庫県但馬村岡町、木村らく（改姓竹原らく、鳥取県東伯郡北条町土下《はした》に嫁ぐ。嘉永六年生）は、「少女時代から高機（一間機）を使い、絹織物を母親から習った。嫁入りとともに高機の寸法を持参して大工職の夫に作らせ、村人を驚かせた。明治五年ごろは、同村土下や近隣の倉吉町では、いざり機を使用していたので高機が珍重された。一間機で絹を織ると、その織物に魅力を感じ、らくの織る白絹は、土地の大地主から注文が多く、夫は高機大工として高機の普及にも努めた」と、母親のことを話した（竹原すが、明治二〇年生）。また、倉吉町内に斎木製糸場が創業（明治一六年）し、次いで山陰製糸が創業する。進藤百蔵（明治元年生）は「明治一九年、船木秀蔵が絣製造工場を開始し、木綿用に高機を町内の大工に作らせた」と話していることから、絹用の高機（一間機）は比較的早くから普及したのではないかと思われる。しかし、当地方の高機導入の経路や年代について不審の所もある。

島根県能義郡広瀬町では、明治二〇年ごろ久留米に出張した者が高機の寸法を持ち帰って普及させた記録があり、鳥取県米子市の弓浜地方でも、土地の佐々木とみ（明治一二年生）は十歳のときに高機を作ってもらい、木綿を織った、と語っている。久留米から導入された高機の寸法は、「半機《はんばた》」と称するもので機台が一間機の半分程度で、木綿機用に改良されていた。その他の高機の普及については未調査だが、山陰地方全般に波及したのは明治二〇年前後であろう。

高機大工として名の残る数人の古老（倉吉市丸山、坂本彦太郎ほか）の談話によると、機台の間丁を短くし、経巻が内側に入ったものが絣織専用機として狂いがなかったようである。そして、高機の材料には、桜の木や朴《ほう》の木をよく乾燥して使用すると、永年の使用にも耐え、狂いが生じなかったという。富農の所持した高機は朴の木が多く、一般の百姓は松の木が多かった。

高機を導入しても、今まで使用した地機と高機を併用し、古くなっても棄却せず、機を焼却すると気が狂うという迷信が通用していた。「それは家宝であり、飯の元になるからだ」と伝えられ、昭和二〇年頃まで機織りに使われていたものを、その後大半の家では所蔵していた。高機の保有数は一戸平均二台くらいであったが、置き場所のない家や農繁期で使用しない時は一本ずつの材に分解して束ねていた。精巧な高機ほど組立てが簡単で、塡外《はめはず》しが自由であった。

2　附属用具

高機の附属品の種類は、すべて座式の工程用具で（整経台は除く）、単純な道具が多い。使用法や名称を簡単に説明すると、左記の通りである。各産地によって呼称や附属品の種類も異なるが、ここでは、山陰地方の附属品について説明する。

①綛《かせ》取り――綛糸を掛ける道具で、竹製品。
②座繰り――綛糸を糸枠に取る道具。
③糸枠――糸を巻く道具。大枠は綛糸に返すときに使う。大、中、小型あり。
④整経台――経糸を揃えて木釘に掛け、糸を上下に分岐させる。「綜《へ》台」ともいい、一疋分の反物まで整経できる。
⑤杼《ひ》と管《くだ》――杼は緯糸を入れる道具。小管は、篠竹を使用し、緯糸を巻きつけて杼の中に通す。地機の梭《ひ》は大きい。

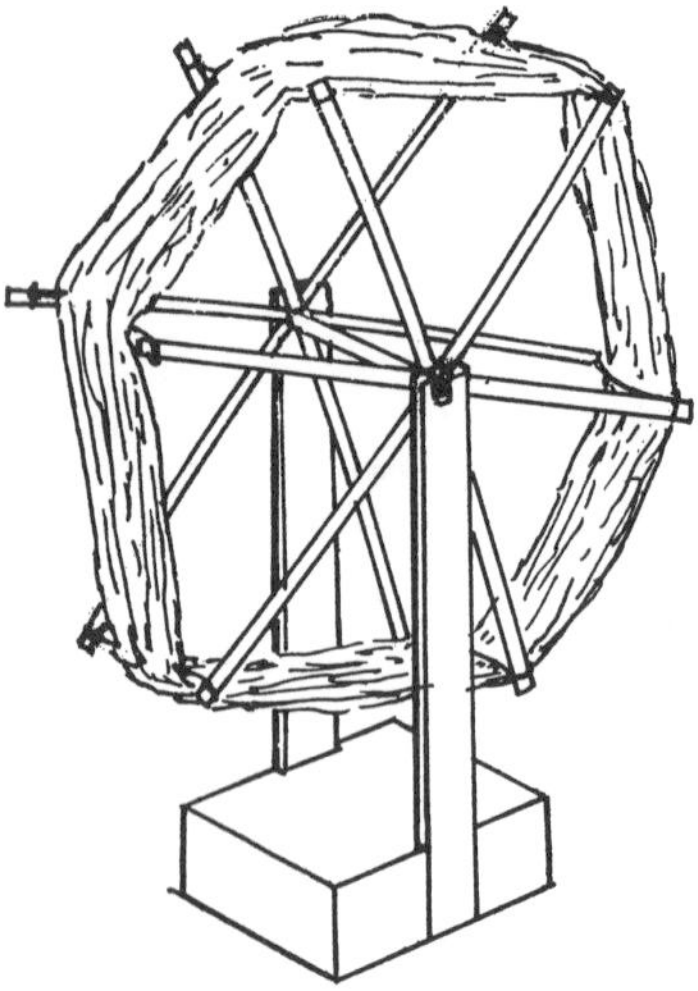

①綛取り

附属用具

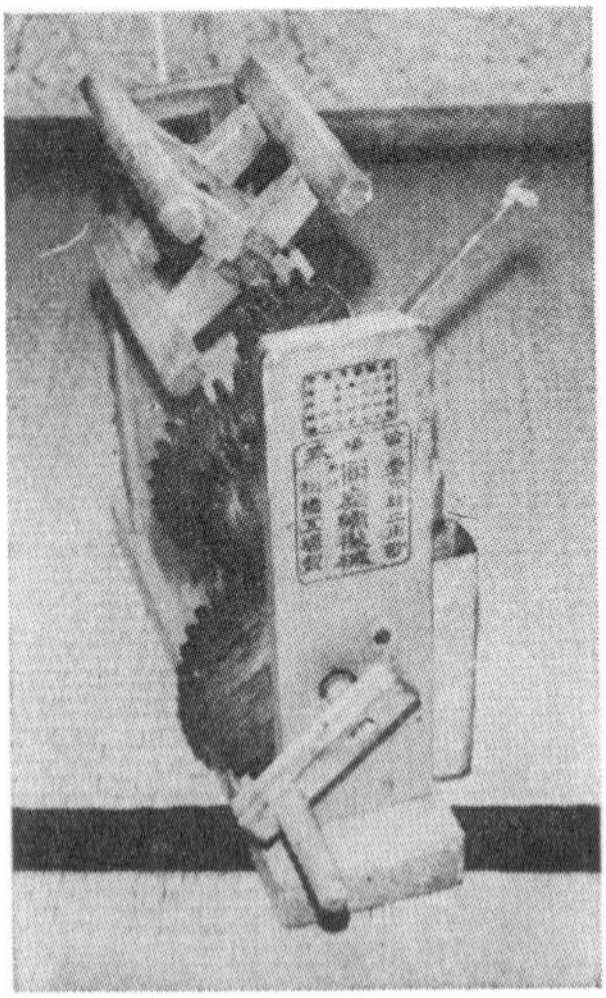

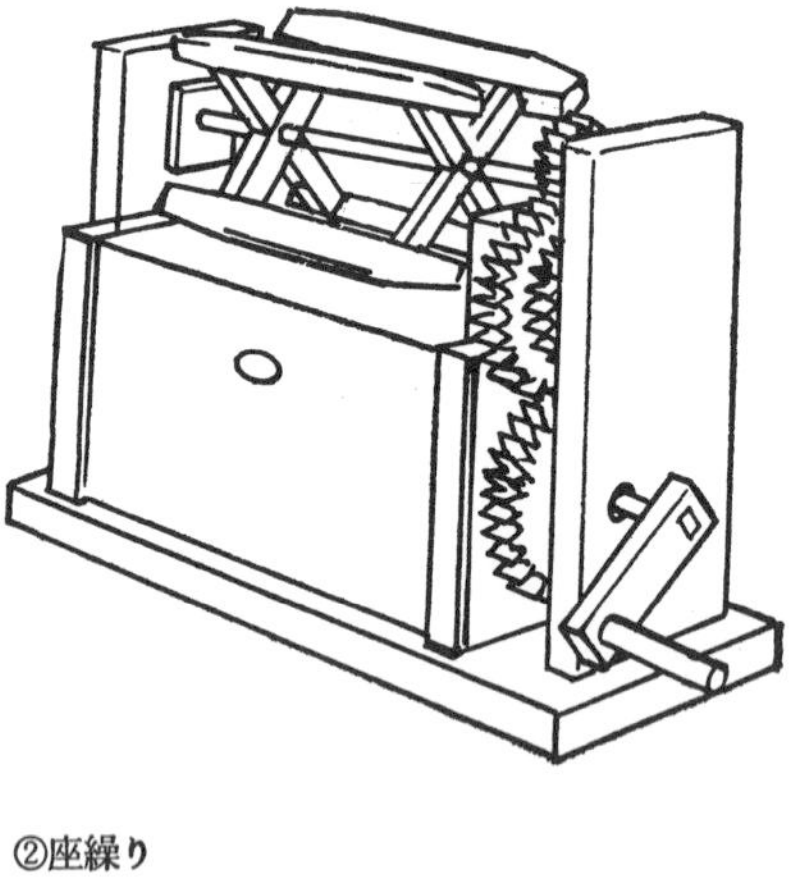

②座繰り

綛取り枠と糸枠（大，中，小）

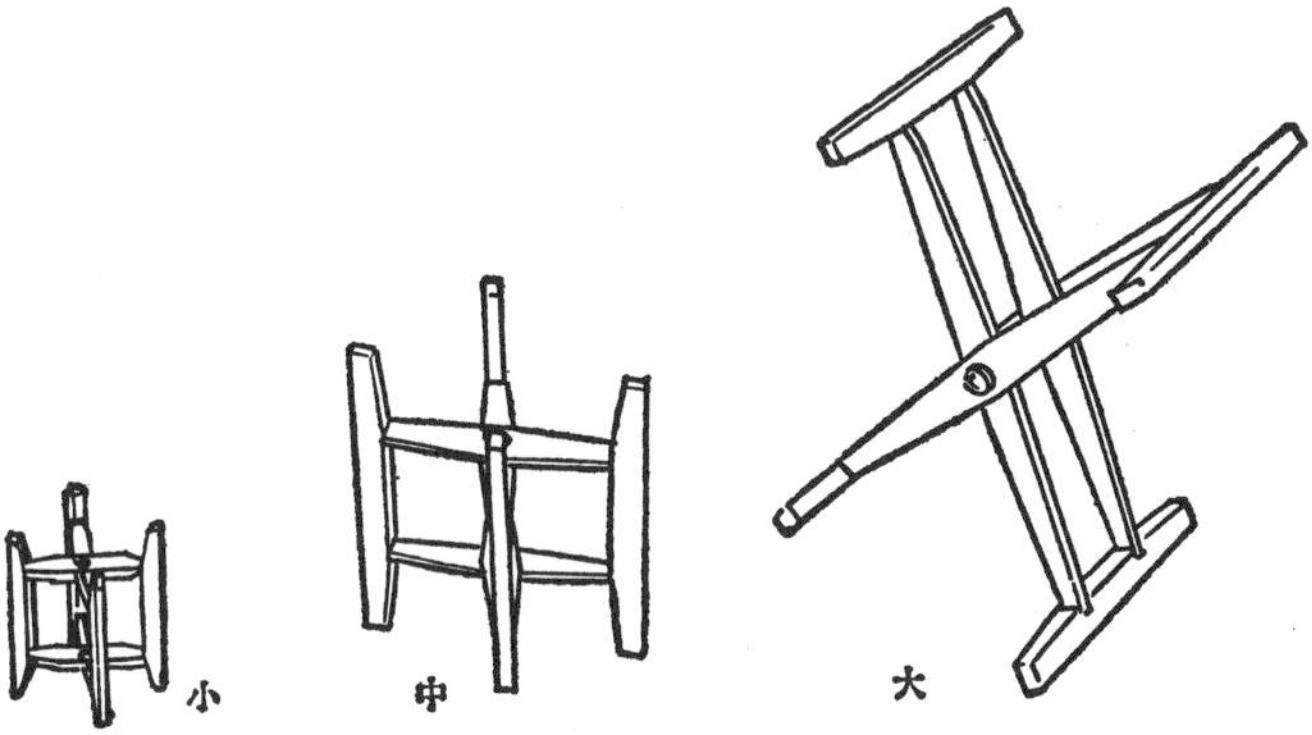

③糸枠（大，中，小）

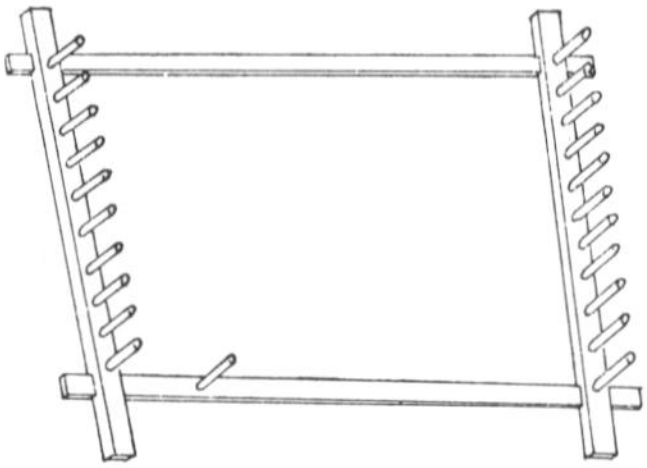

④整経台（上）と緯綜台（右図の左）

小管

杼

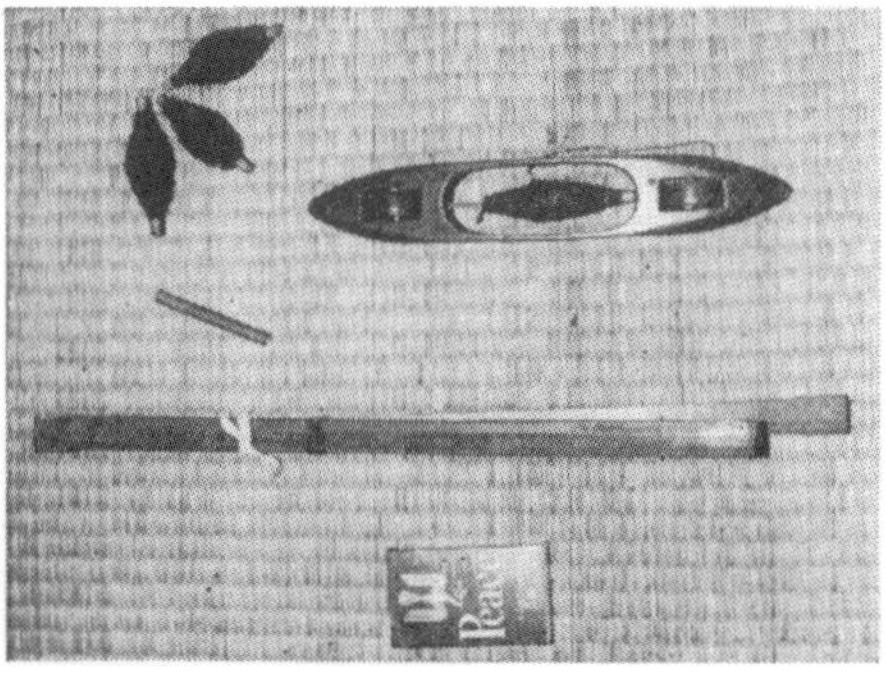

⑤杼と小管　杼のコマの両側に左上図のような貨幣が入れてある。杼がよく動くためと音を出すため。

地機の梭

⑦伸子

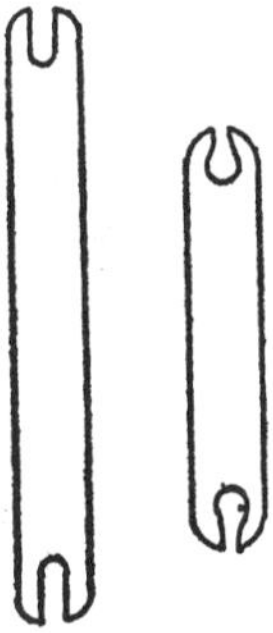

⑥板杼

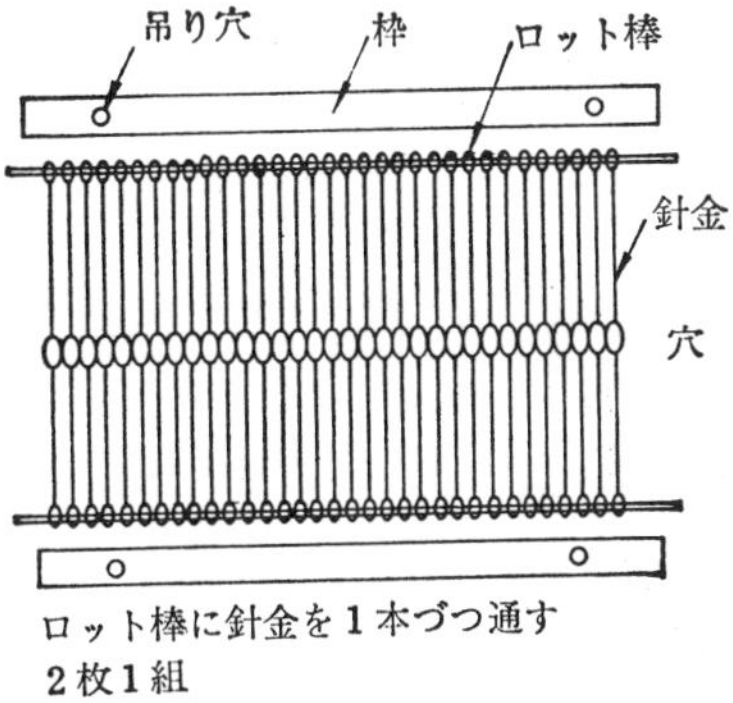

⑧綜絖

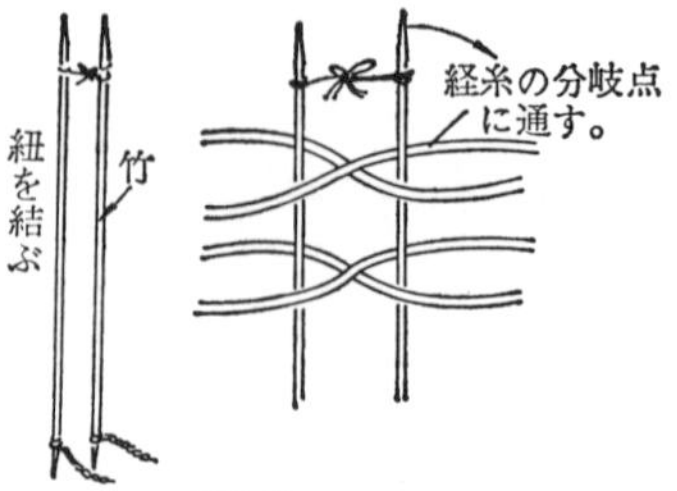

⑪綾竹

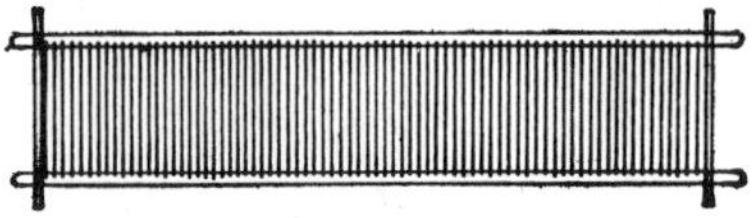
⑨筬羽

⑩筬通し

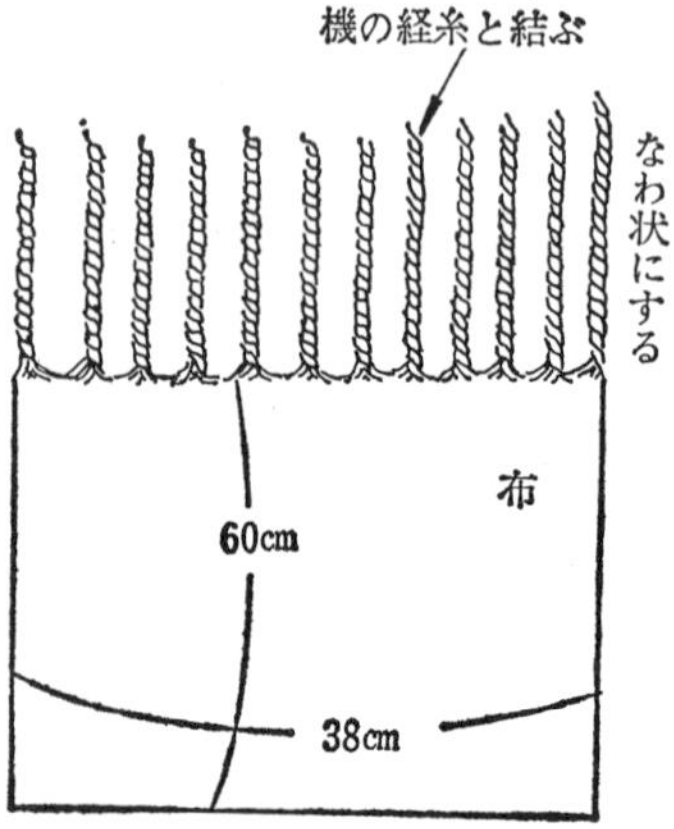

⑬織り出し布

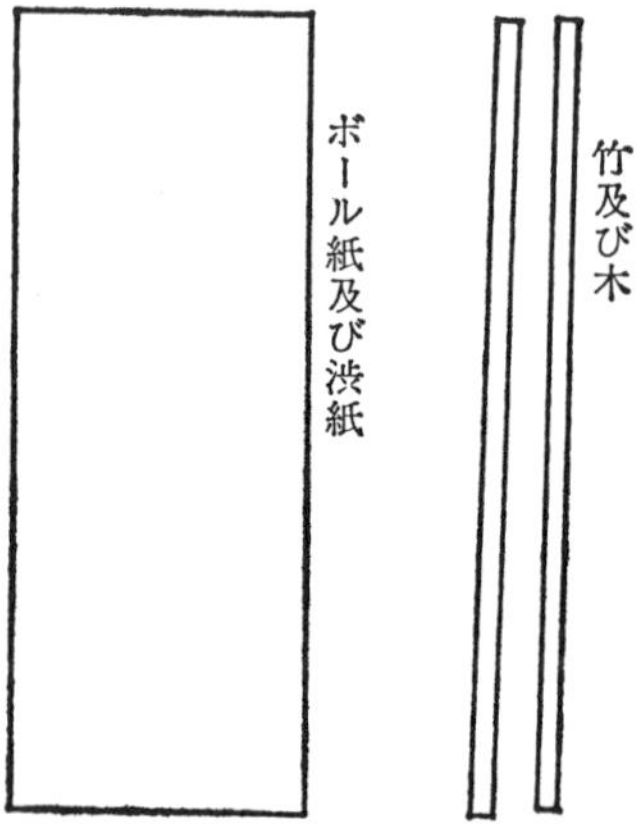

⑫機草

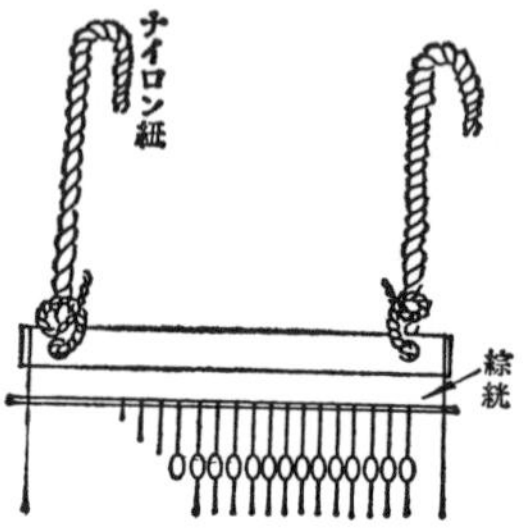

⑭吊り紐

⑥板杼《ひ》——緯糸を巻く道具で、特に毛糸や太い糸を巻く時に使う。
⑦伸子——織幅を一定にするために使う。おもに着尺の製織に使用する。
⑧綜絖《そうこう》——針金製と糸製があり、最近は針金製を使う。針金の中央に穴があり、経糸を通し、足踏みによって上下開口の役目を果たす。
⑨筬《おさ》羽——筬《おさ》は経糸の位置と織物の幅を整え、織文様の割り出しをする。また織物の密度を表わす。竹の皮を薄く切った小片を櫛の歯状に並べたもので、各種の筬目がある。密度の高い筬は絹用に使用する。
⑩筬《おさ》通し——筬《おさ》目に経糸を通す道具。
⑪綾竹——経糸の畔《あぜ》（上下の糸の分岐点）に通す竹で、二本一組である。畔竹ともいう。
⑫機草《はたくさ》——経糸を巻くときに糸を揃える役目をする。渋紙や竹製の割ったものもあるが、別名「あげ」ともいう。
⑬織り出し布——布巻に取りつける持出し布で、経糸の先端を結びつける。
⑭吊り紐——織機の踏木と綜絖の吊り紐。筬《おさ》の吊り紐に使用する綿糸、またはナイロン紐。
⑮糸車——綿を糸に紡ぐ手動車。緯糸を小管に巻き取る道具。
以上、附属品の概略について説明したが、製織するまでに以上の道具を使い、諸準備をする。絣の場合の附属用具は、絵図台、緯綜台、矢板、絣分け器などがさらに必要である。

二　木綿織の工程

1　紡　糸

綿から糸を紡ぐ、この技法は、女たちにとって幼少時からの反復作業（リピートワーク）であった。幼少時に身体で覚えた技で、六〇年を経た今日でも糸が紡げるのである。

次頁の図の紡糸車は、山陰地方で製造した竹製の車体と木製の台で出来たもので、よく出回った型である。紡糸車の回転ベルトは、車体と巻棒の立鼓（紡車の紡錘に取りつけ、調糸を回転させる鼓の胴形で、一センチ位の木製）を結ぶ調糸ベルトの強弱によって、糸の紡ぎ具合が決まる。既製の取りつけベルトはなく、調糸の作り方から調糸ベルトの強弱を確かめる技を知らなければ紡糸が出来ない。調糸ベルトは結び目のない輪紐である。

まず、ベルトを作るには二十番手綿糸を準備し、紡糸車の車体を利用する。車体の竹製の周囲に等間隔に突き出た竹端の①に準備した紡績糸一本を結び、車体を一回転させ、①から竹端八本目に当る②の竹端に糸を掛けて逆回転して①に戻る。①から②を回って回転し、②から①に逆回転する工程を二〇回繰返し、最後の糸端を①の出発点に結びつけて、全部の糸を車体から外す。②を通った糸は輪になっているので、輪を足の親指にかけ、糸の先端を引っぱりながら両手で同一方向に撚《よ》りをかける。

紡 糸 車

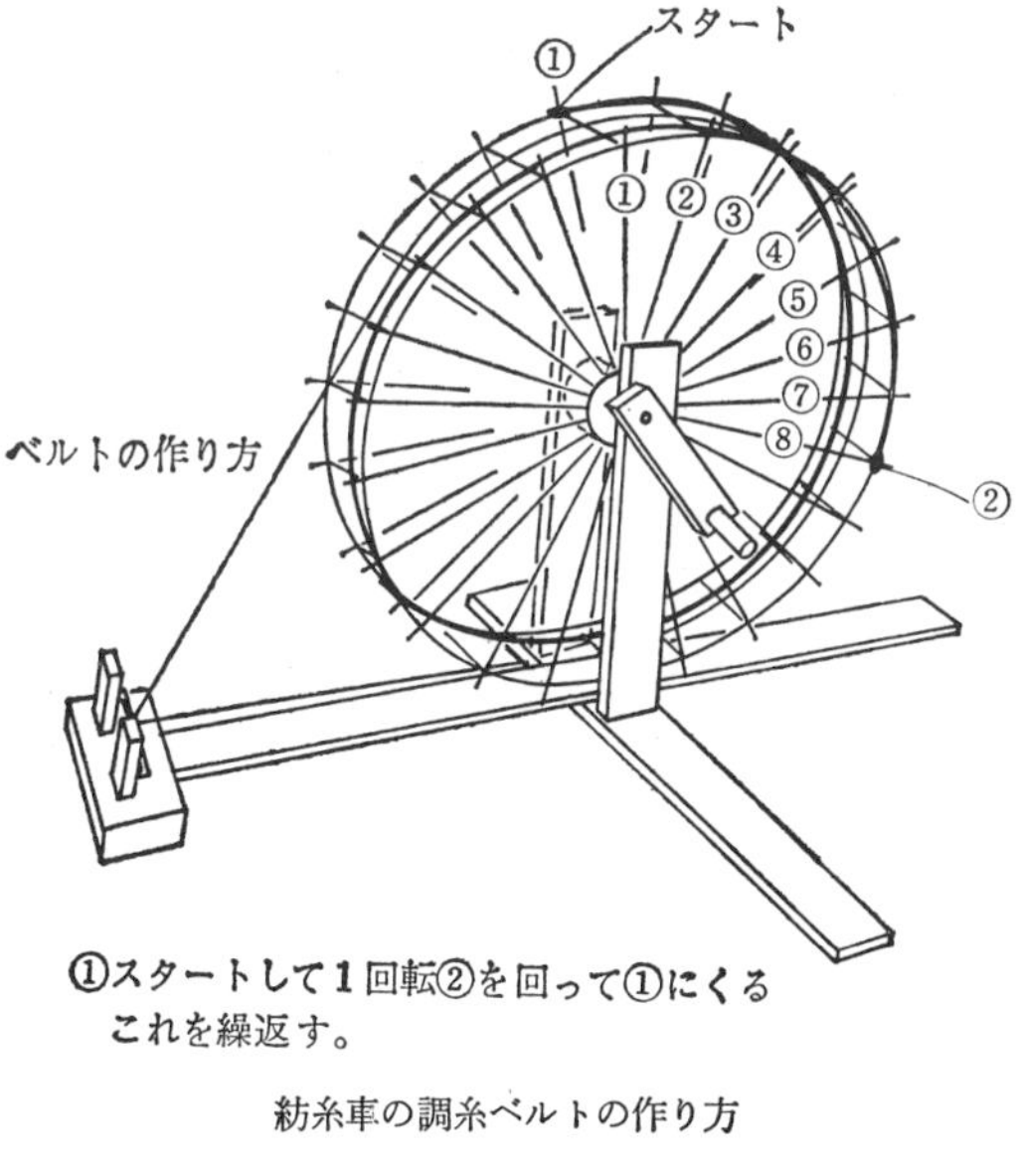

紡糸車の調糸ベルトの作り方

キリキリ絡み合うまで撚り続け、それを車体と巻棒の立鼓に取りつけて、①の糸の先端を丸結びにして②の糸輪の中に入れて引っぱると、撚《よ》りの中に結び目が隠れて輪の調糸が出来上る。

紡糸は、前述した篠巻をたくさん用意し、糸を巻く芯に藁稭《わらしべ》（藁の芯の部分）を一五センチ位の長さに切って準備しておく。紡糸車の巻棒に藁稭を通し、左手の人差指と親指で篠巻を軽く握り、篠巻の先端を口で濡らして巻棒に巻きつけて、右手で紡車を回転させると、篠巻から糸が引き出され藁稭に巻きつく。ぐるぐると勝手に回転させるのではなく、左手と右手の呼吸を合わせることが大切である。右手で紡車を一回転半回す際に、左手は左下にさげて篠巻を引き、右手の回転を止めた時に左手の篠巻を肩の高さまで上げる。この時に糸に撚りがかかるのである。この動作は、一ヵ月や二ヵ月の練習ではものにならない。身体全体で覚える作業である。均一の撚りと同じ太さの糸を引き出すには、相当の熟練と年季が必要である。

名人といわれた人は、同じ綿の量で二倍も細かい糸を紡ぎ、隠した糸を繰り出すように単一の太さで早く紡いだ。したがって紡糸の状態が織布にすぐ表われた。

紡糸した糸は、そのままでは切れて使用できない。糸を枠にして煮沸処理をする。米の研《と》ぎ汁を用いて、糸が水面に出ない程度の水で一時間くらい煮て仕上げる。糸の撚りが落着き、精練されて強度を増す。経糸には糊づけするが、一般に緯糸に使用すると独特の味のある織物となった。

2 縞（棒縞と格子縞）

織物の基本的な三原組織は、平織、斜文織、繻子《しゅす》織である。いずれの組織においても織物は出来るが、着尺用は平織組織の工程が単純で耐久性に富む。斜文織や繻子織は、帯やマフラー等の織り文様を作る技法で、風通織りともいう。

織物をする場合、まず第一に用途によってデザインを考案する。着尺やテーブルセンター、マフラーやインテリアなどでは、糸の材質も織りの工程も違っている。その用途や年齢別、性別によって、糸を選択し、デザインを決定するのである。

ここでは、山陰地方に伝わる木綿縞や着尺の技法を概略述べてみたい。

織物は、織幅の糸の密度と用尺を計算して整経する。編物などと違い、解き直しができないので、最初の計画が大切である。先に述べた密度によって経糸の本数を決め、あらかじめ密度を決めるのに附属品の項で説明した筬《おさ》を選択しなければならない。

経糸の密度が高ければ開口が困難であるばかりか、緯糸は浮かばず、その反対に経糸の密度を下げて緯糸に太糸を用いると、経糸が沈んで織物の層《こし》がなくなる。デザイン通りの縞を作る場合は、その条件をよく表わす経糸と緯糸の番手のバランスを考えて、筬を選択しなければならない。

第10表の「織物と筬の関係」は、糸の番手によって随分違うので注意をすることが大切である。筬には、六算《よみ》や一五算《よみ》などの算《よみ》単位があり、筬の目数に大小がある。一算は四〇本単位という約束があって、一般に木綿着尺に使う筬は十算（四〇〇本）の筬が最適である。筬目には上下二本の経糸が必要なので、二倍の八〇〇本の本数となる。

雑誌『民芸』(「沖縄織物文化の研究」田中俊雄、一九六三―六四)によると、「『升』即ち『よみ』というのは、織物の糸を数えるときの単位であり、日本でも沖縄でも『四〇本』を基準単位として『一よみ』と称しておりました。ところが織物における数字は世界各国すべてこの四進法が基準となっているのです。例えば英語の porter が四〇本、フランスのリヨン地方の portee が八〇本、ドイツの gang porter が四〇本なのです。おそらく朝鮮でもそうであったにちがいありません」と述べているし、また『家政学雑誌』(「日本在来織布の研究」小林孝子、一九七五)にも「ヨミ」の説明があり、葛布《くず》を織る際に筬ヨミ(算)の基準を四〇目をヒトヨミと称し、整経の際に粗密いずれの布を織るかによって筬を選んだと述べている。

この葛布の技法は、現在の鹿児島県甑島《こしき》に伝わる技法で、慶安五年(一六五二)ごろからの歴史をもつものらしい。このような諸文献から推察すると、算《よみ》という単位で織物の経糸の本数や用尺を勘案したのは、かなり広い地域にわたっていたようである。

織幅が三六センチの布幅になるように筬幅(古い筬幅は三八センチ)を規定しているのは、人間の身体から割り出したもので、肥っていても痩せていても着用できる寸法である。身体の四分の一の寸法を並幅として割り出せば、着物を作る場合非常に便利であり、このような条件によって決められた寸法が並幅であろう。

文字も知らない多くの老女たちは、縞計算に次のような方法をとっていた。

十算の筬(筬幅三八センチ間に糸八〇〇本)に、松葉や藁芯をたくさん用意し、筬羽の片端から松葉を突き刺していた。松葉を紺糸と決め、藁芯を茶色と決めて縞組みをした。二種類の糸を準備し、整経台（経糸を揃える道具）の上で、松葉の本数を綜《へ》ると、藁芯の数だけ茶色を乗せ、縞の順に糸を重ねて整経する。また、縞状に作った色つきの筬《おさ》も販売されていた。いずれにしても、縞の約束は、反復するか、対称縞にするか、二つのパターンの繰返しでなされ、不規則な縞は邪道とされていた（東伯郡北条町、野田きくえ談）。したがって、創作縞などの不規則なものを「焼糞《やけくそ》」といって笑った。

老女に学んだ縞の工程は、デザインと縞計算をして整経する。木綿縞のデザインは、まず紙上に実物大に描き、それに彩色をする。その上に十算の筬を乗せて紙上の縞を筬に当てて糸の本数を計算する。仮に縞の幅が一センチ間隔のものであれば、上下約二四本の縞糸が必要になり、地糸と縞糸を交互に入れるとデザイン通りの縞になる。また、一算が三・六センチの縞幅になることを計算しておくと便利である。

このように、縞の計算は算《よみ》で使うと失敗が少ない。ところが、糸の番手によって九算を使う場合、経糸の密度が稀薄なものは縞が大きく、密度の高いものほど縞が小さくなる。たとえば絹の筬羽一五算などを用いると、一算の縞

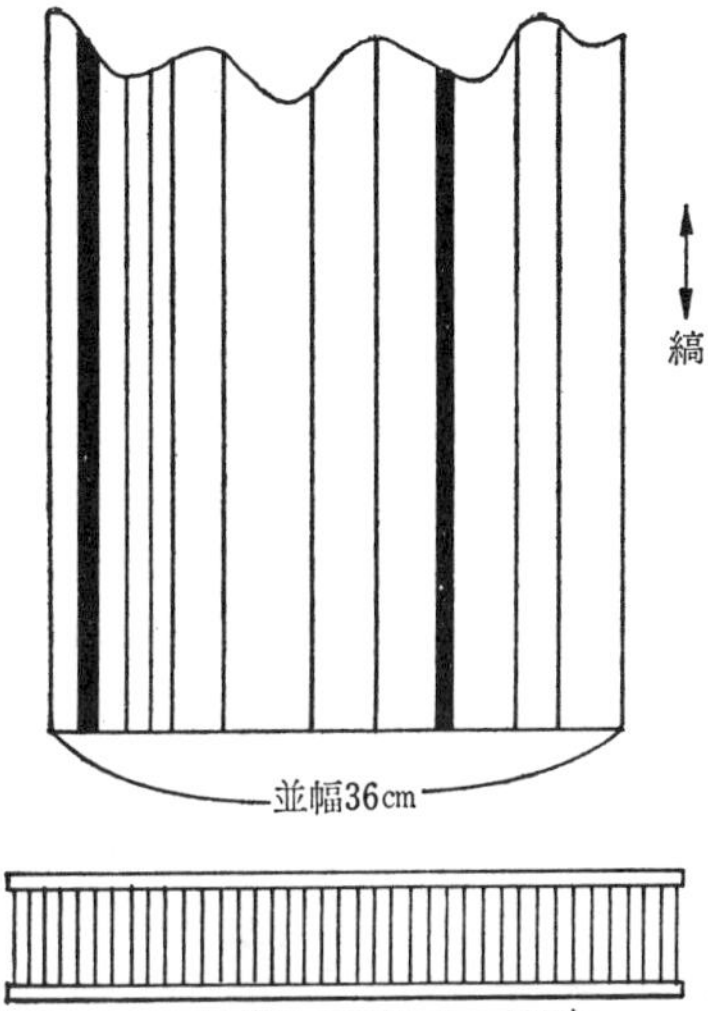

10算は400目×2＝800本
縞のデザインの上に筬羽をのせて縞の太さが筬羽何本か、地色が何本か計算する。

縞計算

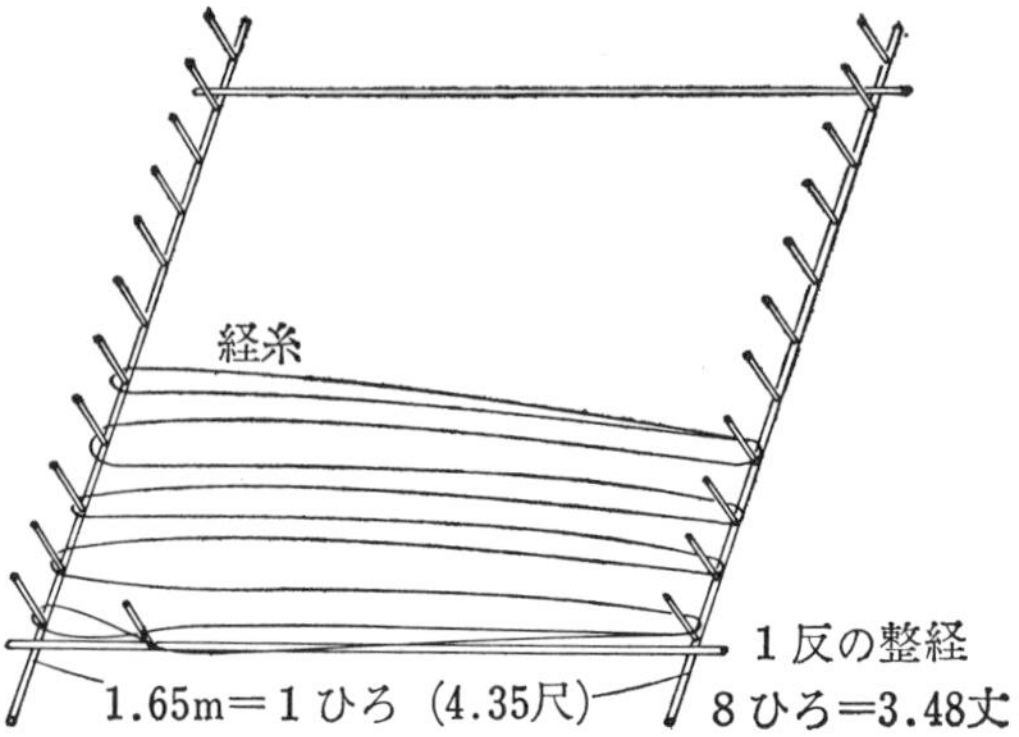

整経台

幅が二・四センチ幅に細くなる。

以上の糸の計算を縞計算という。着尺に使用する経糸は、綿糸四二双糸と手紡糸を緯糸に使用しているが、重ければ商品性に欠けるので約八〇〇グラム（二二〇匁）に織り上がり、一反一一・四メートル（三丈）の木綿着尺の標準の長さに織れるように注意をしている。経糸の長さは、全体の一〇パーセントの織り縮みと、機台にかけた経糸の前後の無駄を約二〇センチと、洗濯仕上げの地入れ加工に約三〇センチの縮み分を加えて整経する。したがって整経台を使用して計算すると、間違いなく一反分の着尺の丈を決めることができる。

総丈　（縮み分＋前後の無駄＋洗濯加工の縮み）＝1反
1320 cm（130 cm＋　20 cm　＋　30 cm　）＝1140 cm
3.48丈　（3.5尺＋　0.5尺　＋　0.8尺　）＝3丈

図のように整経台の実寸通り、左右の木釘九本に糸を掛け、一反の長さに整経する。糸は二本を一単位にして、左の木釘で上下の糸を分岐させて右の木釘を回って左上に進み、順に九本目の木釘に掛けて元に返る。この作業を繰返して糸数が上下八〇〇本になると経糸ができることになる。縞のデザイン通りに糸の必要本数順に糸を上に重ねて整経する。多彩で複雑な縞ほど作業が面倒である。いずれも整経台の上に縞が並び、最後の耳糸で終る。当地方の整経には、綜箸《へばし》という竹製（約五〇センチ）で空洞のあるものに一本ずつ糸を通して整経した（老女は竹に通す糸を口をつけて吸っていた）。二本の綜箸で整経すると、糸の撚《よ》りがなく経巻きが早い。しかし、熟練すれば綜箸を使わず四本から八本くらいを一単位にして整経する方が数倍の能率が上がるようである。

福井いと（倉吉市清谷、八〇歳）の考案した整経は、整経台の上部の緯木に古銭八個を結びつけ、その古銭の穴に八個の枠糸を通して引き上げて整経した。八本単位で整経をすると四倍の速さとなる。名人級になると、二〇本単位で整経をした（倉吉市、尾上安野）。二〇個の糸枠に針金で二〇の糸通し穴を作って固定し、糸の分岐する順は針金の穴の一番から始め、順次二〇番と決めて二〇本単位で重ねて行くと十倍の速度になった。

整経が終われば、綜台の上で糸の両端と中間を結び、上下の分岐点（畔《あぜ》）に紐を通して結ぶ。台からはずし、分岐点には綾竹（畔竹ともいう）を通し（二三八頁⑪図参照）、糸の先端の輪になった糸を筬《おさ》の片端から通す。これが縞並べと幅決めの作業である。高機の経巻に経糸を櫛で揃えながら巻きつけ、畔返し（綾竹の前方に筬を移行する）を行なう。筬を先頭に綾竹を移行させながら機草（渋紙か竹を小さく割ったもの）を当てて、糸を平均に並べながら巻き進む。経糸を巻き終ると、最後の糸の先端の輪を鋏で切り、筬を抜く。高機に経巻きを固定させ、経糸を綜絖針金（以前は糸綜絖）に一本ずつ通し、次に筬目に二本ずつ通す。布巻き棒に織り出し布をつけ、機台に固定した経糸を織り出し布と結ぶ。織り出しに藁二本を入れて、織り調べをしてから織り始める。織り方は、二本の踏木を交互に踏んで濃紺の緯糸を入れて打ち込めば、鮮明な経縞が出来あがる。

古い経縞の中には紺の濃淡の同系色を数種類もやたら縞に織り込んだものがある。ある古老は、こんな芸を意図的に考案したのではなく、数年間の糸枠に残った糸を一反分に整経して織り上げたもので、縞組の計算もデザインもなかったという。貧困なるがゆえの思いつきと、物を大切にする習慣がこのような作品に仕上げているのである。同一の太さでもなく、撚《よ》り方も違う糸の寄せ集めの「やたら縞」である。底深い味が滲み出ている。

縞には、縞糸によって縞筋を効果的に表現するものと、色彩のコントラストによって効果を出すもの、両方の併用効果を狙うものなどがあり、変化に富んでいる。

次に格子縞について簡単に述べてみたい。

格子縞と一口にいっても、単純な正方形から二重三重格子や、大小の格子を組み合わせたものなどがある。経縞でも格子でも、着物に構成した場合を頭に描いて縞の配列を考えることが大切であろう。耳端に縞が片寄ったり、一方に縞が片寄り、着物の衽《おくみ》と衿に裁断を二分すると、縞のないものになり、衽と衿の一方が無地になってしまう。こうした不均衡な縞は着る人も限られるし、格子縞は経縞以上に構成を考慮して計算しておくと、着物の背縫い合わせで格子が二重になるようなことはない。

格子は、経縞に対して緯縞を勝手に大小入れればよいという単純なものでは決してない。着尺の場合は構成が困難であり、色の補色関係で知的な縞や重苦しい感じの縞、軽々しい縞などになる。

格子縞は、経縞に対して緯縞が直角に交錯して織り合うことが大切である。私の体験によれば、経

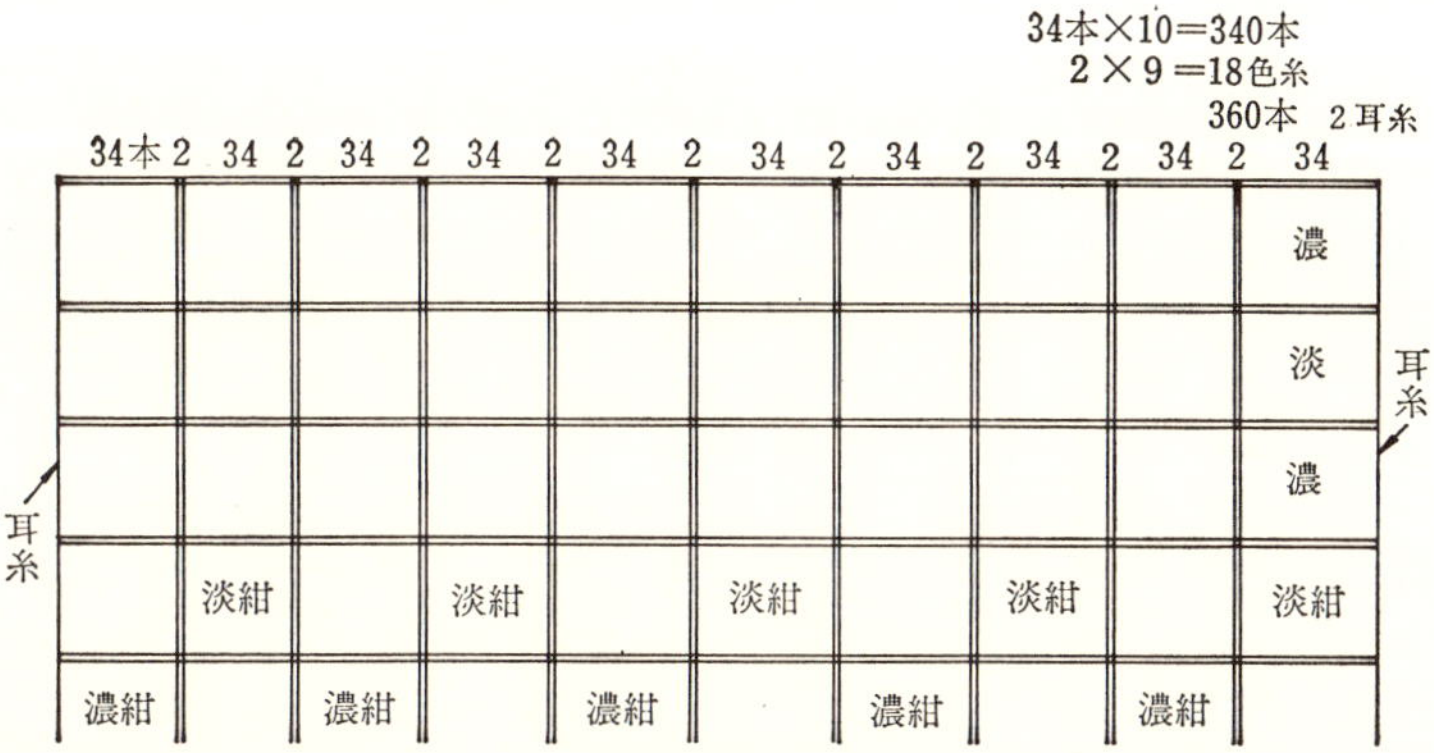

格子縞の計算

糸と緯糸を同一の番手で織ると、経糸の方が鮮明に出るので、密度を薄くしている。前項の経縞で述べたように、経糸の必要数は十算（四〇〇本）であったが、格子縞は九算（三六〇本）にした方がよい。経糸を一算少なくすることによって、織り上げた格子の色調が同色で安定する。また、縞糸は、経緯のコントラストを効果的にすることが大切であるが、経縞と同系色の緯縞を入れることが基本的な美しさを出すことになるようである。

次に上図の格子縞の縞計算を説明すると、まず綿糸七〇〇グラムを藍の濃淡で半分ずつ染色し、一〇〇グラムは梔子《くちなし》で黄色に染めておく。

筬《おさ》は九算を使用し、先にデザインした縞の寸間を三・五センチにし、輪郭を〇・二センチの間隔で区切っておく。経縞は、耳端から耳糸一本、濃紺三四本、輪郭二本に計算し、並幅を十等分にし、濃紺と淡紺を交互に配列する。すると、縞計算は、両方の耳糸二本、輪郭縞の黄色を二本ずつ九本で計一八本、濃紺三四本を五立と、淡紺三四本を五立で、合計紺の濃淡が三四〇本、輪郭一八本、耳糸二本で三六〇本の経糸の準備ができる。

整経は、耳糸からスタートして順次濃淡を重ね、区切りに二本ずつ黄色を入れる。

緯糸も縞の寸間が三・五センチになるように調節しながら織り進み、濃紺と淡紺の区切りに二本の黄色を織る。これの繰り返しで格子が出来上がる（図参照）。

3　絣（絵絣、矢絣、経緯絣）

絣の技法には、あらかじめ手括りをして絣糸で織り出したものと、染絣（抜染ともいう）という技法で表したものがある。前者は、和絣の技術として庶民の間によく発達したが、後者は、あらかじめ染料を糸に摺り込む絣で、近世初期に南方から伝来した「古渡り更紗」の摺り込みの技法である。その後、織締絣や板締絣という方法で、絣を手で括《くく》らぬ方法があった。織締機（経糸は強い木綿糸を使い、緯糸をまとめて織り、染色後、経糸を抜き上下に挟み込まれた糸が絣状に白く残る）で絣糸を作り、精巧な亀甲絣等が製織された。これらを多く用いたのは、大島紬、宮古上布、薩摩絣、久留米絣、伊予絣等である。

板締絣は、二枚の板に絣の図案の溝を彫り、糸を挟み込んで防染すると、絣糸が出来上る。

絣は、糸による文様の表現によって、経絣、緯絣（絵絣）、経緯絣等と区別している。

このような絣の名称を列記してみると、西日本に発展した木綿絣は、紺絣の絵絣や経緯絣が多く、白絣（白地に紺文様）は少ないように思う。そして、それらの紺絣は、手括り和絣として定着し、発展して来たのである。

絣はデザインの文様にしたがって、白糸を粗苧《あらそ》（麻の皮を乾燥させたもの）で括《くく》り、染色をする。乾燥してから括った部分を解くとまっ白い糸の部分が出来、それを織り重ねると、元のデザイン通りの文様が出来上がる。

一般に経糸のみを防染して緯糸を無地糸で織ると、経糸の絣となり、これを経絣といい、その反対に緯糸で文様を出すものを緯絣という。別名絵絣のことである。経緯両方の糸を防染して織り重ねると、まっ白な経緯絣となる。

そこで、絵絣の工程に入る前に、絣の型紙とデザインについて、絵図台による種糸の作り方から紹介する。

染色用の型紙は、経に自由自在に延びたデザインで染色回数を効果的にし（型紙を置く回数をなるべく少なくする）、繊細な図柄ほど染め上げてから美しい。したがって、型紙の図案の間隔が一ミリや二ミリの、線状に彫ったものが高級である。ところが、絣の場合は、糸に図柄を配置して括るため、型紙の図柄の間隔は五ミリ以上離してデザインし、なるべく緯長の図柄の方が糸を処理する際に効果的である。それは、経長になればなるほど括り作業が多く、織り進む際も困難だからである。図柄の間隔が狭ければ、一〇〇本以上の糸束を括り染色すると図柄の際《きわ》が崩れて絣が鮮明に織り出せない。括りと括りの間隔を五ミリ以上あけることが大切である。染色用の型紙と絣の型紙を併用すると、絣のデザインを考案する際に注意が必要である。また、型紙は正確に定規を使って描き、彫ることが大切である。

古い型紙の長さは最高一五～一〇センチ位の長さに統一されていて、連続文様にする場合は一反（約一二メートル）分の緯糸ひと柄を一〇センチにすると、一二〇本の糸が必要になり、ひと柄を括れば、一反分の絣ができることになる。これを絣計算といっている。それは、小管一本に巻く糸量がちょうど一〇センチ単位の図柄である。したがって、図柄が三〇センチくらいの経長のものは、図案の半分を単位として防染し、柄一と二の織り出し印で図案を完成しなければならない。小管も二本でひと柄になり、括りと防染も二倍の手間を要する。

絣は、こうした制約によって型紙が作られ、図柄一単位の反復によって一反が製織されている場合が多い。

そして、織りによって文様を出すので、使用する糸の番手によって図柄が延びたり縮んだりする。そのため絵図台（絣の種糸を作る台）の筬《おさ》の密度と経糸の密度を計算しておかなければならない。たとえば、五センチの大きさの花をデザインした場合、一センチ間に緯糸が何本織り込めるか試織してみると、種糸にする糸の間隔が自然に決まることになる。したがって、着尺に使う緯糸と、インテリアなどの厚地の場合では、緯糸の太いものほど密度が粗くなる。着尺は、一センチ間に緯糸を約二〇本織るが、インテリア壁掛などの厚地は、緯糸に直径三ミリぐらいの糸束を織るので、約三回織れば一センチになる。インテリアで五センチの花柄を出そうとすると、一五本の緯糸を絵図台（種糸の本数）に張ればよいことになり、着尺は、一〇〇本の緯糸が必要になる。

絣は経絣と絵絣ではその工程が違う。経絣は、経糸を整経台で整経したまま固定して置き、デザイン通りに寸法を竹尺につけ、糸の上に墨印をしながら括って行く。絵絣は、先に述べた通り種糸を作らなければならない。種糸は、絵図台という道具で織幅を決め、緯糸（白糸を糊付したもの）を絵図台の両側の筬羽に糸を掛け、デザインの寸法分の緯糸を張っておく。その上に絵型を乗せて固定し、図案通り彫った部分に墨汁で写して乾燥させる。型紙を取ると糸に図案が写されている。これを種糸といい、山陰地方には種糸専業の店もあった。

種糸を絵図台からはずし、整経台の上に種糸を延ばして掛けておく。その上に準備した緯糸を四本単位にして種糸の上に重ねていき、必要数整緯した糸束と種糸の墨汁を合せて括るのである。図柄が小さければ小さいほど面倒である。

山陰地方の絵絣の型紙には、下図のような長さだけ実寸の七・五倍に拡大した型紙が使用された。これは、明治中期によく流行した緯綜台（幅は木綿幅で経長く、両側に木釘を打った道具）用の型紙で、一見して原図が不明であり、誰でも簡単に型紙を作ることができなかった。しかし、幾何文様の場合は、木釘の数で自由にデザインを考案しているようである。

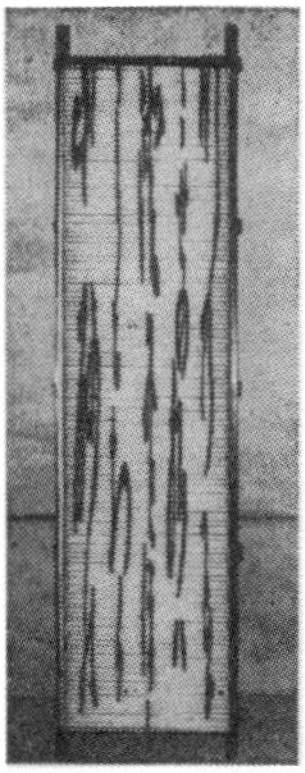

緯綜台の上での
絣括り（広瀬絣）

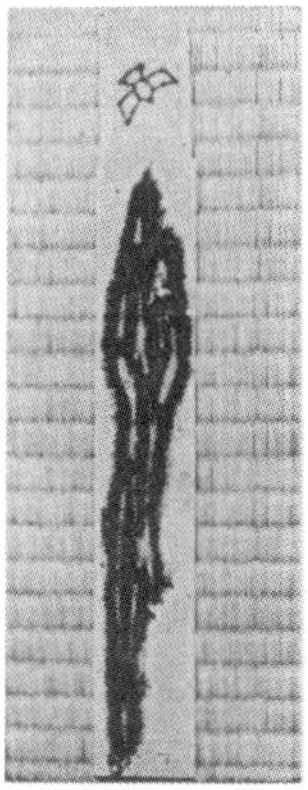

絵絣の型紙
（広瀬絣）

次に、経絣の変形した矢絣と経緯絣の工程について簡単に説明する。

矢絣は、経絣の一種で、糸を矢状にずらせ、縞を添えたものが多い。縞は矢の先端に配し、矢状をより鋭く見せる役目をする。

矢絣は、白綿糸を整経台に掛けて一反分の長さに整経する。あらかじめデザインした矢羽根の寸法を糸に印し、整経台の上で印通りに糸を括る。そして、括り終わって染色をし、括りを解くと防染した部分がまっ白く残る。この部分を移動させないように数箇所絞っておく。あく出しといって、よく水洗いすると茶褐色の汚水が出る（これは藍瓶の中の醱酵剤、硝石灰や苛性ソーダなどで、これらの汚れが糸を弱め、製織後に織物を褐色にする）。よく乾燥させ、デザイン通りに絣糸を割って配し、筬《おさ》に通す。紺地と絣、その中間に経縞を配置する。この繰り返しで筬通しを終えると、次に矢板の穴に糸を等分に通す。矢板は、木製で厚み二センチ、幅五〜一五センチくらい、長さ四〇センチの大きさに矢状の穴をあけた板である。矢状の頂点の穴に縞糸を入れるようにして、全部の糸を穴に通す。絣の白い部分が散らないように注意して経巻に巻く。そのとき、矢板を倒して前進させることが大切である。途中に畔返しという綾竹の前方に筬を移行する。巻き終わると、最後の糸輪を切り、縞の工程と同じく筬を抜く。綾竹と矢板はそのまま経糸につけて、高機の前方に釘で矢板を固定させ、経巻きも固定する。経糸と綜絖を筬に通し、経糸を揃えると、矢板の上穴を通過する糸と下穴を通る糸に別れ、矢板から手前の部分は糸が矢状に流れてくる。矢板の頂点と下を通過する糸の長短によって矢絣の長さが決まる。先に矢板の幅が五センチから一五センチのものがあると述べたが、矢板の幅が矢絣の長さになるのである。そして、手前に不揃いになった糸を切り揃えて織り出し布に結びつけて織り出せばよい。
緯糸は、紺色を普通の織り方と同じように入れて織ると矢絣が鮮明に浮き出てくる。ときどき、上下の経糸の矢状がずれるので、機草で調節をしながら織り進むことが大切である。また、矢状に狂いが生じた際は、待針で乱れた糸を織り布に止めたり、吊り紐や足の踏み方などを注意すると元に戻る。矢絣は、織り口と絣が直角になるように配慮しながら織ることが大切である（図参照）。

次に、山陰の倉吉と広瀬地方で使用された緯綜台による経緯絣の工程について説明する。

経緯絣は、絵図台を使用する別法もあるが、その技法は周知であり、今さら取りたてて述べる必要もない。ここに使用する緯綜台とは前掲（二三六頁）写真のような、幅三七センチ、長さ九〇センチ内外の木枠で、左右約一センチ間隔に木釘を並列状に打った道具である。絵絣も幾何文もこの緯綜台によって絣糸を作るが、絵絣の型紙は幅は実寸で長さを実物の七・五倍に拡大したものが必要である。

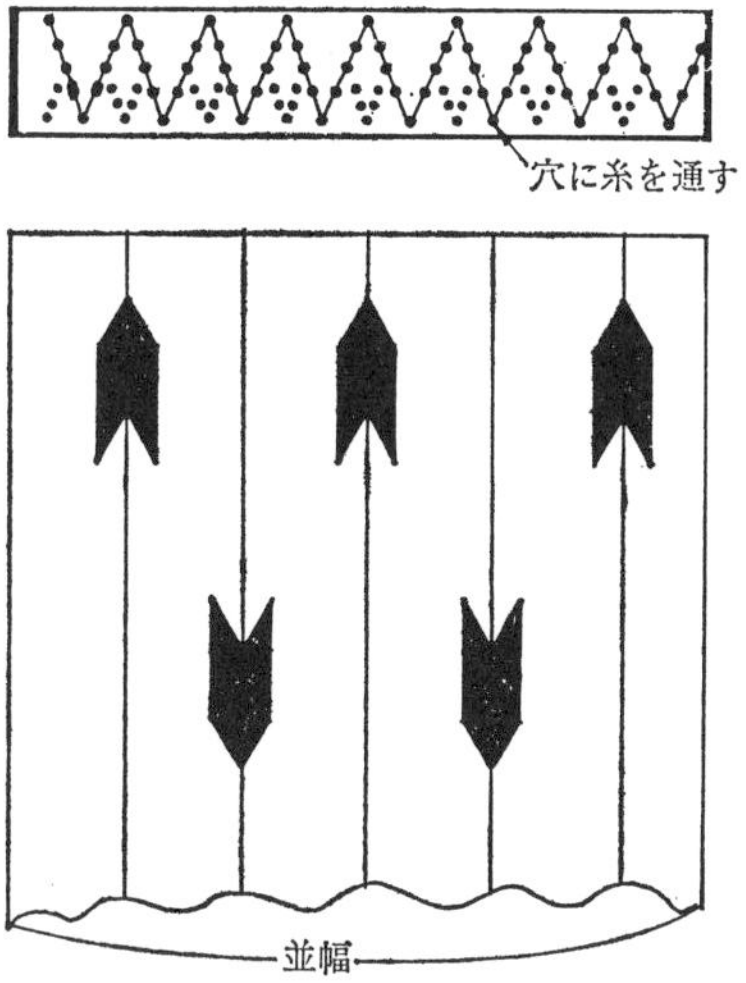

矢板と矢絣

幾何文様の場合は、型紙を必要とせず、簡単に緯綜台の木釘に糸を配し、定規を当てて印をつけながら、そのまま括《くく》ることができた。したがって、複雑な幾何文を正確に敏速に括り、忘れもなく、台を自由に移動して作業のできる便利さがある。

そこで、次に、簡単な井桁の工程を紹介したい。

まず布地の密度は、経糸四二番双糸で十算の筬《おさ》を使用し、緯糸は手紡ぎ糸を使用する。したがって、この計算は、並幅三六センチ内に経糸が上下八〇〇本必要である。デザイン画のとおり、長さ一〇センチ、幅二センチの井桁を作る場合は、経糸が約四四本必要であり、井桁二本分（経糸八八本）を一緒に括《くく》ればよい。括る場合は、経絣の工程のように経綜台の上に八八本を整経し、井桁の間隔に経尺で墨汁をつけ、その上を括るのである。井桁の配置を交互にするときは、この工程を①と②に分けて二回行なう。その場合に図のように織り出しの印に注意して括ることが大切である。

次に緯糸は前述の緯綜台を使用する。図の緯綜台は幅三六～三七センチ、長さ約八〇～九〇センチほどの木枠である。幅は実際の寸法で、長さのみ実物の七・五倍に拡大したもので、筬《おさ》の間隔を拡大した木釘が左右に打ちつけてある。筬一本と木釘一本を同じに考えて使用すればよい。

図のように、井桁の幅が二センチ、長さが一〇センチであれば、並幅の三分の一の位置を中心に一〇センチ計り、幅二センチに織り上げるように左右の木釘二五本に糸をかける。一反の着尺に井桁を何個配置するかによって緯糸の数が決まる。五〇センチの長さに井桁一個配置するとすれば、一反の長さが一二メートルあり、約二四個の井桁がいる計算になる。したがって、糸数は四八本あればよいことになるが、予備を二本用意して、五〇本の糸を緯綜台の木釘二五本に掛けて一緒に括る。

染色した後、経緯糸の括りを解いて絣分けをし、絣分けをした糸を空箱に入れ、糸の上に豆を乗せ

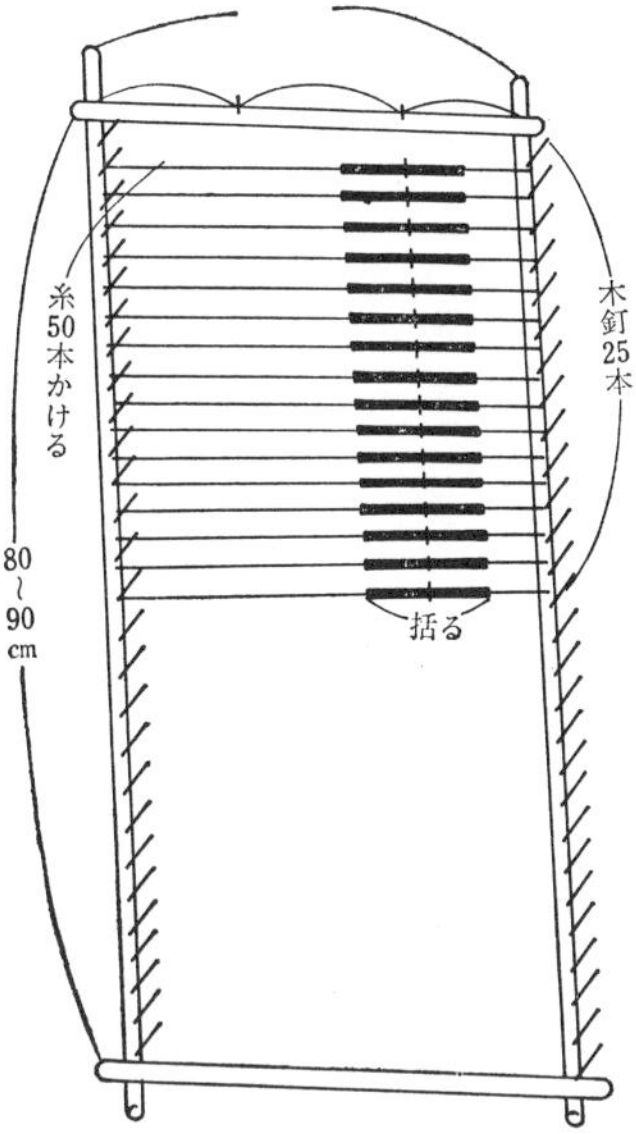

緯綜台にて緯糸を括る

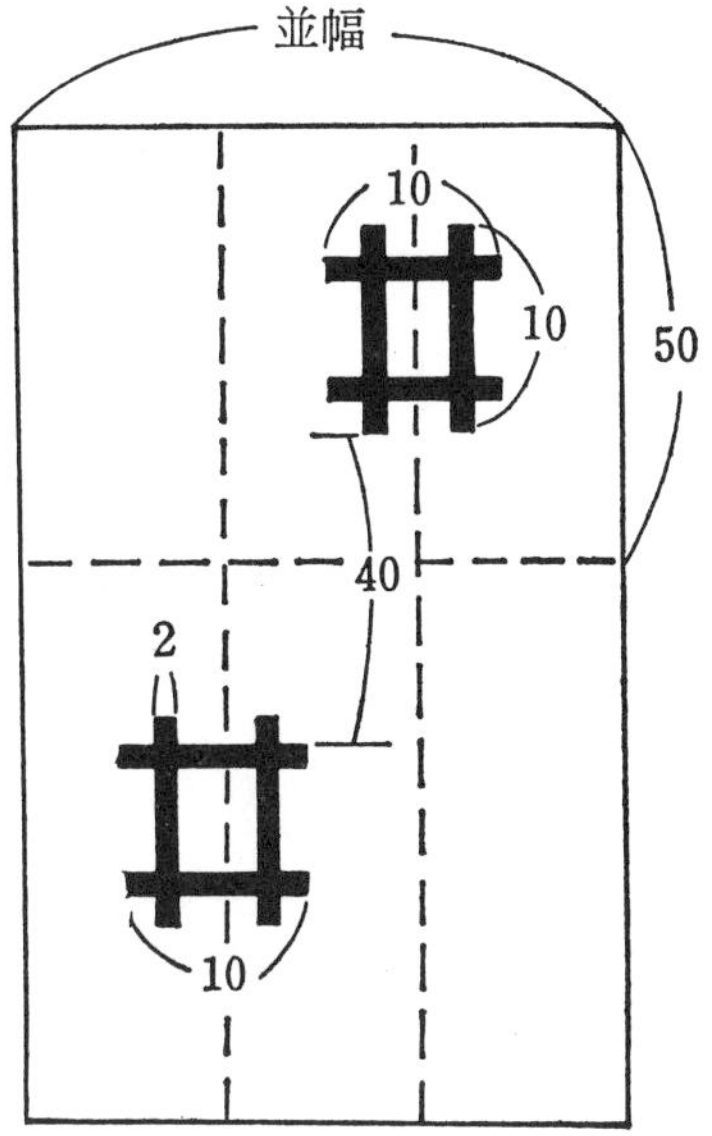

井桁のデザイン

① 経綜台 ②

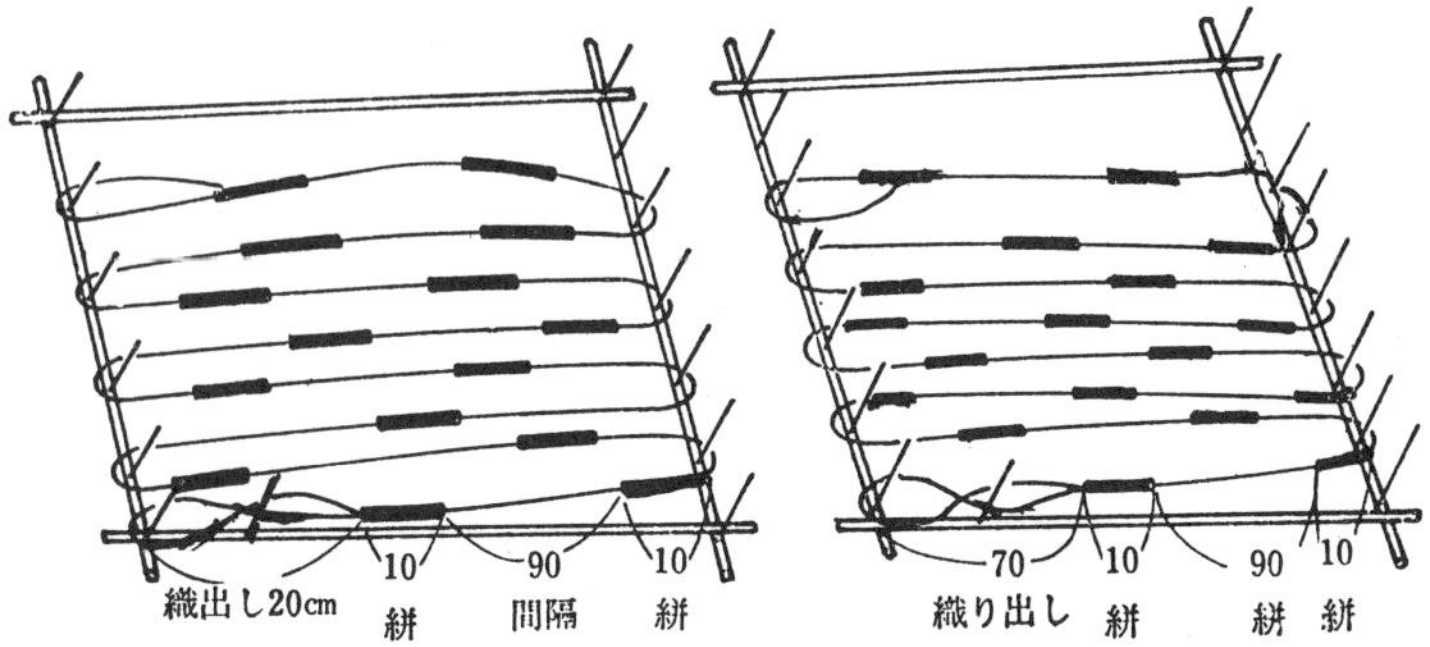

経糸括り

て、小管に巻くときに糸が乱れないように注意する。経糸は、絣の部分を散らせないように経巻きに巻く。そのとき、機草を一メートルに一枚ずつ使用し、経糸の流れと経巻き棒が垂直になるように注意して巻く。別法として、絣は解かずに巻く場合もあり、また、筬《おさ》に配置しないで固めて巻くこともできる。その場合は、整経する際に糸の最初と最後の二箇所に畔（経糸の上下の分岐点）を作っておくことが必要である。

緯糸は、織り出しに注意して左右交互に織っていく。経糸の井桁に重ねるので織り口が傾斜するとデザインが崩れる。一つの井桁が終われば、四〇センチの間隔を置き、交互に織り進む。経糸の上下の散りが目立つと、正確な井桁でなくなり、間隔も不均衡になる。布受け棒や、布巻きの結びが経糸を散らせることがある。また、布の巻き取りも経糸に直角に巻き上げないと、絣の配置が狂って、途中でぐの目配置になったりする。

次に緯綜台による絵絣の作り方について説明する。

絵型紙の実寸は誰でも作れるが、緯綜台に乗せるには、幅は実寸の三七センチのままで長さを七・五倍に拡大した型紙に彫ることが必要である。型紙職人がいる時代には緯綜台用の絵型紙も売り出されていたが、素人でもその作り方を知っておく必要がある。

まず、古い絣文様を復元する場合は、その布地の一部分を電子複写機で写し、それを型紙の原図になるように文様を正確に彫るには、渋紙に写して彫るのがよい。次に、糊づけをした白い綿糸を絵図台の左右の筬羽に張り、型紙の大きさ分の糸を張っておく。種糸を作るときと同じようにして、彫った型紙を今張った糸の上に中心を合わせて置き、その上に墨をつけて下の糸に文様を写して置く。筬の両側にも墨をつけておくと、緯綜台に移してから文様が傾かないようである。

型紙を取り、糸の裏側にも墨を写して種糸の図柄は鮮明につけておく。

緯綜台の幅三七センチと長さ九〇センチに厚い地紙を準備し、ピンで地紙を張る。種糸を絵図台からはずし、緯綜台の片端の木釘にしっかりと織り出しを結んで、左右の木釘に掛ける。種糸のある長さだけ綜台に張り、両耳の墨印を木釘に合わせてずれないように注意する。

柄の中心を緯綜台で合わせ、傾かないように配置すると、種糸の図柄を下に敷いた地紙に墨で写す。経に延びた図柄となり、綜台から地紙を取り出して墨印を彫ると、緯綜台用の型紙が作れる。

絣の緯糸は、四本単位にまとめて、緯綜台の左下の木釘に結びつけ、両側の木釘に糸を回して上の木釘に掛けていく。図柄の寸法まで糸を掛けると、左側の木釘の外を通って最初に掛けた場所に返り、図柄の必要数の分を整緯する。一〇センチの図柄の場合は、一反に一二〇柄の絣糸が必要になる。糸を張ると、その上に今彫った型紙を置き、墨印で下の糸の両端につけ、緯綜台のままで絵文様を括っていく。絵絣を正確に織るには緯綜台の工程に優るものはないようである（二五三頁上図参照）。

幾何文様の経緯絣と絵文様を組み合わせる場合は、前に説明した幾何文と絵文様を同時に緯綜台の上で墨印して括《くく》ればどのような図柄でも可能である。

経緯絣が正確に織れるようになって一人前と言う。今まで説明した知識だけでは決して織り進めない。はじめは絣が揃っていても途中で上下の絣糸が狂ったり、配列が乱れてくる。

糊のつけ方や糊の分量、経巻きの方法、絣糸と地糸のバランスや機上での張り加減など、さらに、足踏みの強弱で上下の絣の散りを直す方法、織口が斜傾の場合の直し方、高機の吊り紐の長短での絣の配列の乱れを防ぐ方法などを、私は学んだ。参考書などには見られぬ尊い秘法を受け継ぐために、実習を重ねてきた。勉強不足であるが、一人でも多くの人たちに伝えていきたいと思う。

4 風通織

風通とは、織組織上に文様を表すもので、織り絣とも言う。あらかじめデザインをし、経緯の紺糸と白糸を計算する。高機の附属品で糸を上下に分岐する綜絖を、平織は二枚で製織するが、風通織は四枚ないし六枚の綜絖を用いて織る。したがって、綜絖に結ぶ踏木も四本ないし六本が必要になり、綜絖に通す経糸の順番によって、紺糸と白糸の配置を決めて二重織り組織が織り文様をつくり出す。こうした織り組織によってできる文様は、幾何文が多く、井桁や、市松、菱文等が地紋となって表われ、表と裏の組織が入れ替えて織れる。

老女（鳥取県東伯郡東郷町、音田花子、明治二五年生）に学んだ「杉綾織」の工程を説明すると、次のようである（図参照）。

高機に四枚の綜絖と四本の踏木を結ぶ。その際、機に向って右側から踏木に1、2、3、4の番号をつけておく。綜絖にも、手前から1、2、3、4の番号をつけ、手前の綜絖と踏木の1を結び、順に四本目の踏木と一番先端の4の綜絖を結ぶ。綜絖は、二本のロクロに掛けるが、その際、図のように、吊り紐を交差させる。交差とは、綜絖の1と3をロクロに掛け、次いで2、4の綜絖に紐を吊してロクロに掛ける。

高機の準備ができ上がると、経巻きした糸を綜絖に通す。そのときに四枚の綜絖に杉綾になるように順番に通すのである。

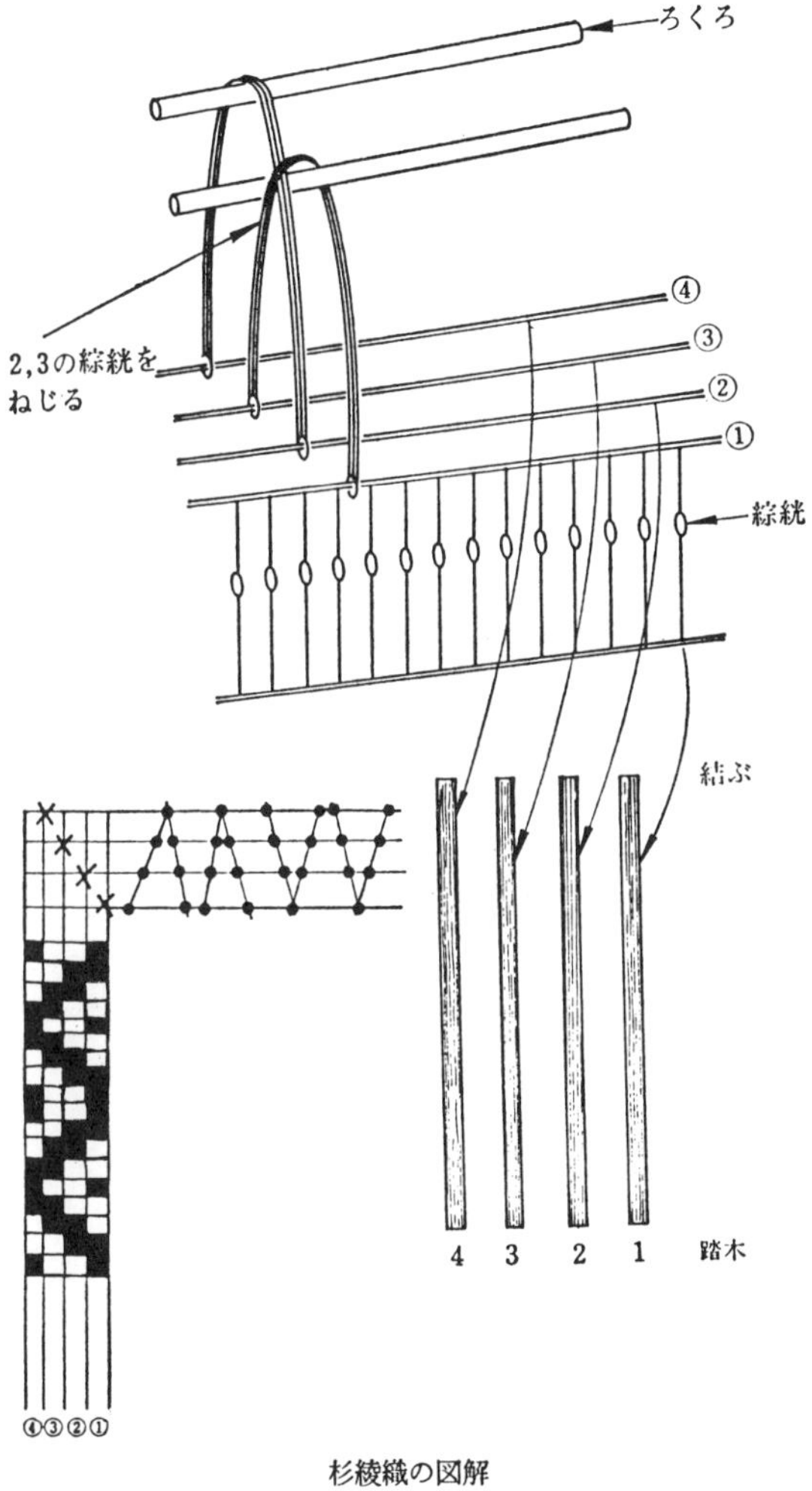

杉綾織の図解

手前の綜絖から順に1、2、3、4と通し、次に3、2、1の順に返る。これを二回繰り返して山となる。反対に、4、3、2、1、2、3、4の順に綜絖に二回繰り返して、一四本通し、同じことを繰り返して糸を通す。織り方は、踏木を1と4の両側二本を一緒に踏み、次いで、右二本、1と2、中二本、2と3、左二本、3、4の順に踏む。両側二本を踏み、その反対から左二本、4と3、中二本、3と2、右二本、2と1を同時に踏んで織る。この工程を三回繰り返し、次に左側から4と3の順に踏むと杉綾文となる。

風通織は何百種類もあり、「織物帳」にその記号を書いていた。戻り綾であるとか、縞一楽など、実物の小布を貼付して解説した帳面もある。これらの基本がわかれば、八枚綜絖でも十枚綜絖でも織れるので、手織帳は大切にし、秘密にしていたと話した。明治中期頃から山陰地方に流行した風通織も、一部の人のもので、今それを伝える老女はほとんどいない。しかし、古い織物伝書を解読して実際に布を織る喜びは、何かを生み出す楽しさであり、織物の深さには驚くばかりである。

第五章　木綿余話

木綿とは一体何であったのかをふりかえってみると、在野の農婦が個人の知的能力をデザイン化し、その感性と心を絣文様に再現する愛の表現であったといえるかもしれない。しかしその反面、苛酷な労働と規制を強いられた封建的社会において、綿作が唯一の換金作物となると、女性の労働はますます厳しいものとなった。庄屋の年貢の搾取に対する不満の中で、屑糸を紡糸した家庭着の製織、賃織に向かう母親の姿、夜なべの針仕事による綿入れ半纏《はんてん》の温かさなど、厳しい労働の中にあっても、木綿への郷愁は人々の心の奥深くにあるようだ。

現在の農村の風潮は、過去の苛烈な労働の日々を忘れ去ったかのように、衣食住の生活は一変し、木綿の伝統を発掘・採集することさえ困難になった。しかし、私は、古老を頼りに聞き書きし、村の中での見聞と私自身のささやかな体験とをもとに、木綿の盛衰を生きた女性たちの証言としてまとめてみたい。思うに、それは、生計の手段として、結婚の条件として、さらにはささやかな幸せへの切符として、女性たちの肩に重くのしかかっていた封建的思想の遺産をたしかめることであり、さらには貧困と差別の中で生きた女性たちの生活史を探り、女性の自立と希望の糸口を探ることにもつながるだろう。

一　村の女たち

昭和初期の大恐慌につづく第二次世界大戦中の食糧不足と貧困は、農山村の隅々にまで深刻化していた。海水を汲む人や野草を摘む人の姿があちこちで見られ、食卓には調味料さえ欠乏していた。飢餓生活を生き抜いてきた古老たちの中から、ひとつの証言を得た。

山方まつの（前出、倉吉市、明治三七年生）は、織物を最近までつづけてきた一人である。「絣は洗うたびに真新しくなる」と話し、一生涯織りつづけた絣や木綿縞を山積みに重ねるようにして語った。

「山方の分家に嫁ぎ、一町二反の山地を開墾し、冬場に機を織った。山村の集落は三月《みつき》も雪の中に沈む。機以外に仕事がなかった。つれあいが二度の召集（支那事変と大東亜戦争）に出兵し、その留守中子育てをしながら開墾した。子を背負って働きながら水田を開いたが、山間部の開墾田（棚田）は水不足で稲が枯れていく。一反に一俵か二俵しか収穫がない。あせりと重労働の明け暮れで、本家と実家に助けられて貧乏を乗り切った。その恩返しに織物を織りつづけた。……」

まつのは、織の道を生家の兄嫁（倉吉市、清水とめ）に習った。兄嫁は上井の織物学校河北の染織科を卒業し、織技法を習得した人で、村では珍しく学歴があった。ところが、長男が出征し、戦艦大和に乗船中戦死する。その凶報のショックで倒れて、死んでしまった。戦争による一家の破壊はどこの家庭でも見られたが、彼女は、その傷心を機の音でまぎらすように、「あねさんの技を小姑のわしが残さにゃならんでのお」と、織物に精進することを支えとして生きてきた。

私は昭和三〇年頃から老女たちと親しくしているが、織りの秘法が直系の祖母や母以外に学校教育で伝授されて生きつづけていることを知り、学校教育の重要さを改めて痛感する。

農家に嫁いだ杉谷りつ子（鳥取県大栄町、明治三七年生）は語る。「数え歳一五で親から織物の指導を受けて、嫁に来た。農閑期のみ高機に上がり、家族すべての衣料を織り、縫製した。賃織りも欠かさず、生計に役立てた。長兄が戦死したことが一番悲しく、辛い出来事だった。長兄の子の出生を祝って里から産着一式と子負い着と帯（茶色に染色し、真ん中に紋章を染め出し、隅に名前を入れる）を持参した親も、途方に暮れた。農村では後継者のいない嫁の立場は危うく、親にいつまでも心配をかける。戦後の衣料不足のときは、男物のシャツやズボンの洋服地から、仕事着・外出着のいっさいが自給自足だった。村の農業祭に出品した絣着尺（並幅に三立の幾何学文様の経緯絣）が一等賞になり、賞品にバケツをもらった。時代が変わったというが、織物は死ぬまでつづけたい。」

鳥取県中部の東伯町に住む森下重代（明治三三年生）は、「息子、博の学校時代（昭和二〇年頃）は何もなく、綿を栽培して紡糸し、蓬染めの国民服を織って着用させた。仕事着や家庭着も、草木染めの縞を創意工夫して着用した」と、話している。

同町の南端、中国山脈の峠道に、かつて織物の盛んだった村「三本杉」がある。四十数軒が道の両側に店を並べる。居酒屋、豆腐屋、麹屋、鯛饅頭屋、宿屋等々。金毘羅信仰を中心に、祭日の六月十

三本杉絣　曽根下豊子（左）と岡田一恵（右）

広瀬絣着　川井順代

日には、絣の着物で踊る「三本杉踊り」があり、これは昭和四九年鳥取県無形文化財の指定を受けている。毎年の盆踊りと重ねて新柄を競い合い、年二回の踊りでそれを披露する。「三本杉」は近隣山村の青年男女の集合場所として、また山越えで作州に出る道として賑わったが、現在は過疎の集落となり、戸数も三十数件になった（以上は、曽根下豊子＝明治四四年生と岡田一恵＝大正十年生の談話による）。また、曽根下豊子は、「娘の嫁入り荷物に、自家製絣二五反を持参させた。娘はもう五十歳になったが、まだ十反は残しているらしい。秋の終わりから春先までに二四、五反の絣を織ってきた。もう一度、機音のする村に戻したいが、自分はもう目が悪くなって残念だ」と語っている。

島根県安来市に住む川井順代（昭和一二年生）は、昭和三二年に同市内から嫁いだ。彼女は目を引くほどの鮮明な経緯絣で野良仕事をする。広瀬絣の中でも特別な織り方があるのだろうか。彼女は、仕事を中断し、絣織物と母親について語ってくれた。「宮本てりの（明治三二年生）は、広瀬絣伝習所の卒業生で、絣専門で農閑期に製織する。昭和天皇の玉造温泉への来訪時には、絣織の実演をした。注文の品は真心をこめて織りつづけた。嫁入りに持参した絣着物や仕事着は三〇枚、何十年着用しても破れない。」その精密な経緯絣を見て、私は身体がこわばり、言葉につまった。織りの経験者が「泣きながら織る」という経緯総絵文は、一日に三〇センチが限度と思われる織内容である。しかし彼女は島根県の無形文化財指定の広瀬絣にも、技術保持者としてその名をとどめてはいない。本物の名人とは、誇る術すら知らず、こんなに謙虚に平常心で生きられるのだと思った。彼女の内に秘めた力強さと執念は、その布面の重量感にあらわれている。

よく口ずさむ歌は「綿引き車はお母さん、コットン水車も廻るだろう……」の歌詞の綿引きの歌だった。綿引き労働も村の女の仕事で、水車は米搗きを主目的として順番制で使用された。紡糸の作業は糸挽き宿に集合して能率的に行われた。戦後まで村の共同体の道具として残ったのは、精米場と豆腐小屋くらいのものである。

鳥取県は、江戸時代の藩主池田氏の奨励によって、村々に豆腐小屋が定着していた。豆腐は農民のハレの日の食事として、盆と正月、冠婚葬祭に欠かせぬ食品であった。最近では豆腐づくりの共同作業の風景も見られなくなったが、豆腐づくりに欠かせぬ木綿布と豆腐前掛け（三幅大の厚地木綿）で伝統の木綿豆腐の手作りをつづける能見瑞枝（鳥取県三朝町、大正一五年生）は、その体験を次のように語る。

「初代能見林次郎は、山間部の湧き水に目をつけ、豆腐屋の操業をはじめた。三代目にあたる夫と〈林〉の屋号を守りつづけている。豆腐づくりの必需品は木綿布であり、〈木綿豆腐〉とよんでいる。綿布で大豆汁を絞り、流し箱に綿布を敷いて目の小さい豆腐をつくる。以前は藤布や麻布を用いていた。木綿豆腐は高級品である。大豆を一昼夜水に浸しザルに上げて石臼で擦る。立姿で石臼を回転させていると、全身に絞り汁がとび散る。若嫁の頃は、石臼の廻し方によって豆腐の出来具合が違うと、厳しくしつけられ、豆腐前掛けで身体を整えて石臼挽きに向かった。ゴズンボ（葛の緒の男下駄）を素足で履き、豆臼を挽く。水が落ちて雪凍となり、下駄の緒が挟めない。長靴やゴム前掛けのない時代の水仕事は大変だった。木綿の脚絆と手甲で働いた。出来たての豆腐を竹の皮に包んで藁で括り、ぶらさげて運んでいた。豆腐は水が生命であり、その良否は湧水によって左右される。水道の水で製造されたものとは味がちがう。そして、出来た製品はその日のうちに食卓に載せるように努力している。豆腐づくりは毎日午前三時から就業し、七時には五〇〇個の豆腐を配達する。その日の需要に応じた数量で、保存はしない。冷蔵庫も必要ない。幸いにこの三朝町は温泉町として栄え、その奥地には中世から鎮座する三徳山三仏寺の礼拝所がある。参拝客や温泉客に喜ばれるおいしい豆腐づくりに精進している……。」

二　拡大家族の中で

第二次世界大戦後の大家族制度の解体により、日本の農村を支配する家父長権が崩壊したというのは表向きのことで、現実には明治・大正時代を生き抜いた老人と同居する拡大家族の農村には、家の主権者の座を固執しつづけ、権威をふりかざす例もあった。

三世代同居の美徳の裏面には、多くの女性たちの泣き寝入りの生活史があり、人間関係も奥深くで亀裂している場合が多い。

私は、高等学校の家庭科の授業で「家族」についての生徒たちのレポートを読む機会に恵まれた。昭和四〇年代には、祖母と母との葛藤から逃避したいという精神面の不安から、多感な青春時代を病んでいる実例にも出会った。中には、家族の人間関係を自由と平等に維持するために、家族会議を開いて三世代の立場を徹底的に分析して、お互いに悪いところはないか、一緒に暮らすことによる時間的ずれや、考えかたのちがいによる問題点を挙げて、核家族化が進行することによって解決できるのではないかと述べた子もいた。その後二〇年を経た昭和六〇年代の高校生の報告では、核家族化の中での経済的不安や母子家庭での悩みを述べるものが多くなっている。

かつて、日本の家族制度では長男を中心とした直系血族の共同集団を美徳とし、嫁は家族の献身者であった。家族のありようが徐々に変化しつつある現在、過去の生活を忘れ去ろうとしても、心の痛

縞と絣着物姿の卒業記念写真（倉吉河北高等小学校，大正５年）（福井富治提供）

大風呂敷を負っての行商（倉吉，昭和30年代）（米原写真館提供）

みは消失しない。山間部に住むM女は、拡大家族の中での性差別による悲劇の体験者である。敗戦後の混乱期に舅（義父）に性的従属を強いられ、肉体関係まで強要され、夫の戦死訃報と腹に宿す子との二重の苦痛に耐え抜いたが、黙殺されつづけた。「子供に出生の秘密は口が裂けても話せない」と告白する。

また、戦時中の「生めよ殖やせよ」の人口政策の下で、多産と子育ての陰で泣いた人たちも多い。梅子（仮名）は一九歳で嫁に来た。七人兄弟の長兄の嫁として重宝された。昭和二二年のことである。戦後の食糧不足と窮乏の時代に専業農家として増産に励んだ。農家の嫁は牛馬のように命令によって働き、拡大家族の中ではかり知れぬ犠牲を払ってきた。家族の共同による営農は、働いてもその収益については何も知らされず、口をはさむことさえできない。ようやく農業を覚えて第一子を懐妊すると、姑も妊娠し、同年に嫁は女児を、姑は男児を出産すると、その時から多難が重なった。同一家屋内で叔父と姪が成育する。「嫁も姑も産みやいこ」と同時出産を方言で言い、子宝は一見家の隆盛を感じさせる。しかし、家庭内は、姑の子育ての最中に嫁の出産が重なり、火だるまの騒ぎとなる。女児を「取ってなあ」（家財を持ち出すという方言）と呼び、名前では呼ばない。授乳など一切の世話は姑の子育ての方針に従って行われ、お灸による躾までが強制された。嫁の評価は農家に不可欠な労働力としての仕事の量ではかられ、多産な小姑が結婚すると、その出費を親と共同で負担しなければならなかった。村の慣習では、出産祝い、お宮参り、節句、七五三の祝いなど、親元に援助が求められ、夫婦による家庭経営とは無縁で、あくまでも親中心で、親戚とのかかわりが重視された。零細農家になると、借金の返済も長兄夫婦に負わされた。女性差別と偏見のため、夫婦間にも波風が絶えず、子供が成人に達するまで、家庭内の人間関係は屈折する。そして、その後に待っている「要介護老人問題」は、さらに長兄の嫁の肩に覆い被さってくる。

大家族制度は、経糸を中心とした回転軸に祖父が居座り、入浴の順番から配膳の優先順位にいたるまで厳格な掟が支配していた。人間的権利や自由を奪われた女たちは、農家の主婦でありながら娘を農家には嫁に出さないということでささやかな抵抗を示し、深刻な嫁不足を招いている。また、家族の人間関係のもつれから人間不信に陥り、みずから独居老人を選んで営農にかかわらない人たちも出てきている。

それでも昭和四〇年代までは、一家一門の家族集団が野良で収穫に従事し、田の畦で茶の子を食べる風景が点在していた。いまその田園風景はなく、機械を使う人のみが目立つ。営農がかあちゃん農業になり、そのかあちゃんたちは既に老女になろうとしている。

三　女の自立

稲作中心の農家に、綿や桑作、木綿と屑絹織り、羊の飼育からウールの製織などが加わり、昭和三〇年代の村は自給自足の時代を迎えた。一方、第二次産業の増大により、男たちは現金収入を求めて外に出るようになり、兼業化の波が村に押し寄せた。また、小規模のかあちゃん酪農の導入も流行し、労働が多様化すると、農繁期と農閑期、昼夜と晴雨にかかわりなく、時間的拘束はますます厳しくなった。

かあちゃん農業や酪農で女が自立を模索する一方、既婚女性の中高年層までが町工場や商店の店員、縫製会社の雇用労働者に様変わりするようになった。生産者と商人を区別してきた慣行も崩れ、自家栽培の野菜や生花の行商に出かける女性の姿も増えてきた。

しかし、女性の自立や職業の選択にも限度があり、社会進出の門戸は狭かった。

一九歳で農家の長男に嫁いだ入江千代子（鳥取県東伯郡東伯町、明治四一年生）は、結婚後夫婦で広島県呉市の被服厚生染色講習会で技術を修得し、宮城、秋田など東北地方六県で染色の指導に携わった。大正末期から昭和一九年までの間で、その間、衣料不足から、古着を染色によって更生利用する講習がひろく受け入れられた。郷里で農業を営む親元に送金をつづけ、戦時中帰省する。老父母に木綿着をつくってやりたくても綿糸が入手できない。手紡糸や地絣を捜して歩き、自分の最高級品である嫁入り衣装の大島紬を簞笥から取り出し、背負籠に隠して村を歩き、絣着尺と交換して村に帰り、絣ハッピ二枚に縫製して姑を喜ばせた。しかし、絣の好きだった姑は間もなく病で逝ってしまった。土葬の木棺に敷く座蒲団は絣の綿入れ仕立てにし、絣とともに送り出した。「家を留守にして働けたのは家族の理解のお蔭で、農家の長男の嫁でいて子宝に恵まれなかったが、姑は私を大切にしてくれた」という。現在は次男の姪夫婦を後継者に同居し、豊かな老後を送っている。染色の型紙数百枚は私が譲り受けることになった。

明治期以来、季節的な集団出稼ぎや田植えの季節の早乙女や綿守り労働など、一ヵ月間くらい近隣の集落にでかけることは行われていた。しかし、女性が家を出ることは、当時まだ珍しいことであった。農閑期の行商はますます急増し、大きな風呂敷包みを背負った女たちが海産物や綿、草履などを売りに村々を渡り歩いた。

素足に藁草履が心地よく感じられるころ、ひとりの老婆が等身大の大風呂敷包みを背負って戸口に立っていた。「草履はいらんかな……」。声に力がない。よく見ると、紺木綿の風呂敷に数枚の補製布と補強針目の刺子の糸が色褪せて目立つ。風呂敷に魅せられていると、荷物を広げて、竹皮草履と藁草履、それに鼻緒に和紙や縞布を添えた製品を取り出し、「一冬の仕事だ」と説明した。私はその手仕事の温かさに感心し、思い切ってそこに広げられた全商品を大風呂敷とともに購入することにした。すると、老女は土間のコンクリートに土下座して両手を合わせて私を拝みながら泣き出した。

老女は「部落」に生まれ、火事で焼け出されたうえ、夫にも先立たれてしまったという。泥田のなかでもがきつづけるような不安定な日々の暮らしが目に見えるようだ。「こげなうれしいことは生まれてはじめてだ」と、顔を伏せた。私も泣いた。

日本の部落対策事業は、明治の太政官布告により改善の方向に向かったとされているが、それは表面のことにすぎず、職業上の特権も奪われ、差別と偏見の中で生き抜く人々はいまだに多い。低賃金の手仕事や手工芸品にかかわる特定の職業を彼らに結びつける偏見はいまだに根強く残っているが、私は彼らの技術や製品の芸術性を発掘・収集しなければならないと思っている。

毎年、春風に乗ってやって来る渡辺てる子（島根県島根町の老女）は、祖母から三代目の海産物の行商をつづける出稼ぎ労働者である。大風呂敷二段重ねを背負って廻る。宿は特定の間借りで、一ヵ月は滞在し、宿を根拠に売り歩く。数名の女友達もいるようだ。代々販路を開拓し、行動半径を広げてきたが、若嫁時代には姑と一緒に歩き、行商のコツを習ったという。真紅の頰に木綿の頭巾を被り、白手拭いを首に下げ、絣のハッピに雪袴のような大もんぺ、裂織り帯に縞布の財布を挾み込み、紐も首に掛けている。手甲に脚絆、大幅の前掛けのポケットが大きい。地下足袋姿で歩くが、背負い姿による背骨の湾曲と肩の発達で、首を前に出して頭部を下げると、その姿はまるで亀のようだ。老女の身体は、木綿に包まれた縞帳が歩くように、多種多様な図柄を着こなす。木綿の媒介によって何十年来の交遊がつづき、毎年新鮮な着装で行商に来てはわたしを唸らせる。あるとき、老女に招かれて島根県の北部海岸、島根町の漁村を訪問した。男性は漁師で留守が多く、女の働きが生計維持に一役買っていた。灘風と魚臭のする村の中で、女たちがいきいきとして往来していた。頰被りの女、ナイロン前掛けの女たち、灘風で焼いた顔が美しい。

海岸に立って遠くを見ると、海水が藍衣を重ねたように知的な美しさを呈し、足下の透明な水に稚魚が泳ぐ。繰り返し打ち寄せるさざ波が岩石の海藻を洗っていた。

老女と村人との関係は肉親のような強い絆で結ばれていた。私は老女たちの善意で大風呂敷いっぱいの着古しの木綿を頂戴しながら、機織りによって心を癒し、人間らしさをとりもどしたというといくつかの実話を聞いた。

四　木綿再考

老女の中には、指先の奇形化が目立つ人がいる。第二関節でへの字型に変形したまま元の状態に戻らない。これは腱鞘炎《けんしょうえん》で、私も体験者の一人であるが、製織者に多く、最近では早期治療で完治するようになった。

以前は、在来の手動力による農耕作業、とくに四つん這いの姿勢で働く水田除草（指先で土を起こし、稲株の根元を除草する）や寒中の機織労働など、指先を激しく屈伸させることによって炎症を引き起こすことが多かった。また、重度の手作業で指が湾曲して熊手のようになる者もいた。大方の農婦は冬季に指先がヒビとアカギレで割裂し、出血する。「煮やし油」（植物油を古い郵便葉書にたらし、火鉢で温めてアカギレに擦り込む）という療法で効果を上げたり、膏薬を併用して痛みを和らげたりした。しかし、野良仕事と家事、子育てや洗濯など、連日の水仕事で、女たちは手を休める暇がなかった。家の中にカマドの煙や鍋墨が舞い上がり、天井から煤となって落下する。鍋釜の裏底を洗うたびに掌に地図のような模様ができる。カマドの灰や川砂を摩擦して鍋釜を磨き、暗い土間の台所で薪を焚いた。昔語りのようであるが、これが三〇年前までの農山村の生活状態であった。

農村の生活改善が叫ばれると、藁葺き屋根も姿を消し、過去の遅れた生活状態から一気に飛躍したいという焦りから、これまで伝授・継承されてきた生活文化とその心を一瞬にして失ってしまうという悲劇がはじまった。

縫糸もない戦中・戦後の貧窮生活から現代の飽衣時代を迎えた主婦たちは、封建制からの解放とは身辺を流行品に取り替えることと錯覚し、家屋や土蔵、長持や衣料箪笥をはじめ、家具調度、食器にいたるまで取り替えた。金具飾りの古箪笥や大風呂敷に包んだ木綿や布団などを屋外に持ち出し、畑に穴を掘って焼却する場面に何度か立ちつくした。

昭和四〇年代の高度経済成長の波に乗って、農山村の生活は急速に変化し、在来の木綿衣料（絣の布団や着物など）が化学繊維に取り替えられた。かつて自給自足の生活を強いられ、手織りや手づくりを美徳としてきた老女たちは片隅に追いやられ、寂しく余生を送った人たちは多い。

本桑田　船木家土蔵群（倉吉市玉川通り，昭和58年）

西桑田　東桑田家土蔵群（倉吉市玉川通り，昭和58年）

化繊の新製品が続々と登場し、ナイロンやテトロンの前掛けやブラウス、下着、ビニロンの合羽などの流行品を追いもとめて、人々は競って既製服を買い求めた。しかし、それらの新製品は、汗で布地が肌についたり、帯電が起きたり、通気性と吸湿性に欠けて蒸し暑く、洗濯のたびごとに黄変するなど、かならずしも進歩したといえるものではなかった。そして、最近になって「仕事着や家庭着は木綿が一番だ」と、認識を新たにする人が多い。しかし、失ってしまったものはもう元には戻らない。

めまぐるしく変わる生活を追う若者たちと、古いものに固執する老人たちとの接点は噛み合わなかった。私は、もろに嫁姑の問題や家族の中の老人問題に直面して、織物を通して女の生きざまを学ぶことになった。私はノートとカメラを通学バックに入れて、道すがら出会う老女たちの絣着を撮り、家庭を訪問して織りの秘法や身の上話を聞いた。毎日が学習だった。

椿の花や柏の葉、椎の木の皮など、自然界の草木を利用して染色し、心を織り出す技術は、老女たちの豊かな生活文化を形成していた。また、紅花染めを下着に着けると肌に作用して血を若返らせるとか、藍染の性的な匂いや紺色による知性美の表現などの伝承の中には、女性の知恵の蓄積と哀史が織り込まれている。

山陰地方の文化の高さは、木綿絣の豊富な図柄や、布面が呼吸しているように感じられるその重量感にも表れている。その美しさは、何度も触れたように、藍色に白絣の調和と、草木染、木綿という制約の中で数知れない試行錯誤が繰り返され、淘汰された後に生まれたものである。それは、女たちが苦しい生活の中で家庭管理を行い、愛する人に木綿を着せることに生きがいを見出し、織りのなかにすべてを吐き出すように生きてきたことの証である。このように、頭ではなく身体で培われてきた生活の知恵を忘れてはならないと思う。

さて、あまり触れたくないことではあるが、ここで、私が奉職していた倉吉北高等学校絣研究室の盛衰について述べておかなければならない。

昭和四六年四月、倉吉北高等学校に絣研究室が開設された。奉職して十年目、幼稚な家庭工房を学校教育の場に移転することになる。当時の小林俊治校長の先見性によって、全国に例のない特設教室は、土地の倉吉絣の伝統技術を後世に伝えるとともに、地域の社会教育としての生涯学習の場を成人に提供し、その学習姿勢を高校生にも投影させ、町の伝統工芸や家庭の織物文化にも関心を持たせる目的を包含していた。

寄贈された古い高機30台　倉吉北高等学校絣研究室（昭和63年）

研究生は、大学卒業生や主婦が週二日間、一年ないし二年学習する。定員は一五名前後である。過去一七年間の卒業生総数は一五四名、二年間継続の研究生は三五名である。研究生たちは卒業後、県や市の美術工芸部門で活躍し、土地の絣保存会員として展示即売会を催している。

倉吉市は機の音の聞こえる町「水と緑と文化のまち」「土蔵群と絣のまち」を合言葉に歩んでいる。この白壁の土蔵は、かつて隆盛を誇った綿問屋の木綿蔵が多い。紺絣は日常のすべての暮らしの中に息づき、その美しさは、赤褐色の石州瓦や白壁とミックスして、町の景観美をなしてきた。

研究生たちは十代から六〇代までの幅があり、生いたちや生活環境の違う人々が織物を学ぶという目標に向かって結ばれている。限られた時間を燃焼させるために、研究活動は旺盛である。昼間の勤務を夜間に切り換えて入学した男性や看護婦、夜勤の振替休日を利用した保母、休日出勤のＯＬたちなど、職業と趣味と研究を貪欲に追求する積極的な生活設計の人々が増えてきた。県外から大学卒業と同時に入校する人も多く、地元の人たちに刺激を与えている。研究室に通学しながら出産した人、絣を学ぶうちに夫婦関係がよくなった人。老人や木綿の尊さに気付いたという嬉しい話、機を織ることによって自分が変わり、家庭が変わったという話や、子供が学習に意欲的になり、活気づいてきたという報告など、私はさまざまな生き方に刺激され、学ぶことが多かった。

そうした研究活動に夢中だった昭和五八年一月、大火災に出会ったのである。類焼により、一瞬にして研究室は灰になってしまった。原因は風呂場の煙突の加熱であった。木造校舎の研究室と高機二三台、そして付属品は、薪となって火の手を高く上げて燃えつきてしまった。二階の廊下が火の帯となり、人を近づかせぬ猛威で、どうすることもできなかった。

夜明けを待って生徒に電話した。ちょうどその日に織り上げた一二メートルの着尺を教卓に置いていた。また、多くの生徒は製作中で、高機に糸を掛けていた。「先生、反物は焼けても習った技術は残ります。安心してください」。静かな声だった。電話のむこうで泣いているように感じた。私は声をふるわせて、「どうか気を強く持って、再出発しようね」と言ったものの、天罰を受け止めて絣から身を引くことで頭がいっぱいだった。準備室には、生徒と一緒に夏休みを利用して収集した民具や古布、織物帳や縞帳、絣の型紙や製品を戸棚に収蔵していたが、その膨大な貴重な資料も焼失した。一歩焼け跡に足を踏み入れると、藍の香りを残して燃え切らぬタピストリーや藍糸の束、工具の焼片などが散乱し、拾い上げて撫でまわしてみたが、目にあまる残骸の山にただ茫然とするばかりだった。

マスコミはこの火災を大きく報じ、各新聞は延焼した絣研究室の再興の見通しと伝統ある倉吉絣の保存について記事にした。たくさんの人々から激励され、電話のベルは鳴り通しで、激励文は山積みとなる。工具や高機の寄贈の申し出が相次いだ。後で知ったが、姑は神棚と仏前に灯明をして鎮火を祈っていたらしい。「火元でないから、元気を出して」と、母は私を励ましたが、ついに精神的ショックから私は不眠症になり、通院しながら後始末をすることになった。学校関係者の深い愛情と地域の人々の理解・協力により、再興に向かって歩み出すことができた。中でも、弓浜絣の名人井田としえ（明治三一年生）は、「この機を若い方に使ってもらっていな、これくらいのことで引っ込んではいけんぜ、やんなはれ、きっと笑う日が来るけえ」と、生涯愛用した織機を寄贈し、激励してくれた。

村から村へ、高機の寄贈者を訪ねて、面会しながら譲り受ける日々がつづいた。「木綿が大切なことを新聞で知った」「火事によって昔の絣のよさがわかった」と、中高年の婦人たちが声をかけて慰めてくれた。山間部では日没まで働くので、遅い帰宅を待っていて、養蚕場や天井裏に登り、懐中電灯を回しながら捜し出し、藁束に埋まった織機や煤だらけの高機にロープをかけて階下に下ろす作業は深夜にわたった。

こうして、三〇台の高機や付属品の工具を収集し、手垢の積もった汚れを洗い流し、椿油で拭いて仕上げた。中には、「死んだ婆さまを喜ばしてやってくれ」と言って、形見の着物をつけて寄贈してくれる老人もいた。機に小猫をつけてくれた老女もあり、猫は私を勇気づけてくれた。こうした人々の善意に助けられて、三ヵ月後の四月には、新入生一三名（うち男性二名）を迎えて再出発することができた。

この苦難の体験によって、私は多くのことを学ぶことができた。そして五年後の昭和六三年三月末に絣研究室を鳥取女子短期大学内に移譲し、私は家で姑の看病に専念することになった。

五　織物秘話

日本には昔から「一狐裘《いっこきゅう》」という言葉がある。一匹の狐の皮衣を三〇年間も着用し、着古して愛着を深め、美しさを増していくというのである。ひとつのものを大切に使用して愛着を深めていく「着古しの美学」は、古来日本人の生活の基本であった。ものを惜しむのではなく、使用していくことによって味わいを深めていく。木綿の場合にも、三〇年着古して地質の柔軟な肌ざわりと藍色の冴えを楽しんだもので、そのために最初からゴワゴワとした厚地に織り上げている。着物を身体になじませ、皮膚の一部のように洗うと、そのたびに鮮明さが増し、飽きのこない素朴な味わいを出す。そのため、木綿には正直な仕事が要求される。まず糸の紡糸加減に細心の注意を払い、太めの糸を煮沸して強度を増大させた。染色も上紺染めにし、絣の防染には苧麻《ちょま》の樹皮繊維を水浸し、撚りをかけて絣括りをした。一反の製織が完了するまでは、織手は安らかな精神状態を維持し、つねに精神的高揚感を持って臨んでいた。垂直な糸に直角に糸を交差させることは、簡単なようでいて困難なことである。邪心があれば織口が歪むとさえ言われ、「心を落ち着けて織る」「祈りながら織る」などと口伝えている。

模索と失敗の連続のなかで、無我夢中で織りを進めていくうちに、言葉では表現できない一種の陶酔感さえ覚えるようになる。こうした経験を重ね、先輩の技を盗みながら肝心の技術の習得を深めていくので、大方の老女たちは自己流の秘法を持っていた。老女たちの中には、すぐれた技術を持ちながら、「織技は持って死ぬ」と言う人もいるが、多くの人々は織りの技術用語にいたるまで、それらの秘法を語ってくれた。

俗に、「端を垂れる」と言う。緯糸の巻き方に対する戒めである。竹管に糸を巻く「管かき三年」と同じ意味で、製織上に緯糸が端に垂れて絡まるのを防ぎ、布面を平均に織幅を統一するための注意である。管巻きの方法は、竹管六センチを糸車に固定し、右手で糸車を回転させ、左手で締め加減に糸を出し、中央を山高く堅く巻くのであるが、これに三年の訓練を要するというのである。また、「破れ織り」や「透《す》く織り」（注・すきまが出来ることを「透く」という）は商品にならないとされる。製織中の経糸の張り加減によって、機のうえで持続する昇降運動が不十分なときに緯糸が浮上する。つまり、経糸と緯糸が一本ごとに交織しないことをいう。それを防ぐために、製織中に裏側にも気配りし、手指の感触で「透く織り」を検証せよと教えている。織りは、後戻りのできない厳しい工程である。

布地の強度は、材質と織りの密度によって決まる。経糸と緯糸が直角に交差する織り方がもっとも耐久力がある。そのために、杼《ひ》の打ち方やその音色にも年季がいるらしい。杼を打つ人の力量によって「織り斑《むら》」、つまり色の濃淡や地質の厚薄が決まる。打ち手が弱い場合は地質が薄く、経糸の色相が強くなる。絵絣などは緯糸で表現する場合が多く、打ち方によって文様が伸縮する。そのため、筬《おさ》打ちの距離を一定に保ち、同一の力で打つことが要求される。「手櫛を使え」とよくいわれたが、これは身体を工具代わりにして五本の指で糸道をつくり、糸のもつれを防ぐ方法で、竹櫛よりも手櫛の方がよいとされた。経糸の中に手指を入れて織り道を開く方法である。また糸通しに「糸を吸う」ともいった。竹や杼などの工具に、織糸を通す穴があり、ここに口をつけて糸を吸い出す方法である。糸の扱い方にも「左手で決める」「足に挾む」などの言葉があるように、身体全体を工具として使用し、その技術を熟達させていたのである。

紙片にデザインした図柄は「筬羽を縫え」といわれた。木綿針と糸で筬（織幅と布の密度に不可欠な竹羽状の工具）を縫い、幾何学文様の配分をするのだが、絣計算の上で、筬羽を縫うことによって、簡単で正確にその数量を把握することができた。こうした幾何学文様の図柄は、明治期から昭和二〇年代にかけて、多種多様に展開されてきたが、これらは机上で考えられた図柄ではなく、自然界の中のリズムや対称美からヒントを得て、主婦たちの日常生活の中で発想されたものである。

図のように、正方形のことをこの地方では「豆腐」と呼称し、「豆腐」三個を斜めに移動させたものを「三段ずり」とよび、さらに②のように「三段ずり」を線で結べば「扇」となる。また、③のように正方形を上下に配置して両側を線で結ぶと、中が空洞になり、これを「虫の巣」と呼んだ。「扇」や「虫の巣」は吉祥文様として重宝され、着物や布団に多くデザインされた。

このように、相反する均衡美や追っかけ回転する文様の美、さらに対称の美など、さまざまな美の原理が図案化され、製織された。

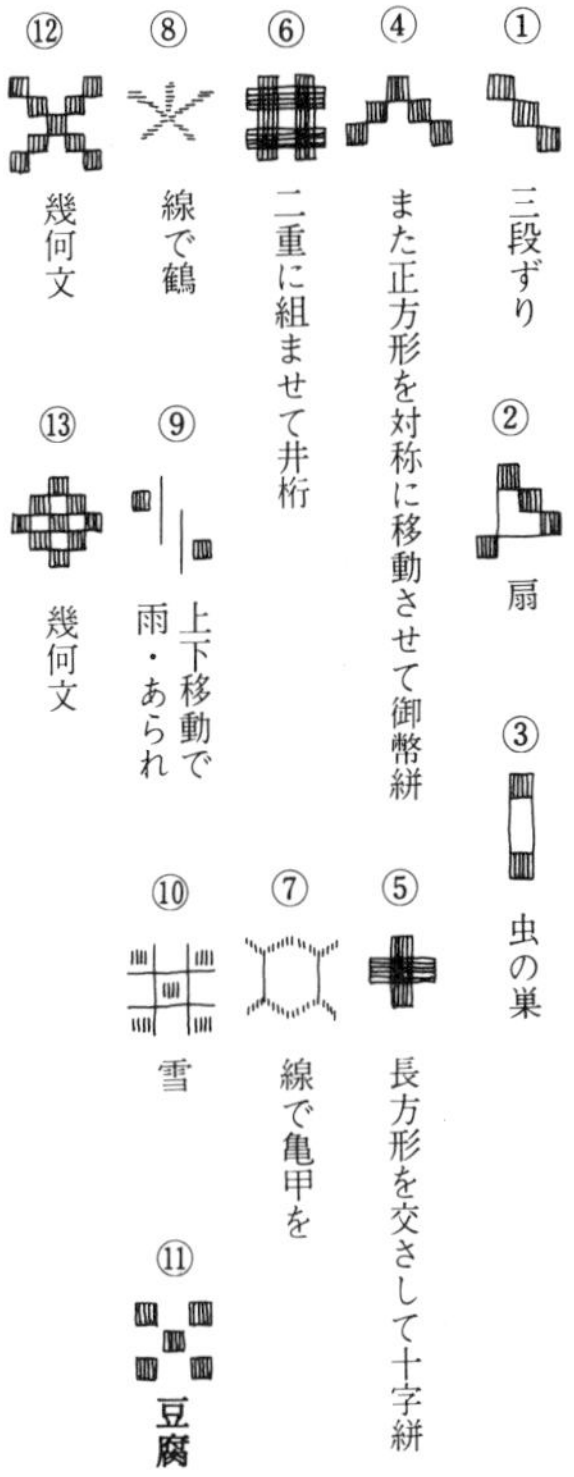

絣の幾何学文様の展開

数学を知らない老女たちが工具として使った物差しは、竹ヒゴに墨付けした竹間尺である。また、縞・絣の計算には松葉を利用し（次頁図参照）、経糸の整経には一往復の手動ごとに一本の松葉を抜き取り、いちいち数えなくても出来る方法が用いられた。これらの道具は機工具として箱に収めら

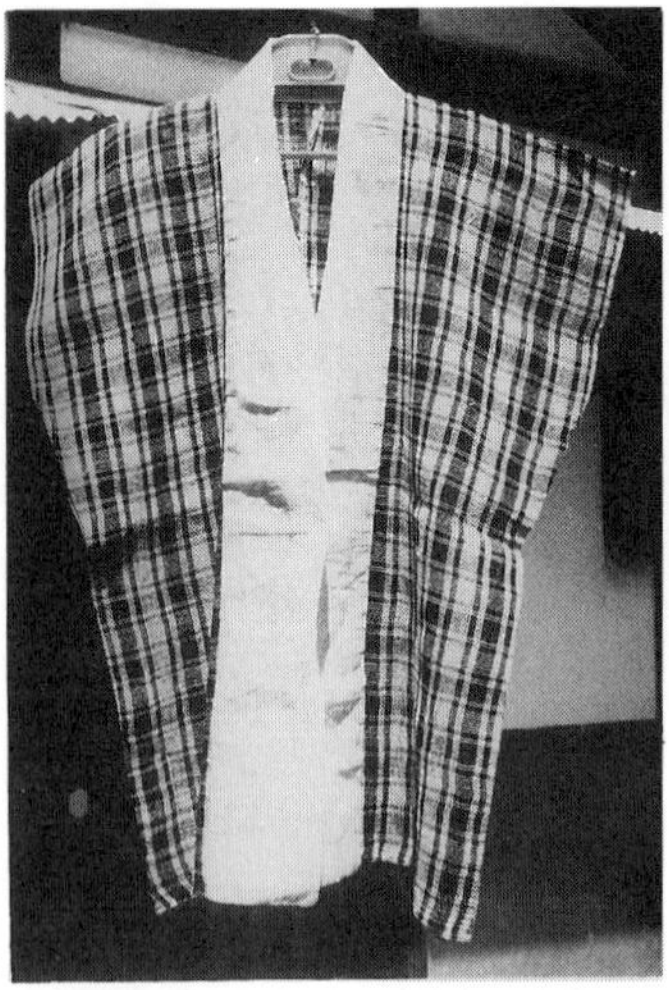

綟じゅばん胴身ごろ（外出用広衿，
袖は別布）

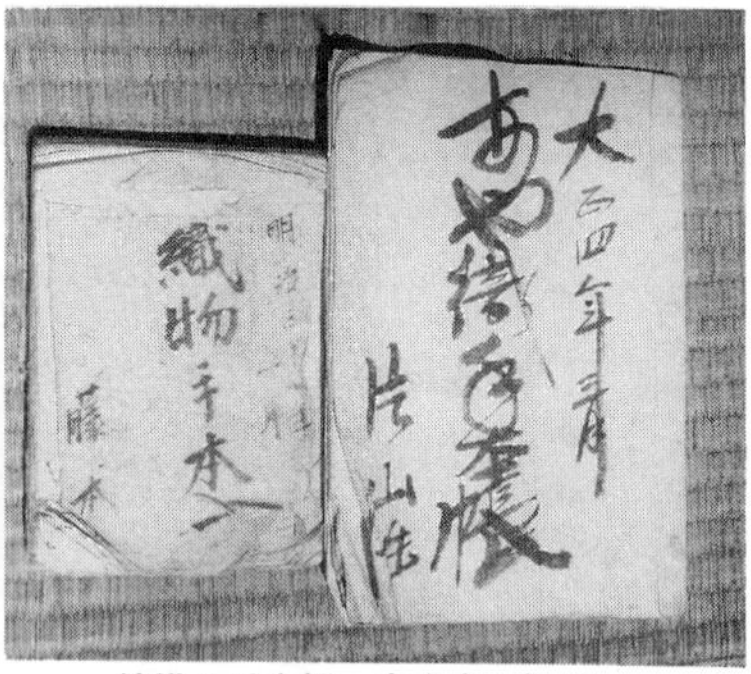

綾織り手本帳　倉吉市上福田，
藤本家（明治期）

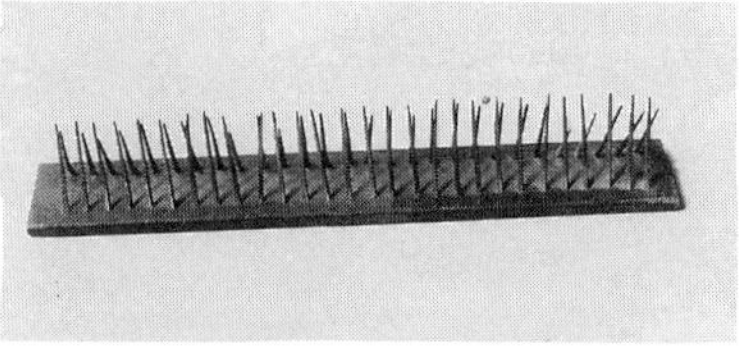

粗筬　割竹で経糸を並べる付属品（竹56本）

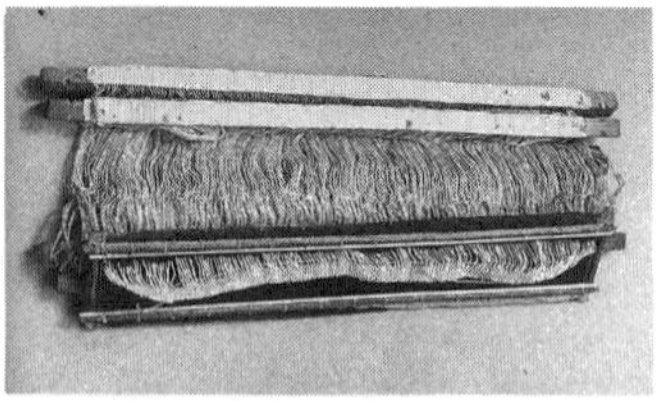

糸綜絖と筬に通した編綟り見本
（鳥取県東伯郡関金町で収集）

絣縞計算に使った松葉束

れ、代々使用された。

絣は「九算筬《よみおさ》か九半筬」（四進法による工程で、一算を四〇本で計算する。布幅三七センチ間に三六〇〜三八〇本の上下二倍の経糸の密度）で製織するという。弓浜絣の名人、内田竹子老女も、「絣は九算筬が最適だ」と教える。これは、経緯の糸が製織後に均等化する密度である。絵絣は、絵文様を鮮明に表現するために緯糸が勝つ」製織法が望まれるようである。老女はさらに、経糸と緯糸の番手や密度を替えて経絣、経緯絣、縞の表現に「経糸が勝つ」（製織の結果、経糸の現象が目立つ）最適の方法や、緯糸を太くして腰のある織物をつくる方法、紡糸を小さくして三回の打ち込みによる厚地の製織法などを、絣帳の実物標本をほぐしながら説明してくれた。

「細絣が最高級品」という評価基準が流布している中で、一日一尺が限度とされる経緯総絣の難関に挑戦しつづけ、各自の速織り秘法を開拓しなければならなかった。各自の製品には、布端の耳の部分に隠し糸を織りこんで記録し、商品として物言いがつくときに見分ける方法にしていたようだ。

織物技法も、多種多様の工程を駆使して、その年代の風潮にマッチした素材によって工夫されてきた。明治期に流行した「綟《もじり》織り」（注・麻糸をよじって目をあらく織る）（前頁図参照）は、綿糸や麻糸をからませて織り、夏衣や下着、蚊帳などに製織されたという。

綟《もじり》には、網綟、籠綟などがあり、経糸一本おきに隣の経糸と相互にからませ、交錯点に緯糸を入れる工程をたどる。経糸の密度は八算筬（三二〇本）が多く用いられた。前頁の図は、糸綜絖と筬に糸を通したままの網綟りの見本で、糸端と次回の製織糸を結合（機結び）すると、綜絖、筬通しの工程が省けることになる。山間の村で収集したものである。

木綿の染色に欠かせぬものに藍甕がある。藍甕には、前出の紺屋専業用と、家庭用の小型甕がある。倉吉の藍染紺屋は昭和四〇年頃に藍業を中断した。紺屋によく出入りした関係で、私は、甕が姫路方面の愛好家に買い取られていることを知ったが、すでに前金が渡されていて、どうすることもできなかった。そこで、残りの甕五本を譲り受け、家族や知人の援助で発掘することになった。甕は、四本単位に土穴一メートルの深さに埋められ、固定されていた。しかも、四本を囲む中央の火壺から側面に加熱して藍を醱酵建てにしていた関係で、甕にひび割れと亀裂が走り、発掘に苦労した。甕の高さ

倉吉，前田紺屋の藍瓶　江戸時代末期から昭和40年ごろまで使用された（私設倉吉絣資料館蔵）

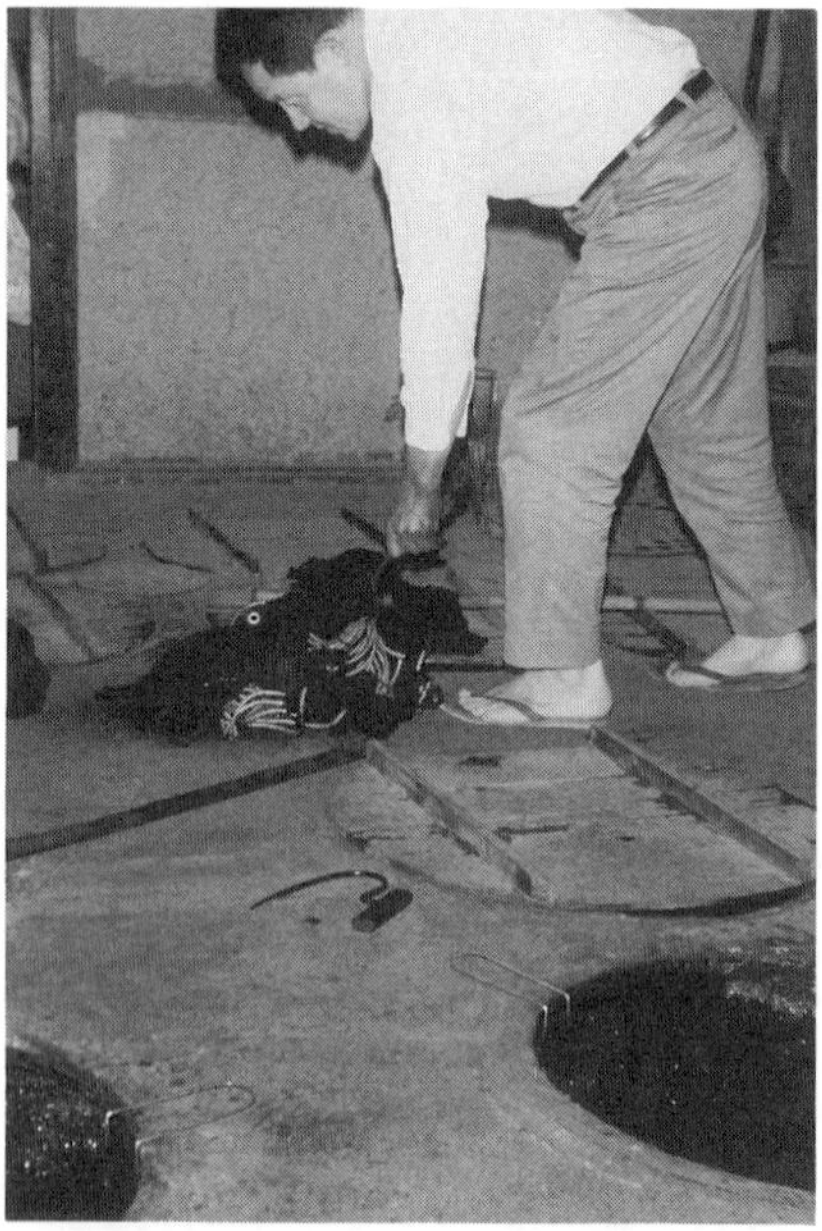

絣染め紺屋の天野圭（島根県能義郡広瀬町）

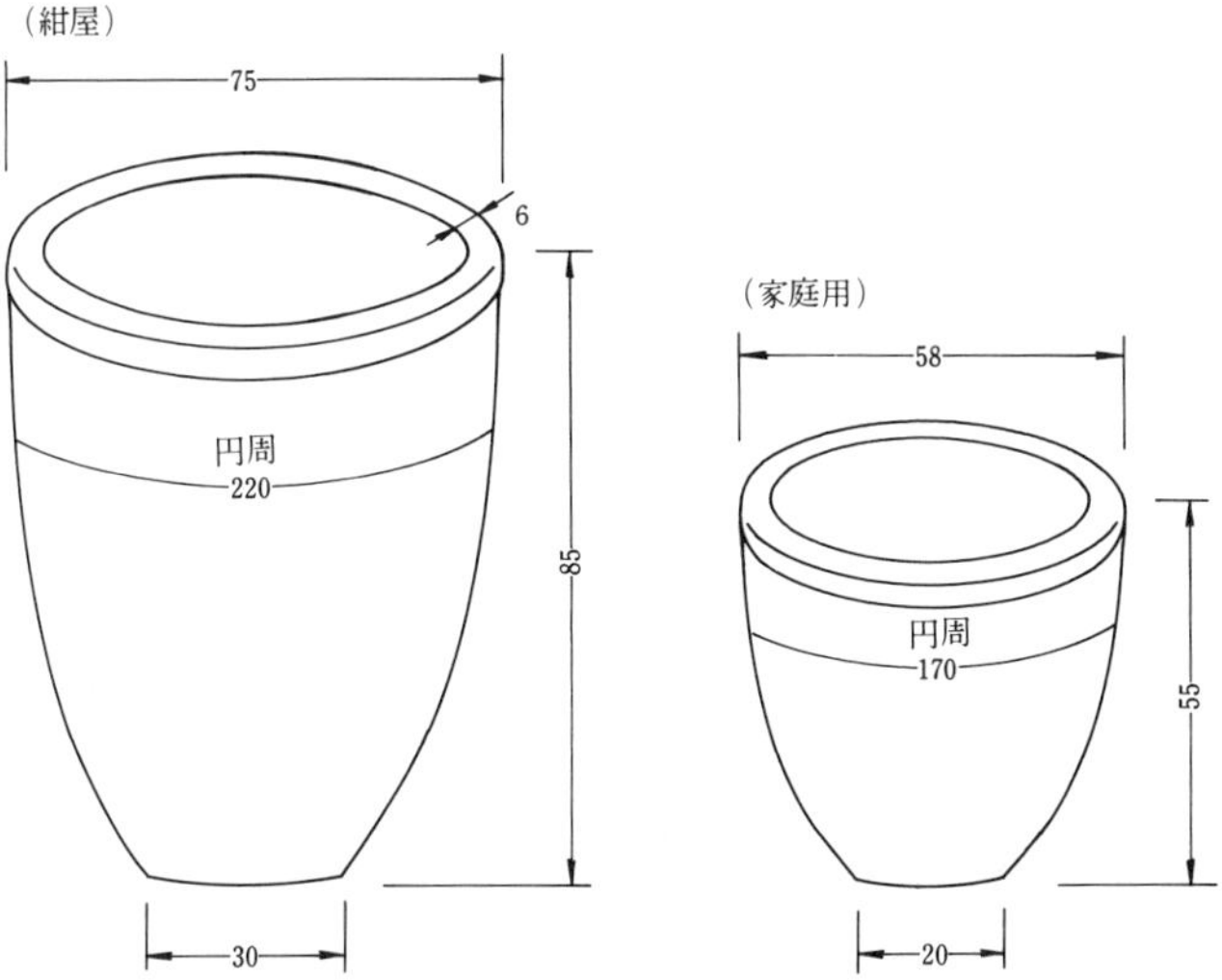

藍甕（左は紺屋，右は家庭用）

は八五センチ、周囲は二・二メートル以上の大きさで、甕の直径の一・五倍の穴を周囲に掘り、甕の上部側面から縄を巻きながら作業をすすめた。甕の中に土を入れて固定し、古墳の発掘のように手箒で土塊を払いながらの慎重な仕事だった。中には両側面が砕けて底部のみが残った甕もあって、土とセメントを混ぜた粘土で元の形態に復元した。故宮本常一先生は「四国の阿波の甕によく似ている」と言ったが、素焼きに藍色が染み込んで、その歴史を語りかけてくるようである。江戸時代の前田紺屋初代の操業以来使用されてきた貴重な甕であり、土地の庶民の衣生活とかかわってきたかけがえのない重要な資料といえよう。

家庭用の藍甕も、大戦後の機業の衰退とともに使用されることがなくなり、梨畑の肥料壺に様変わりした。また、民家の小便壺に使用された藍甕も、高度成長期の新築ブームで軒下や屋敷の隅に伏せ置かれるようになった。畑の肥料壺も、化学肥料の普及によって不要となり、畦に放置されるようになってしまった。私は藍甕に魅せられて、これらの放置された家庭用藍甕三基を収集した。小便壺として使用された甕の内側には白色のセメント状に小便が付着していて（方言で「小便こがれ」という）、これを数ヵ月がかりで取り除き、絣や木綿と同等に大切な資料として保存している。

かつて明治期に、村々に一〜二軒の紺屋が点在するほど、木綿の藍染めの需要と供給があったことは前述したが、その紺屋の屋敷内には必ずといえるほど藪椿が群生していた。一例をあげると、鳥取県東伯郡大栄町の池口文一郎（故人）紺屋にも藪椿がある。昭和三三年頃まで一四本の甕を備えて地域の藍染をつづけていたが、六年後に亡くなっている。また、鳥取県中部の山間の村、関金町の日野紺屋も、垣根は椿の花盛りだった。椿灰は染色の助剤（媒染剤。色の発色と安定をはかる）として最も適しており、また、椿油は織物の工具の手入れに重宝されたようである。今でも椿油は欠かせぬ材料で、高機の筬を油綿で拭いている。

藪椿は竹藪の中に自生し、豪雪で竹が折れるのを防ぐのにも役立っていると古老は話していたが、椿の花の紅い素朴な美しさは紺絣の美しさにも通じているようだ。

六　鳥取県における伝統的紡績具

鳥取県は日本列島の西北側に位置し、日本海に面した細長い県で、海と山に囲まれた環境にある。中国最高峰の大山と東、中、西部地方の三大河川の川床が砂丘をなし、中でも鳥取砂丘は日本一の規模をもつ。中部地方の北条砂丘や西部地方の弓浜半島の砂丘地には藍や綿作が適し、それらの豊富な資源が自給自足を進展させ、織物産業の発達を促した。

中国産地は古くから良質の鉄を産出し、また早くから作州（岡山県）越えの陸路が開発されていた。そして、県内の港は船舶網の玄関口として、鉄や木綿の産物を積出し、他国と交流しながら栄えてきた。

明治期の特産品は、良質の鉄を農具の稲扱《いなこ》き千刃《せんば》に改良した千刃と絣、それに蚕業と稲作などであった。中でも機織りと養蚕が農家の主要な換金商品で、高機の保有数は一戸あたり二台程度であったという。

第二次大戦後の衣料不足の時代までは手織りで充足してきたが、近年の被服材料の技術革新と住居の改築によって、大部分の高機は不要となり、処分されてしまった。

私は、過去三〇年間にわたりおよそ一〇〇台ほどの織機とかかわりをもってきたが、それらの中で代表的な高機の形態を実測図に記録し、比較調査をした。高機の地域的な特性を明快に示すには未だ不十分な収集状況であるが、現在までの調査結果を記しておく。

鳥取県東部地方の高機

第四章で述べたとおり、高機は、絹織物の織機として中国からわが国に伝えられた。そして京都を中心として急速に発展し、日本独自の絹織物が発達して、高機を普及させていった。在来の野生植物の繊維や麻の製織には地機が使用されたが、木綿の普及によって絹用の高機が併用されるようになったのは、江戸時代の文化・文政期であるといわれる。絹専用の高機は「一間機」とよばれ、奥行きが長くて低い。高機の操作は、経糸を機台に巻き間丁《けんちょう》の上を通して綜絖・筬を経て前方の布巻きに結ぶ。そして高機の踏木を交互に足踏みして経糸を開口させ、緯糸を織る。こうした絹専用の高機が東部地方には目立って多い。但馬・丹後（兵庫県）に隣接した地域であり、これらの地方からの影響も考えられる。丹後の絹織物は丹後縮緬の特産地として形成され（一七世紀）、しだいにその周辺の村落へと浸透していったという。鳥取市内で調査した高機は、田中老女の母親が丹後から持ち帰ったもので、実測図と同形態の一間機であった。

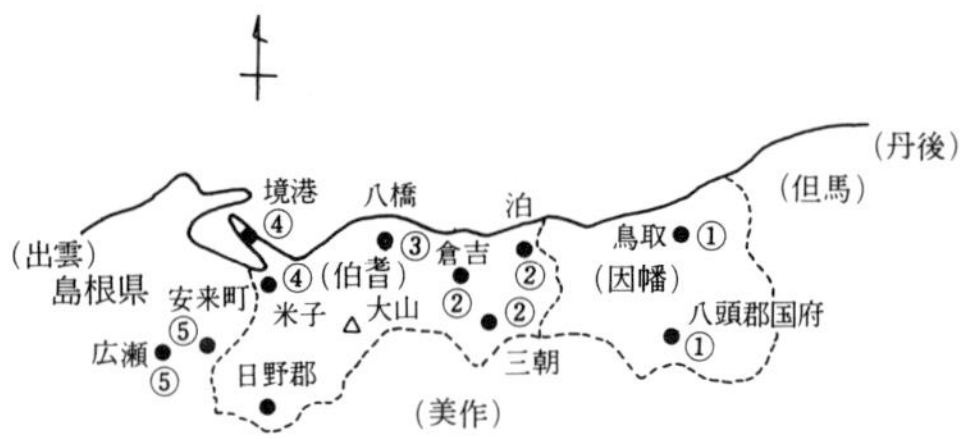

鳥取県略図

高機調査地●印
① 鳥取市、八頭郡国府町
② 東伯郡泊村、東伯郡三朝町、倉吉市、日野郡日南町
③ 東伯郡八橋町
④ 米子市、境港市
⑤ 島根県能義郡広瀬町
島根県安来市

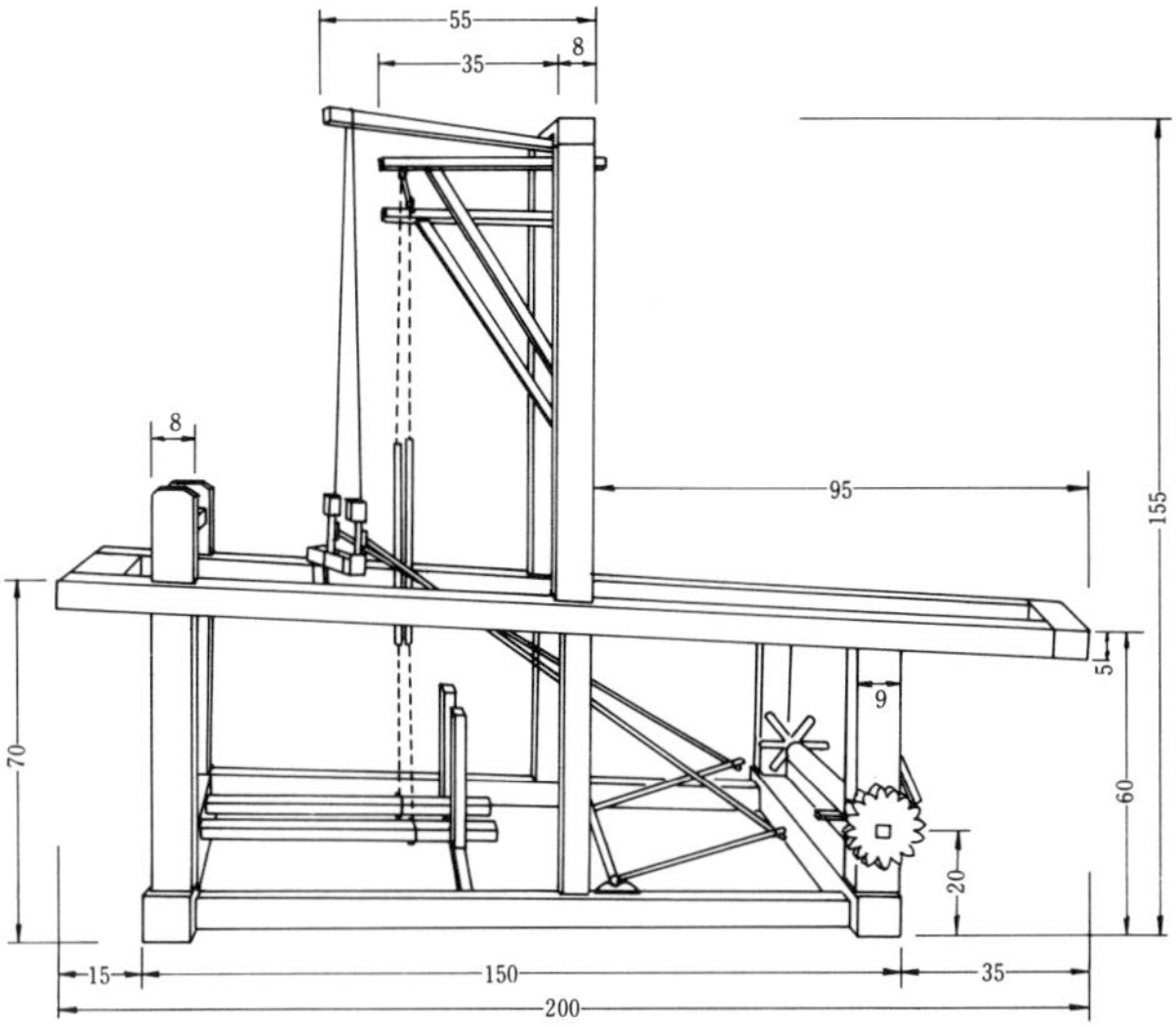

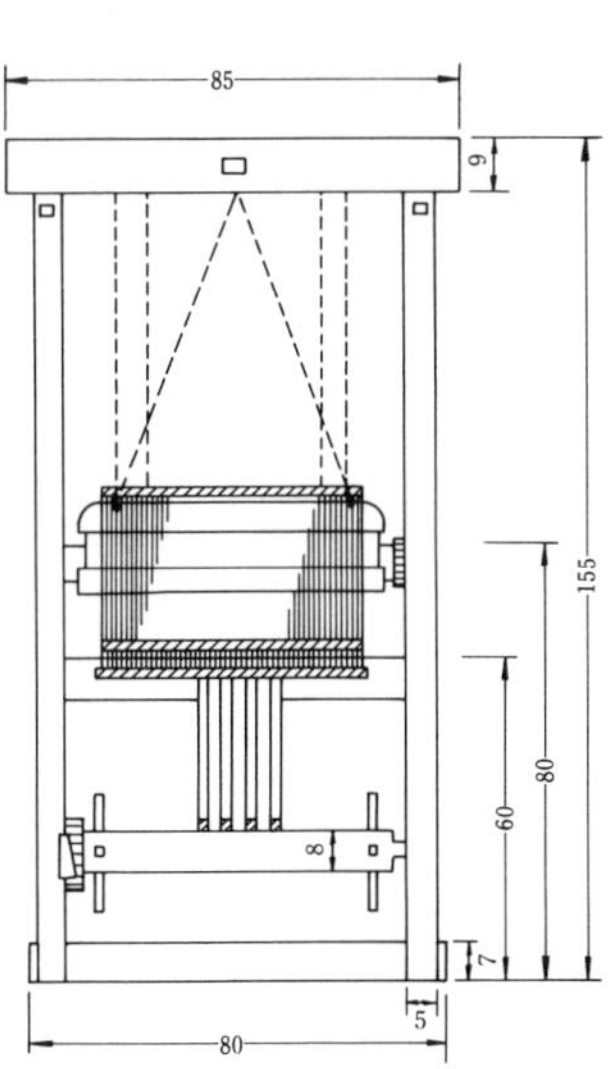

鳥取県東部地方の高機実測図
八頭郡国府町，大塚てつ子使用のもの
(鳥取市民図書館蔵)

前頁の実測図の高機は、八頭郡国府町（大塚てつ子）で使用していたものである（昭和六二年から鳥取市民図書館蔵）。絹と木綿に併用していたもので、丹後地方の織機によく似ている。高機の本体が頑丈で重厚に作られており、木釘によって塡《は》め外しが自在で、精巧な組立てである。機台の奥行きは二メートル、高さは一・五五メートルで、分解して木材にすることも可能である。これと同形のものが河原町でも所蔵されていたが、木綿絣の型紙や種糸、製織布の見本も保存されていたことから、木綿用に使用されていたことがわかる。

他地域の高機と異なる点は、大型の構成と、布巻きの鉄製歯車が左側に打ちつけられている点である。機材の厚みと奥行きの長さは絹織りに不可欠の要素であり、安定感があるが、広い収納場所を必要とする欠点がある。

鳥取県中部地方の高機

鳥取県中部地方は、倉吉絣工場の創設（明治一六〜二〇年）により、在来の織機を改良して能率化をはかってきた。絣専用機は工程上、機上の絣糸の乱流を防止するために高機の奥行きを短縮し、木綿用半機と呼称した。機台の長さを調節する副木（次頁図参照）で絹用の高機になり、間丁《けんちょう》の距離が自由自在になる。絣織工場では、三年修了の女工に高機一台が授与され、結婚のときに持参させたという。中部地方特有の絣機の定着と普及には、工場が関与していた。高機の千切（次頁図A参照）に箱巻木箱を通し、五〜八反の経糸を固定して、絣生産の能率化をはかっていたのである。工場からの出機（在家で箱巻を製作する）によって生産は増大した。一方、生産道具の部品に、土地の大工の考

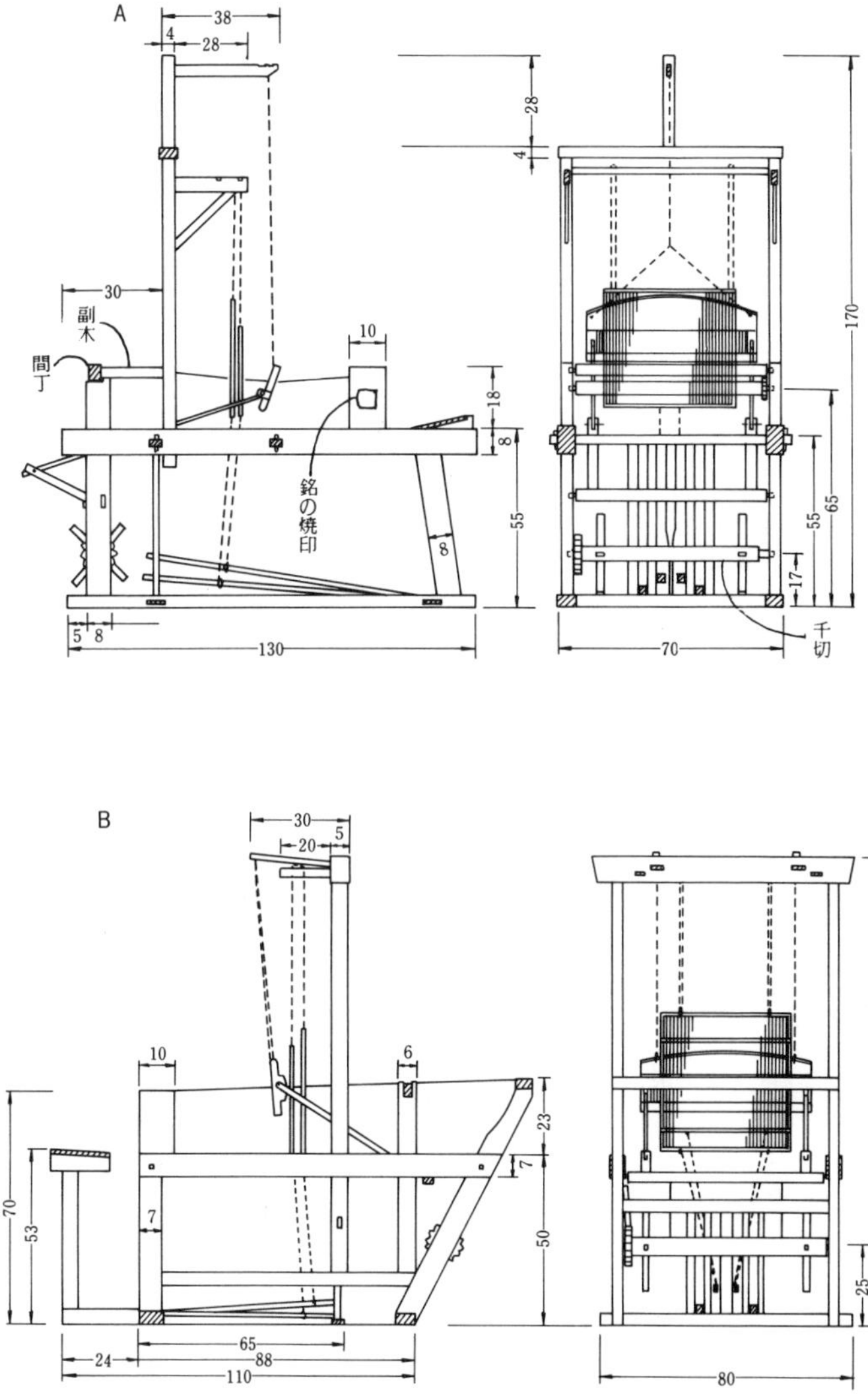

鳥取県中部地方の高機実測図

案のあったことも見逃せない。

倉吉機の名工として「坂本彦太郎」（第四章前出、前頁図A参照）が語り伝えられ、高機の側面に銘が焼印されている。

中部地区の東伯郡泊村や三朝町で収集・実測した高機も同形態に属する。半機を基に、名工が多少の寸法の差異と経糸の固定場所（千切の固定）に上下の変化を付けている。

東伯郡八橋町の八橋機（図B参照）は、高機の基本的構造は右と同じで、外観上多少の違いがある。倉吉市内の高機（図A参照）の半機に絹機を増設し、機台の奥行き、間丁が二か所固定され（経糸の固定場所が二か所）、一台の高機で絹と木綿を拡大生産する工夫がなされている。高機上部のろくろの固定も強固で、組立や分解には難があるが、織布は地質がよい。町内の大工・米田鷹吉の作品である。これは、木綿・絹織折衷型として広く使用された。県中部の西海岸線に残存する高機は同形態であった。

鳥取県西部地方の高機

県西部の米子市、境港市内でよく見られる高機で、実測図C（次頁）に示すとおり、機台の上部の棒が六五センチ延び、筬框《おさかばち》（緯糸の打ち込み枠）の紐を支えている。側面から見ると、経糸が間丁から斜め方向に、織工に向かって低く流れ、奥行きも浅い。機台の腰掛けが別に作製されているが、実測した他地域の高機と比べて機台が小さく、単純な形態である。踏棒には両側の支持枠がなく、布巻きの調節棒と布受け棒からなっている。

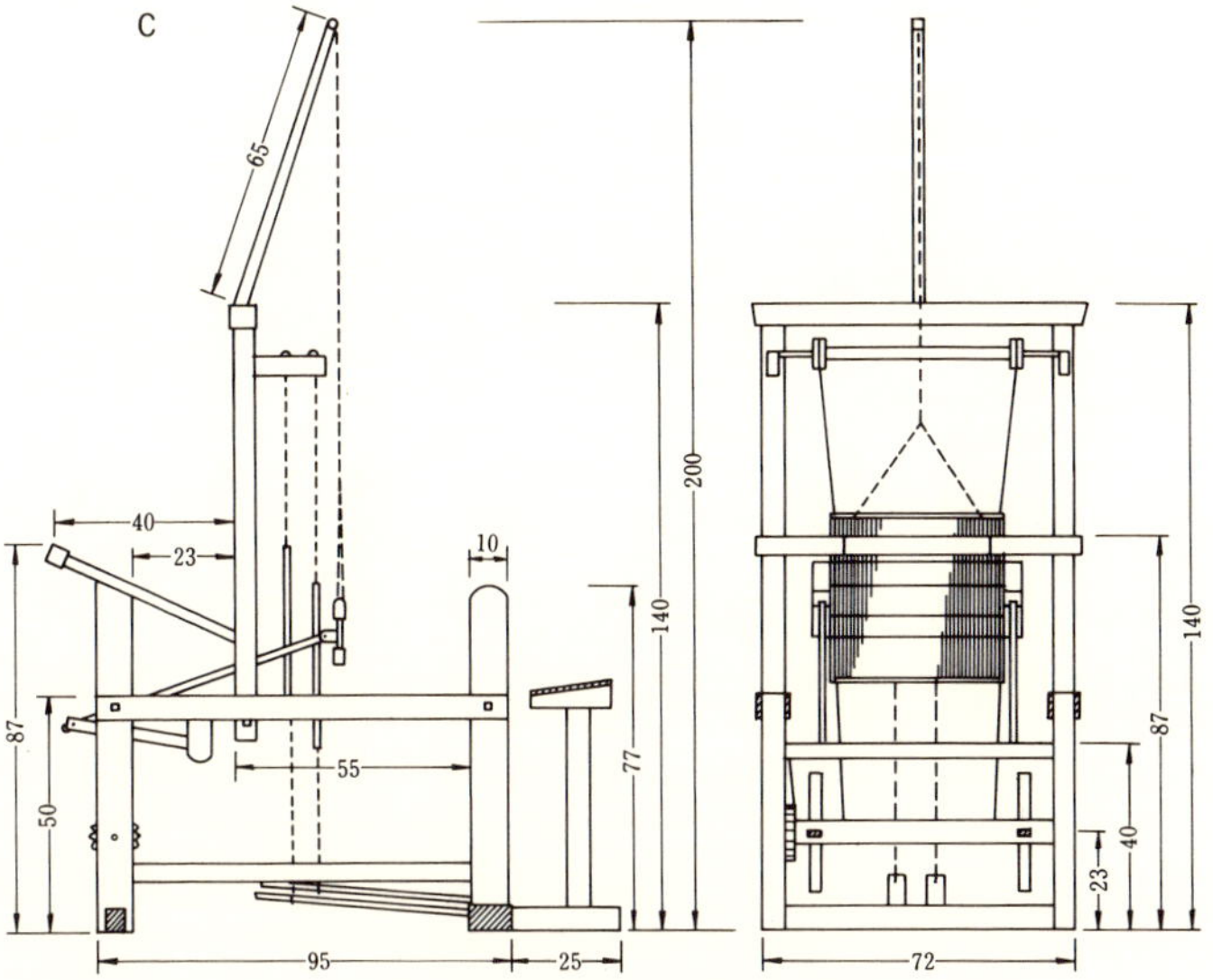

鳥取県西部地方の高機実測図

製織に際して、初心者は経糸を切断しやすく、緯糸を直角に織りこむのに苦心する。踏木二本で綜絖の上下運動を操作すると、左右の支持枠がないため、垂直に同じ力量で踏木を踏むことができない。また、筬引き運動が容易なために、布面の密度が一定しないという難点がある(絣研究生を一七年間指導してきたが、毎年初心者が織布面を斜傾させ、経糸を切断するという事故が起きた)。しかし、織りを身体で覚えていくと、織物の風合いと織りの能率はきわめてよく、木綿用に工夫された半機であることがわかる。地機の風合いによく似た作品が出来上がる。

鳥取県内の高機を実測した後、島根県能義郡広瀬町の広瀬機を実測した(図D参照)。

周知のとおり広瀬絣の木綿機で、半機であり、鳥取県西部の弓浜絣の木綿機に類似する。

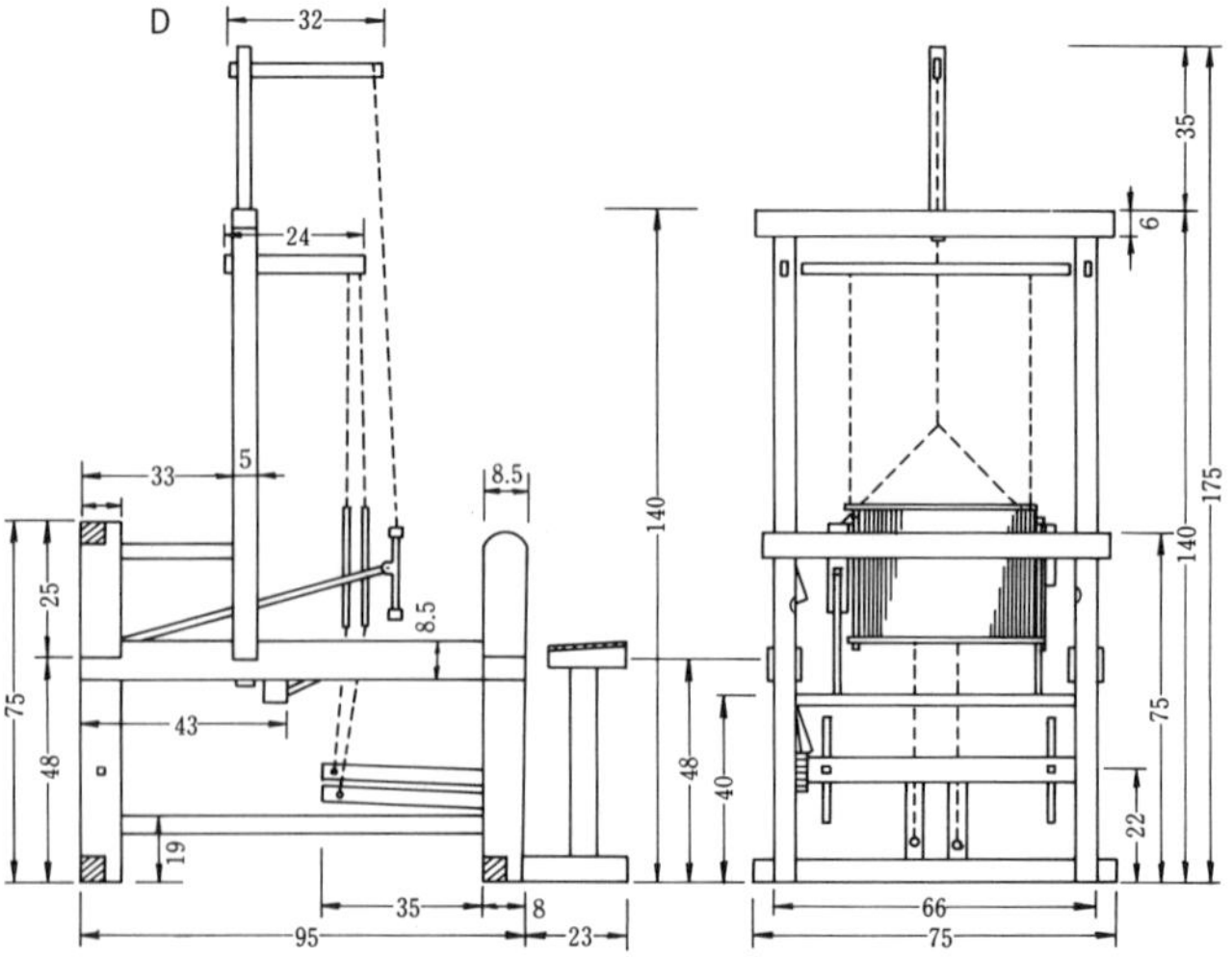

島根県広瀬絣用高機実測図

一部機台の上部に六五センチの棒状のものはなく、鳥取県中部の倉吉絣機の上部を折衷した形態で、機能的な機である。広瀬絣工場から持ち帰った織機も、構造が同形態である。経糸の固定場所が間丁の下部と床から二二センチ上の二か所にあり、木綿専用機として定着した形態である。町立広瀬絣伝習所の高機、安来市青戸秀則工房、広瀬町富田城址山荘に展示された高機の三機について計測を行なった。その結果、広瀬機は操作が容易で、木綿専用機であること、経緯絣の精密な製品を織り出す工夫が随所に見られることがわかった。

付属工具については、鳥取県内で収集したものを計測した（二九九―三〇二頁図参照）。工具の材質は木製と竹製が多く、なかには石材の台もある。糸綛掛けや糸枠台として使用された木製のものは、木の切株や丸太を手製で加工したもので、形態や寸法はまちまちである。とくに山間の集落では、

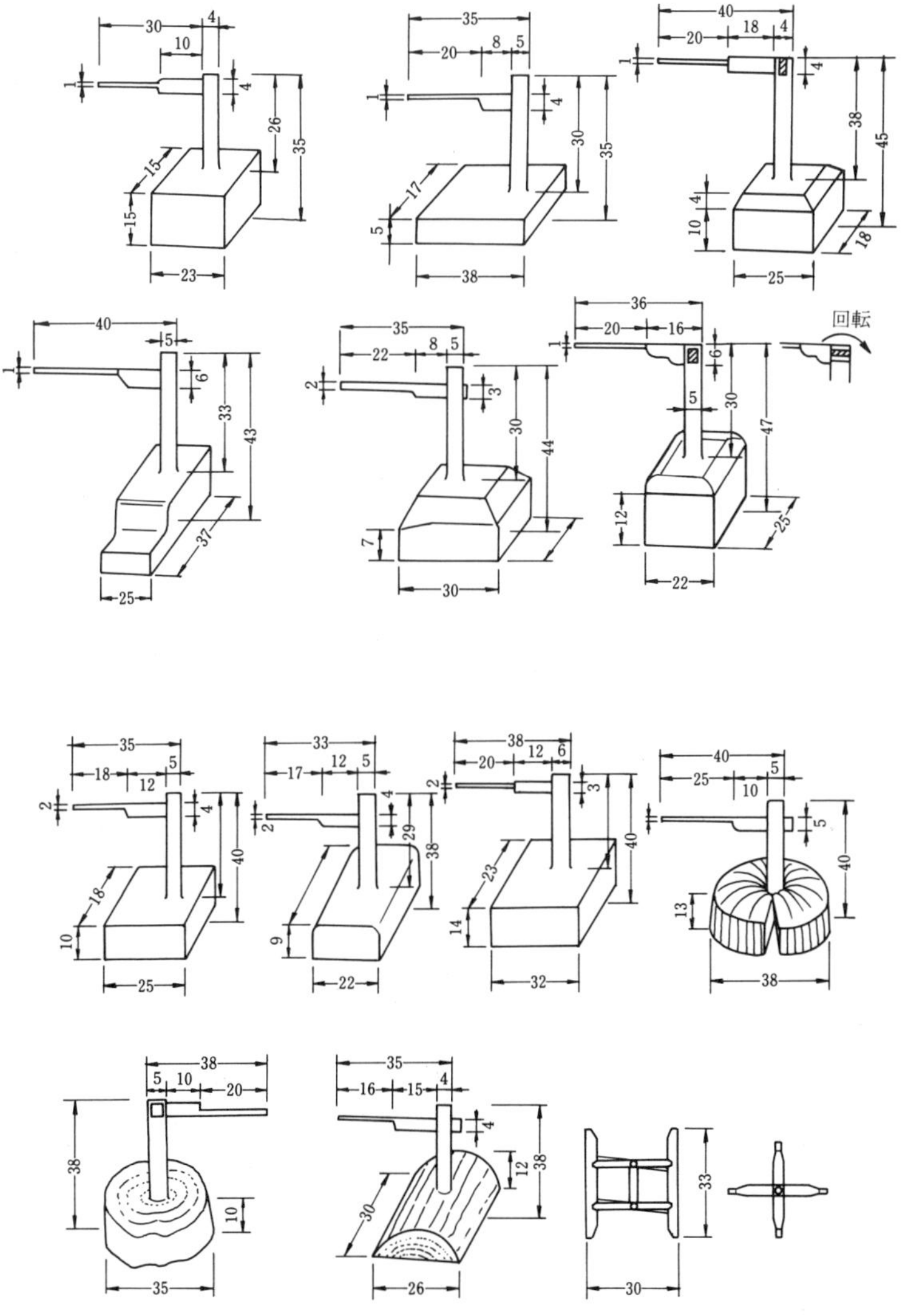

枠と糸枠台実測図

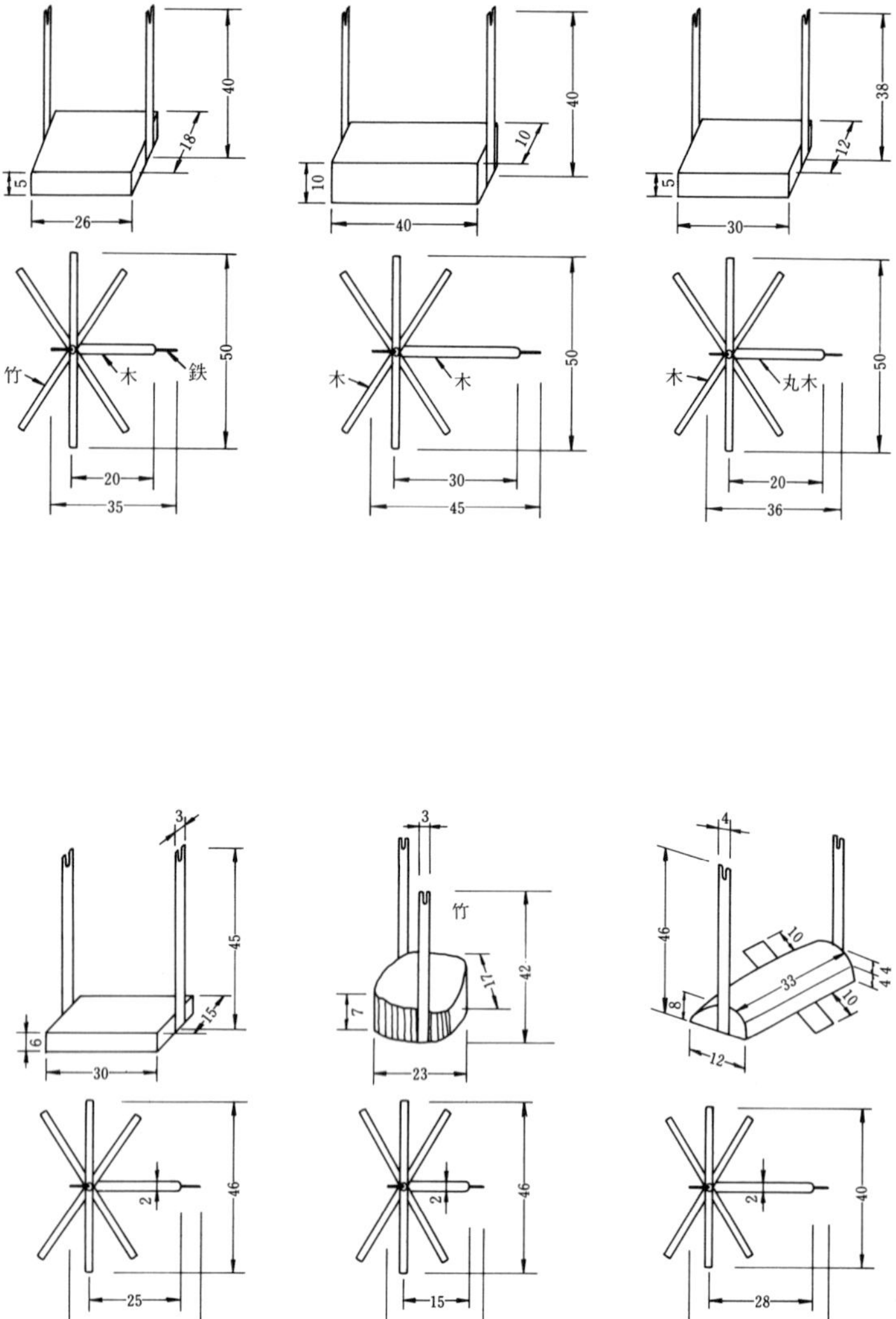

40
18
5
26
50
竹
木
鉄
20
35
40
10
10
40
50
木
木
30
45
38
12
5
30
50
木
丸木
20
36
3
45
15
6
30
46
2
25
35
3
竹
42
17
7
23
46
2
15
25
4
46
10
33
4 4
10
8
12
40
2
28
38

綛取り組合せ実測図

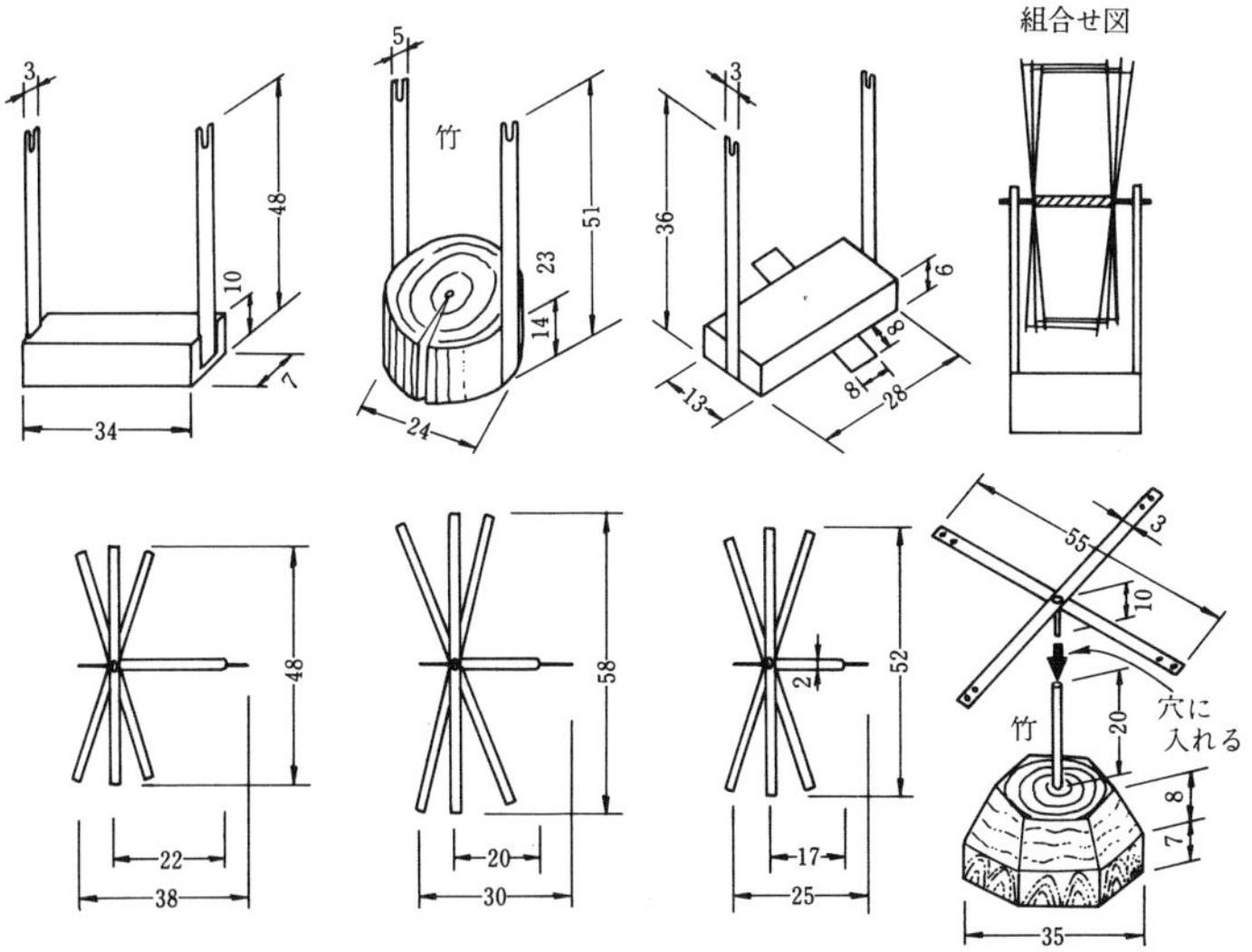

綛取り組合せ実測図

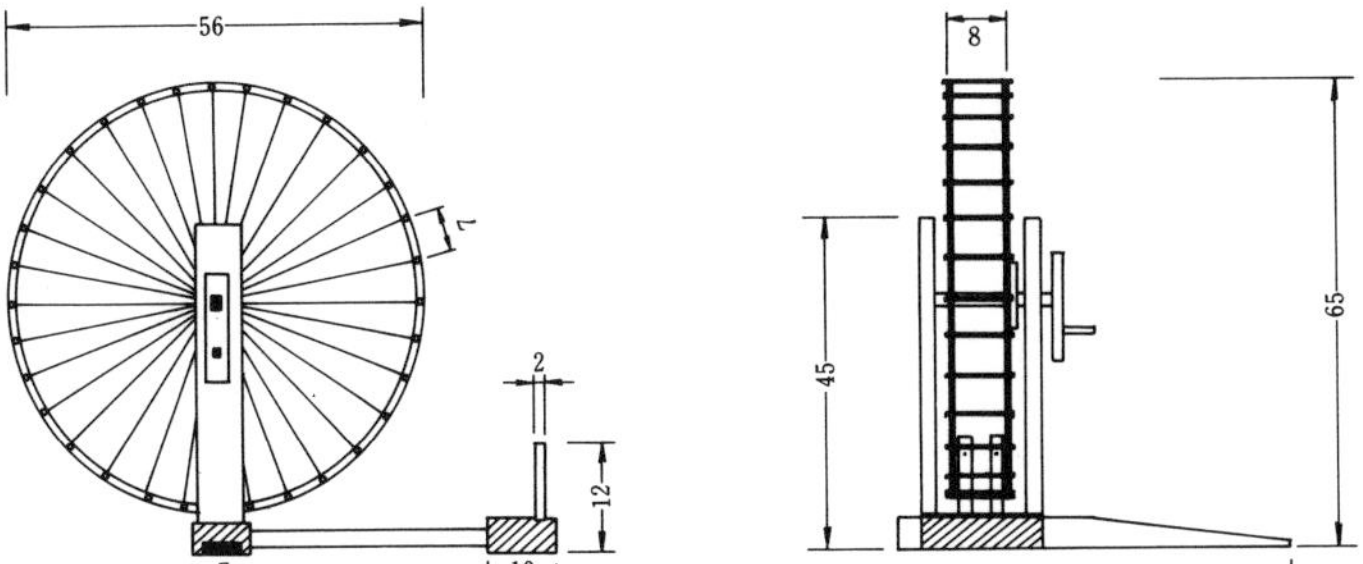

糸車実測図

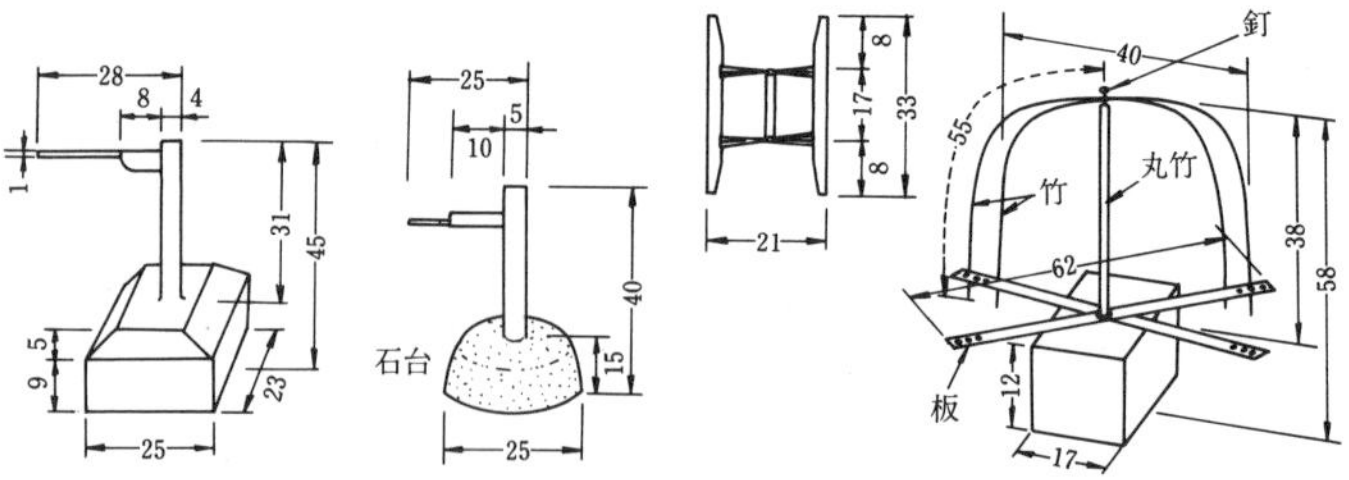

糸枠と糸枠台，綛糸取り台実測図

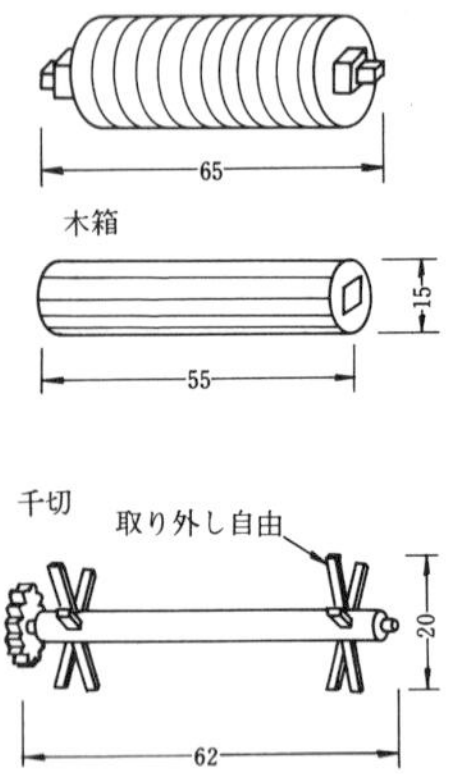

経糸箱巻（5～8反）

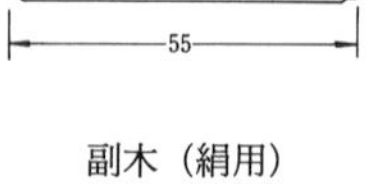

副木（絹用）

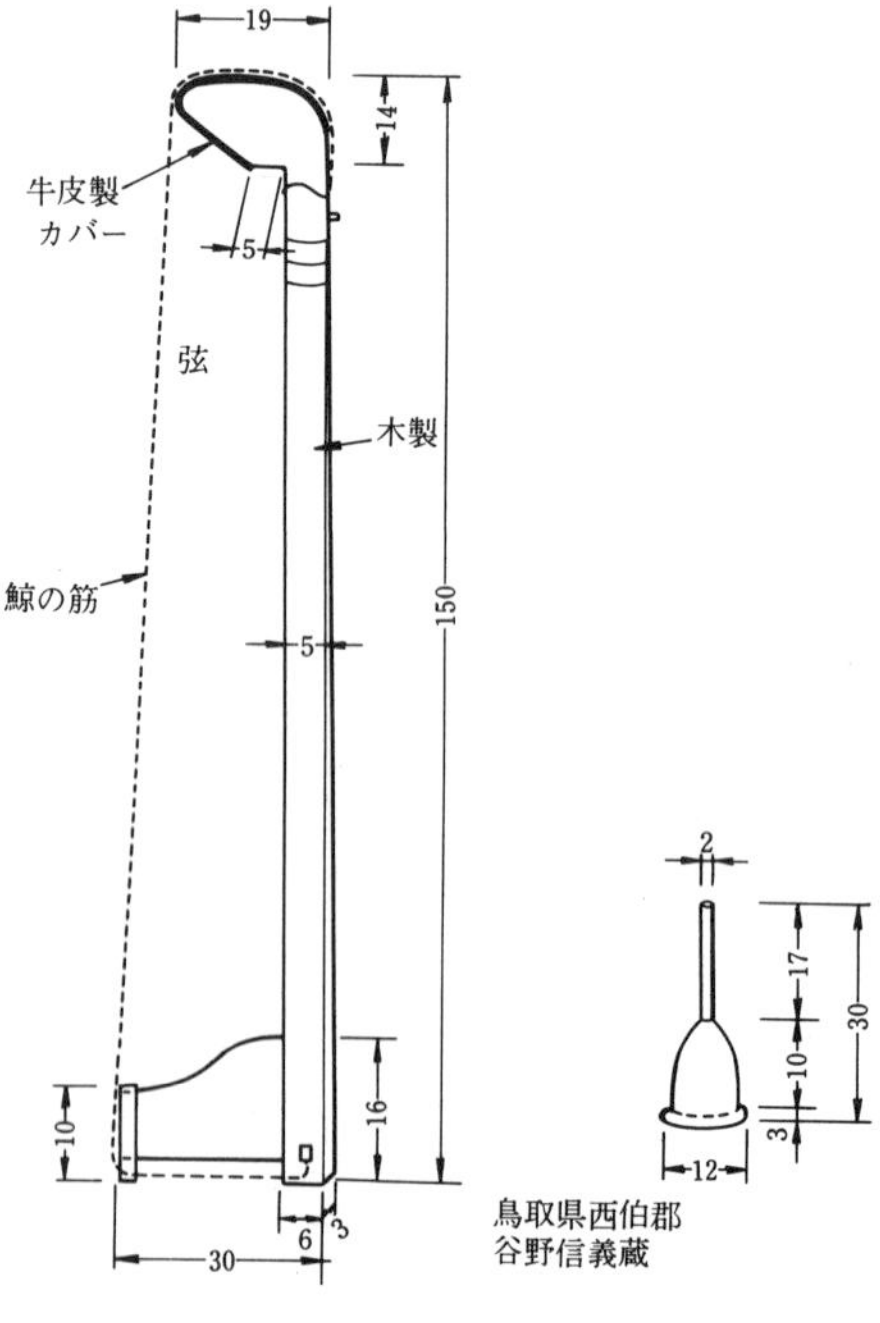

綿打ち唐弓実測図（鳥取県西伯郡，谷野義信蔵）

栗や桜などの良質の堅木に恵まれ、それらの工具は長年の愛用によって飴色に輝く。

〈まとめ〉

以上の高機の考案と実測調査の対象は、明治中期から昭和二〇年までの遺品で、製作年代は古老からの聞き取り調査によった。また、銘の焼印によって地域を区別した。

調査の結果、県内の高機に基本的構造上の差異はみられなかった。しかし、東・中・西部地域においては、専業用に適した織具の工夫がみられ、絹・木綿絣織型（八橋機）の分布がみられた。これは、養蚕の最盛期の明治末期から大正期にかけて、屑繭の始末に自家用の絹織が流行したためである。高機も、踏棒十本、ろくろ五本、大ろくろ一本と大踏棒二本の大型（著者所蔵）で、平織と風通織の二重織組織が織り出される。遺品の中に、十本の踏棒と十枚の綜絖で織った絹布があるが、それは明治中期、県中部地方の上農の女性の秘伝であった。

高機の使用頻度については、ひと冬に二五反製織したという証言がある（前出、曽根下豊子、東伯町三本杉、明治四四年生）。主婦は織りによって評価され、機につながれていた。そして、どれだけの量を製織したかを示す糸道は、高機の間丁に彫られている。

高機の材質は、桜・朴の木のくるいのない堅木が多く、なかには松の木も使用されていた。

高機一式を婚姻に持参する風習があり、隣接町村の形態の異なる高機が混入するケースもみられるが、長期間にわたる実地調査によって、地域による形態のちがいを検証することができた。

たとえば、作州絣の産地・岡山では、倉吉との縁組みによって、倉吉機とその技術が流入したと語り継がれている。また、島根県の広瀬絣も、文政のころ、町医者の妻が米子の弓浜の地で絣織りを習得し、広瀬に持ち帰って広めたと、土地の資料は記録している。

したがって、高機とその技術については、県外隣接地域との関連で考察されてしかるべきだと判断する。とくに島根県の広瀬絣や鳥取県の倉吉絣は工場生産であった関係で、西日本の絣先進地である久留米絣、備後絣、伊予絣などとの関連で考察されなければならない。

主要参考文献

〈染織関係〉
『日本染織発達史』　角山幸洋　田畑書店　一九六八
『阿波藍民俗史』　上田利夫　徳島県出版文化協会　一九五六
『阿波藍の栽培及製法』　三木与吉郎　三木産業株式会社　一九七五
『染織と生活』　一、六、十、十一号　朝日奈勝　一九七五—六
『染織の歴史』　三瓶孝子　至文堂　一九二六
『織物の日本史』　遠藤元男　日本放送出版協会　一九七一
『手織の技法』　居宿昌義・田中佳子　理工学社　一九七四
『日本染織史』　明石染人　雄山閣　一九二八
『草木染』　山崎青樹　美術出版社　一九六九

〈絣関係〉
『日本綿業発達史』　三瓶孝子　岩崎書店　一九四七
『日本機業史』　三瓶孝子　雄山閣　一九六一
『備後の絣』　広島県福山地方商工出張所　一九五三
『絵絣』　織田秀雄　三彩社　一九六六
『久留米絣沿革史』　久留米絣技術保存会　一九六九
『倉吉絣沿革史』　桑田重好　同上所蔵　一九五一
『倉吉かすり』　福井貞子　米子プリント社　一九六六

『図説日本の絣文化史』　福井貞子　京都書院　一九七四
『広瀬絣』　島根県教育委員会　一九七五

〈服飾・被服関係〉
『ふとん綿の歴史』　吉村武夫　ふとん綿歴史研究会　一九六六
『服飾事典』　田中千代　同文書院　一九六九
『服装文化』　一四八号「日本の織物」　角山幸洋　文化出版局　一九七五
『縞』　日本染織芸術叢書　山辺知行　芸艸堂　一九七〇
『日本のきもの』　龍村謙　中央公論社　一九六六
『もめんのおいたち』　日本綿業振興会　同上編　一九六四
『日本被服文化史』　守田公夫　柴田書店　一九五六
『おんなを織る』　河口三千子　講談社　一九七四

〈紋章・デザイン・工芸関係〉
雑誌『工芸』二〇号「広瀬絣とその環境」　大田直行　日本民芸協会
雑誌『民芸』「沖縄織物文化の研究」一三二、一三六、一三七　田中俊雄　日本民芸協会　一九六三―六四
雑誌『民芸』一九〇「幾何学文の木綿絣」　柳悦孝　日本民芸協会　一九六八
雑誌『民芸』一九〇「山陰地方の絣裂を蒐めて」　村穂久美雄　日本民芸協会　一九六九
『家紋』　丹羽基二　秋田書店　一九六九
『日本紋章学』　沼田頼輔　人物往来社　一九六八
『美しき工芸技術』　奥原国雄　島根県文化財愛護会　一九七〇

〈郷土史・地方史関係〉
『愛知県の歴史』「三河木綿」　塚本学・新井喜久夫・山川出版社　一九七〇

『日本歴史』第七・八巻　読売新聞社　一九六三
『境港独案内』　小泉憲貞　同上　一九〇〇
『島根県の歴史』　内藤正中　山川出版社　一九六九
『広島県の歴史』　後藤陽一　山川出版社　一九七二
『島根史学』七号「序稿—棉作と御立派後の藩政について」　藤沢秀晴　史学研究会　一九五七
『大阪市史』第一巻　大阪市役所　一九一三
『久原、山口番所出入荷物改帳扣』　小谷甚市　同上所蔵　一八三四
『鳥取県綿業史素描』　松尾陽吉　伯耆文化研究会　一九五五
『鳥取市七十年』　鳥取市役所　一九六二
『山陰史談』三「明治前期における雲州木綿の取引き」　藤沢秀晴　山陰歴史研究会　一九七一
『鳥取県の歴史』　山中寿夫　山川出版社　一九六九
『地方史研究』第一四巻「出雲の木綿市」　伊藤好一　地方史研究会　一九六四
『米子市誌』　米子市役所　同上　一九四二
『備後織物工業発達史』　広島県織物工業連合会　同上　一九五六
『鳥取県勧業雑報』号外「繒木綿」　鳥取県内務部　鳥取県内務部第二課　一八八九
『鳥取県勧業沿革』　鳥取県庁　鳥取県内務部　鳥取印刷会社　一九〇〇
『島根県民俗分布図』　島根県教育委員会　同上　一九六八
『愛媛県の歴史』　田中歳雄　山川出版社　一九七三
『郷土産業読本研究報告書』「備後繊維産業発達史」　広島県府中高等学校　一九五八
『裏日本』　久米邦武　新日本社　一九一五
『倉吉市誌』　倉吉市役所　同上　一九五六
『鳥取県統計書』　鳥取県　一八八二—一九二六
『徳岡久達伝記』　徳岡久達　同上蔵　一九一九
『ふるさと字八屋の百年』　涌島恵　米子プリント社　一九六八

『日本史の基礎』 杉原荘介他編 有斐閣 一九七四
『石見日原村聞書』 大庭良美 一九七四
『中国地域における棉の育種に関する研究報告』 花房堯士 鳥取県農業試験場 一九六五
『鳥取県郷土史』 鳥取県 同上 一九二〇
『山陰の歴史』 内藤正中 山川出版社 一九七七
『鳥取藩史』 第五巻 鳥取県 鳥取県立図書館 一九七一
『諸事触下帳』 鉄屋喜兵衛 松山治美蔵 一七七六
『物質文化』 第四号「山陰における藤布の技術伝承」石塚尊俊 一九六四
『大阪木綿問屋書翰』 河島雅剛蔵 一八五二
『木綿請払控』 関金町小川家蔵 一八六四
『鳥取県史』 第三〜六巻 近世資料「因府録巻之第二四」 鳥取県 一九七四
『月山史談』 妹尾豊三郎 広瀬町観光協会 一九七七
『広瀬町史』 広瀬町 広瀬町役場 一九六九
『河内木綿の研究』 武部善人 八尾市立公民館 一九五七
『南條公』 神波勝衛 倉吉市定光寺 一九八〇
『日本を変えた淀屋』 池口漂舟・谷川健夫 因伯時事評論社 一九八一
『稲扱之記』 船木甚兵衛 船木邦忠蔵 一八六七
『鳥取藩衣類書』 鳥取県立博物館蔵 一六三一—一七三三
『雲州木綿継送文書』 近藤喜兵衛家蔵 一八五三
『ふるさとの歴史 江戸時代の因伯』上 新日本海新聞社 一九八一
『倉吉町誌』 福光勝次郎他編 倉吉町 一九四一
『津和野町誌』 沖本常吉 一九七六
『出雲私史』 桃好裕(明治八年死亡)

〈文学・紀行、その他の研究書〉

『女子労働者』 嶋津千利世 岩波新書 一九五三
『女性の歴史』 高群逸枝 講談社 一九五八
『菅江真澄遊覧記』 内田武志・宮本常一編 平凡社 一九六五
『小泉八雲全集』第六巻 小泉八雲 第一書房 一九二六
『日本常民文化研究所調査報告』第六集 日本常民文化研究所 一九八〇
『家政学雑誌』一二―一 「久留米絣の文様について」 後藤信子 日本家政学会 一九三六
『東京家政学院大学紀要』第五号 岡野和子・高田幸枝 「近世庶民衣料の一考察―木綿の受容と進展過程」 東京家政学院大学 一九六五
『島根女子短期大学紀要』 「広瀬絣の研究」 一～三 藤原モトヨ 島根女子短期大学 一九六二―一九六三
『家政学雑誌』二六「日本在来織布の研究」 小林孝子 日本家政学会 一九七五

〈追加参考文献〉

『被差別部落の歴史』 原田伴彦 朝日選書 一九七五
『望星』六 「手織り木綿の技術」 福井貞子 東海教育研究所 一九八六
『機織彙編「木綿機」』 大関増業 一八三〇
『丹後の紡績――民具による紡績技術』 角山幸洋 京都府教育委員会編 一九八五
「綿繰具の調査研究」『東西学術研究紀要』 角山幸洋 一九八七
「鳥取県における伝統的紡績具――高機」 福井貞子 『民具マンスリー』二一―一二 神奈川大学日本常民文化研究所 一九八八
『木綿絣余話』 福井貞子 桜文社(自費出版) 一九八五

〈資料提供〉

綿打弓――谷野義信 高機(広瀬機)――青戸秀則、広瀬絣伝習所、富田山荘

第1表　織物及び楮産額（明治9年度中）

村名	木綿		木綿縞		紙布		楮	
	数量	金額	数量	金額	数量	金額	数量	金額
	反	円	反	円	反	円	貫	円
上府村	110	44	270	270	200	60	150	25
宇野村	70	28	180	180	140	42	180	30
後野村	50	20	140	140	145	43.5	270	45
下府村	250	100	520	520	250	75	30	5
国分村	1,700	680	510	510	90	27	36	6
久代村	90	36	210	210	150	45	60	10
波子村	330	132	440	440	70	21	30	5
7箇村合計	2,600	1,040	2,270	2,270	1,045	313.5	756	126
単価		銭 40		銭 100		銭 30		銭 16.7

島根県那賀郡国府町（現在浜田市）『百万塔』第21号（1965）より

第2表　明治16年，鳥取県糸挽賃及び綿打賃

	糸挽賃			白木綿1反織賃		綿打賃
100匁	100匁			1反		100匁
上中下	上	中	下	上	下	上
金額	10銭	8銭	6銭	21銭 （糸挽から織上まで）	18銭 （〃）	3銭

『鳥取市史』による

第3表　明治維新前後日本内地各州実綿産額

	維新前後綿産額	明治9年	同 11 年	同 13 年	同 15 年
五畿内	13,000千斤	10,384千斤	24,022千斤	20,975千斤	22,589千斤
大和		1,432	3,081	3,070	2,525
河内		4,867	9,026	6,934	8,446
和泉		1,462	1,702	1,443	1,736
摂津		2,121	7,652	8,610	9,315
東海道	7,000	25,641	26,010	28,190	25,284
伊勢		1,966	1,710	1,792	744
尾張		6,182	5,076	4,014	4,023
三河		7,587	7,988	6,535	6,177
遠江		1,252	1,846	1,920	1,647
武藤		2,257	2,174	2,915	2,521
下総		1,080	1,192	1,992	2,024
常陸		2,760	2,766	4,745	5,011
東山道	2,000	4,448	6,637	6,788	6,664
美濃		1,445	1,165	1,230	1,650
下野		1,462	2,153	2,440	2,271
北陸道	300	1,050	1,656	1,946	1,971
山陰道	3,000	4,463	5,505	7,192	9,352
伯耆		2,510	2,614	4,238	5,446
出雲		1,146	1,546	1,649	2,680
山陽道	10,000	12,605	19,611	17,353	14,596
備前		3,110	2,292	1,640	890
備中		2,223	3,677	2,241	1,764
備後		1,909	2,593	3,039	3,241
安芸		4,809	3,902	4,165	4,970
南海道	2,000	24,302	6,456	6,195	4,641
紀伊		1,677	1,510	1,612	1,380
讃岐		1,420	3,239	2,304	2,085
伊予		20,770	1,226	829	836
西海道	500	287	1,224	1,376	1,223
総計	37,000	83,038	89,219	89,014	86,321

『日本綿業発達史』（三瓶孝子，1947）より

第4表　綿生産の集中（明治9～15年平均）

国名	生産数量	国名	生産数量
河内	11,568千斤	尾張	4,971千斤
摂津	7,686	伯耆	4,460
三河	7,614		

『近世に於ける商業的農業の展開』（古島敏雄，1963）より

第5表　明治11年木綿産出表

	郡	素木綿	絣木綿	縞木綿	計
出雲	島根	3,956反	89反	3,803反	7,848反
	秋鹿	2,870	0	0	2,870
	意宇	25,036	10	208	25,250
	大原	81,162	0	20	81,183
	仁多	425	0	6	431
	飯石	23,649	8	25	23,682
	神門	204,518	10	25	204,553
	出雲楯縫	134,090	0	0	134,090
	能義	4,266	3,991	316	8,573
	計	479,972	4,108	4,403	483,483
石見	邇摩	745	0	225	970
	安濃	1,123	130	225	1,478
	邑智	0	0	0	0
	郡賀	6,397	150	1,125	7,672
	美濃	0	0	0	0
	鹿足	461	184	324	969
	計	8,726	464	1,899	11,089
隠岐	計	0	0	0	0
伯耆	日野	1,445	0	0	1,445
	会見	82,849	6,755	12,405	102,009
	汗入	28,385	0	0	28,385
	八橋	25,666	707	332	26,705
	久米	24,529	40,835	404	65,768
	河村	28,657	1,713	4,942	35,317
	計	191,531	50,010	18,083	259,629
因幡	計	53,954	15,526	21,729	91,209

『美しき工芸技術』（奥原国雄，1970）より

第6表　葉藍の産額

国	郡	明治10年	明治11年	明治12年
出雲	島根	6,120斤	2,800斤	67,892斤
	意宇	4,995	5,358	7,098
	大原	4,375	13,489	798
	仁多	13,290	11,960	13,941
	飯石	9,631	11,228	17,014
	神門	248,118	243,076	245,302
	出雲	13,840	15,823	22,700
	楯縫	104,605	77,136	139,025
	秋鹿	17,800	21,081	35,657
	能義	29,062	35,767	26,190
	計	451,836	437,757	575,616
石見	郡賀	34,806	48,762	62,770
	邑智	28,605	26,564	23,193
	邇摩	15,068	17,424	27,207
	安濃	36,809	33,183	48,142
	美濃	4,112	5,740	—
	鹿足	26,806	32,411	20,378
	計	146,205	164,141	181,690
伯耆	河村	74,426	51,924	91,222
	久米	45,800	28,100	58,850
	八橋	52,625	37,438	77,868
	汗入	35,748	59,100	67,187
	会見	247,130	409,423	521,939
	日野	11,132	8,986	7,762
	計	466,860	594,971	824,528

『美しき工芸技術』（奥原国雄，1970）より

第7表　倉吉絣木綿織物主工場（明治30年〜末期まで）

工場名	所在地	織工及徒弟				合計名
		14歳以上		14歳以下		
		男	女	男	女	
絣船木機工場	倉吉東岩倉町		109		6	115
桑田絣機工場	〃東仲町	2	25			27
増田絣吉工場	〃鍛冶町				17	17
船木長吉工場	〃堺町				18	18
遠藤工場	〃西仲町				29	29
山岡濟工場	〃新町				18	18

第8表　絣産額と価格

明治31年			
地方別絣	生産反数	価格	反当価格
久留米絣	644,602反	1,207,207円	1.9円
伊予絣	711,829	629,408	0.9
備後絣	84,164	105,133	1.2
明治40年			
久留米絣	1,128,913	2,709,391	2.4
伊予絣	2,069,528	2,866,296	1.3
備後絣	437,064	671,344	1.5

広島県福山地方商工出張所調査報告，久留米絣生産額から算出する．

第9表　草木染めと媒染剤

草木	媒染剤					
	木醋酸鉄	みょうばん	塩化第一鉄	*重クロム酸カリ	*硫酸銅	*塩化第一錫
梔子		黄	薄緑			
げんのしょうこ	グレー					
柘榴		黄	黒褐	金茶		
玉葱の皮		黄	黒緑			レモン色
紅茶，番茶			黒褐	薄茶		
茜草		赤・黄	褐			
蘇枋		赤	紫	赤紫	ブドウ	
梅の木			淡紺			
よもぎ			グレー	茶		

（著者実験による）　（＊印は劇薬につき，現在は使用できない）

第10表　織物と筬の関係

織物／筬	木綿 縞絣着尺	絹 着尺	帯 （木綿）	マフラー （毛糸中細） ～木綿紬	テーブル センター （木綿）	インテリア 壁掛 （木綿）
筬算	10算	13～15算	8算	5算	9算	9算
1算は40本の丸羽～片羽	丸羽 400本×2 ＝800本	丸羽 500～600本×2 ＝1040本 ～1200本	丸羽×2 320本×4 ＝1280本	片羽 200本	2本の片羽 360本×2 ＝720本	2本の片羽 360本×2 ＝720本

丸羽とは上下2本，片羽は1本入れ（2本どりの片羽入れもある）
著者試織による

あとがき

山陰に生まれ、木綿のボロ布とのつき合いがとうとう私の人生の半ば以上になった。考えてみれば何百年という長い年月に培われてきた木綿の歴史や、庶民の生活慣習を通史的に辿ることは、私には荷が重くてとても出来そうもなかった。

そこで、山陰を中心とする、生活の中での木綿に着眼し、「木綿と女性」にまつわる聞き書きや、遺品を目で確かめて考察し、そこに庶民のつつましい生活意識を見出したいと思い、思い切って筆をとることにした。

もっと時間をかけて調査し、深めて行きたいと思うことばかりであるが、庶民の家庭織物には比較検討する資料も少なく、未知のことばかりであった。そして、脱稿した今、何か舌足らずの感じがあり、晴れがましい気持ちがする。

縞帳一つ取り上げても、庶民の衣服文化を知る上に重要な問題であった。縞帳も、中国山脈を境として山陽と山陰、言いかえるならば、裏日本と表日本の縞にその特長が顕著に現われていた。山陽の縞が明るくて山陰の縞が暗い縞であった、ということだけではない。両地方の気象や風土、文化性なども小さな縞の中に影響を及ぼしているようであった。

また、人間の生き方が土地の経済発展と密接な関係を持っていることが、絣の発展を眺めてきて多少わかってきた。

山陰人の持つ古いものを固執し続ける保守的な生き方と、山陽人の進歩的・革新的な生き方は、絣産業経済を躍進させる上に、ともにプラスであった。このように、その土地に育った人びとの気質が織物によく現われていた。

この研究に際し、たくさんの古老から頂戴した木綿裂を標本として形見に大切に保存している。それらを手に取ってよく見ると、一枚一枚の標本に祈りが秘められていることに気づく。それだけではない。織りの色の中に、根底からの怒りが込められているように思った。屑糸しか使えない、それが「やたら縞」になる。こんな悲しい美しさがどうして理解されなかったのか。私はこの研究を通じて女子労働に関心を持ちはじめ、布の正しい見方が出来るようになったことが、大きな収穫だったと思っている。

私は、今後も、ボロボロの木綿を捨てぬ農民や、木綿の修業に一生を捧げた女たちの生活をさらに深く探究してゆきたい。

先輩諸氏の研究や資料等をたくさん参考にさせていただき、その上に快く所蔵品を研究資料として提供して下さり、さらに写真も撮らせていただいた。これら多くの人々に心から感謝を申し上げる次第である。

また、数多くの老女たちの御指導と御支援を受け、ペンを握ったものの、浅学のため何度も挫折し、改稿を重ねるうちに多くの老女は逝ってしまった。

この小著は、関西大学の角山幸洋先生をはじめ、元鳥取県史編纂委員の生田清先生の御助言により、法政大学出版局の稲義人氏のおすすめと、同出版局の松永辰郎氏の御指導によって出版したものであり、右の人々に心から御礼を申し上げる次第である。

本文中の織物の名称や織機の名称などは、地方の呼称を尊重して記載したので、不明瞭なところもあると思う。御意見や御批判を遠慮なくいただきたい。また、本書の基礎となった貴重な伝承者や資料提供者のお名前はすべて本文中に記し、一括して掲げなかったが、これらの人々に厚くお礼を申し上げたい。

また本文中の敬称を省略し、氏名に記号や仮名を用いたこともお詫びする次第である。

最後に、私の「在来木綿の研究」にたいして、財団法人私学研修福祉会より、昭和五七年度在校研修助成金の交付を受けたことを御報告しておく。

昭和五九年九月　　　　福井貞子

第2版へのあとがき

本書『木綿口伝』の初版は一九八四年の発行なので、もう一五年の歳月が過ぎました。光陰矢のごとし、といいますが、そろそろ私も老齢の仲間入りのようです。

出版以来、読者の方々からたくさんのお便りをいただき、それらに励まされるように、ますます染織にのめり込んでいきました。また、この本の出版のお蔭で、木綿絣の遺品も次から次へと集まるようになり、絣資料館も充実させることができました。

今年になってからも、本書の読者の二名の方から、思いがけず貴重な資料の提供を受けることになりました。

水野悠子さんは娘義太夫の研究家ですが、突然に著書（『知られざる芸能史　娘義太夫』中公新書）と共に父君の木綿絣の着物を譲って下さいました。

また、高橋マズミさんは、百歳の長寿を全うされた実母の着物を送り届けて下さいました。その上、ご自分で宝物にしておられた沖縄の芭蕉布の帯や上布（麻縞着物）を資料として保管してほしいと申し出られました。そのご意志の強さに負けて、とうとう上京の折に手渡しで譲り受けてしまうことになりました。「この着物を預けて肩の荷がおりた」と高橋さんは何度もおっしゃいました。
初版刊行以後の一五年間、私の内外ともに大きな変化がありました。余談になりますが、そのうちのいくつかを記録しておきたいと思います。

平成元年五月、もと大阪市立大学教授の中嶋朝子先生からギリシアの民族衣服調査に同行のお誘いを受け、先生のお供をして一ヵ月間ギリシアに滞在し、ナウプリオンの民族資料館の古い民族衣服を実測調査し、所蔵の高機や工具等も実地に調べることが出来ました。そして一九九二年四月、中嶋先生との共著で『ギリシアの民族衣装』（源流社）を出版させていただくことになりました。

このたびの再版にあたり、取材した当時の古老や資料を提供していただいた方々の消息を調べてみましたら、ほとんどの方が他界されていることがわかりました。心から御冥福をお祈り致します。十年前までは、まだ明治・大正・昭和の三代を語り伝える人も多く、手織りの木綿も家々に残存していましたが、今になってはもう、昔話のような錯覚を覚えます。しかし、真実を記録しようと、どんな小さな裂地も台紙に貼り、野良着のぼろや布団の布片をも大切に保管しておいたことは、後に大きな財産となりました。老女たちから頂戴した布類は、思いがけず次のように生まれ変わることになったのです。

一九九七年、栃木県日光市に建立された郵政省の総合保養施設・メルパルク日光霧降の内装やインテリアに、収集した木綿絣のデザインを複製したいとの申し出がありました。設計者はアメリカの世界的建築家、ロバート・ヴェンチューリ・スコットブラウン夫妻です。オープン前夜に招待を受けましたが、見渡すかぎりの絣のデザインで、壁・絨毯・ソファー・カーテン・ベッドカバーなどがすべて柔らかいブルーとグレーの淡色で統一されて、落ちついた雰囲気を醸し出しています。これら六点のデザインはすべて老女たちが野良で働きながら考案し、織り上げた絣の古着のものなのです。「ボロ布には名前をつけないでくれ」と懇願していた老女たちにこの喜びを伝えたい……私にこの本を書かせ、絣をぜひ残してほしいと語っていた多くの方々のことを思い、亡くなった無名の老女たちに心から合掌しました。

このことが地元でも大きな反響を呼び、その後倉吉絣保存会の有志十五名で再びメルパルクの絣の部屋を訪れ、倉吉絣のデザインが生かされていることを喜び合いました。また、その視察後に二五年ぶりに結城紬を訪ね、織り技術の原点が脈々と生きつづけていることを学びました。

さて、藍といえば徳島産のすくもが主流ですが、美しい藍色を求めて阿波を訪ねました。今までの四国行きはフェリーで渡りましたが、瀬戸中央道が開通し、山陰から高速バスで三時間ほどで到着します。徳島の藍住町歴史館（藍の館）は藍商の屋敷で、文化五年（一八〇八）に建築された母屋と三棟の寝床からなり、藍染め体験もできます。また、藍玉の生産者で県の無形文化財保持者・佐藤昭人さんの藍床を見学し、説明を聞きました。十月下旬の藍床から湯気が立ち込め、天然藍の発酵する床に指を入れさせてもらい、熱いすくもになる寸前の状態を実感し、美しく暖かみのある藍色の秘密に触れた思いがしました。

今年(一九九九年)二〇年ぶりに丹波木綿の産地を訪ねました。兵庫県氷上郡青垣町に平成十年に設立された「丹波布伝承館」には、土地特産の栗の皮や雑草、やまもも、はんのきによる草木染めの見本と素材が展示され、解説されていました。そして、綿の実の除去から紡糸法・高機での手織り体験ができるように設備され、新しい高機と紡車がたくさん備えられて、実習生たちが学んでいました。丹波布はその生産行程が国の重要無形文化財に指定され、特産品を観光の目玉にして堂々と前進しています。

今つくづく思うのですが、このたび再版の機会が与えられたのも、この『木綿口伝』の中に眠っている多くの人々がそれを望んでいたからではないか、と思うのです。また、染織をはじめ伝統文化への関心と見直しが徐々に高まりつつある今、本書をできるだけ多くの方々に読んでいただきたいと願っています。

編集者の松永辰郎氏は、私の稚拙な原稿をまとめ、いろいろ指導をしていただきました。感謝し、心からお礼を申し上げます。

一九九九年十月　　　　福井貞子

著者略歴

福井貞子（ふくい さだこ）

1932年鳥取県に生まれる．日本女子大学（通信教育）家政学部卒業．大阪青山短期大学講師を経て，倉吉北高等学校教諭，同校倉吉絣研究室主事をつとめる．1988年同校を退職．日本工芸会正会員．著書に『野良着』，『絣』，『染織』，『木綿再生』（以上，ものと人間の文化史，法政大学出版局），『倉吉かすり』（米子プリント社），『染織の文化史』（京都書院）など．

ものと人間の文化史 93・木《も》綿《めん》口《く》伝《でん》 第2版

2000年3月15日 第1刷発行
2010年8月10日 第5刷発行

発行所 財団法人 法政大学出版局
〒102-0073 東京都千代田区九段北3-2-7
電話03(5214)5540 振替00160-6-95814
印刷：三和印刷 製本：誠製本

Printed in Japan

ISBN978-4-588-20931-4

ものと人間の文化史

★第9回梓会出版文化賞受賞

人間が〈もの〉とのかかわりを通じて営々と築いてきた暮らしの足跡を具体的に辿りつつ文化・文明の基礎を問いなおす。手づくりの〈もの〉の記憶が失われ、〈もの〉離れが進行する危機の時代におくる豊穣な百科叢書。

1 **船** 須藤利一編

海国日本では古来、漁業・水運・交易はもとより、大陸文化も船によって運ばれた。本書は造船技術、航海の模様の推移を中心に、漂流、船霊信仰、伝説の数々を語る。四六判368頁 '68

2 **狩猟** 直良信夫

人類の歴史は狩猟から始まった。本書は、わが国の遺跡に出土する獣骨、猟具の実証的考察をおこないながら、狩猟をつうじて発展した人間の知恵と生活の軌跡を辿る。四六判272頁 '68

3 **からくり** 立川昭二

〈からくり〉は自動機械であり、驚嘆すべき庶民の技術的創意がこめられている。本書は、日本と西洋のからくりを発掘・復元・遍歴し、埋もれた技術の水脈をさぐる。四六判410頁 '69

4 **化粧** 久下司

美を求める人間の心が生みだした化粧—その手法と道具に語らせた人間の欲望と本性、そして社会関係。歴史を遡り、全国を踏査して書かれた比類ない美と醜の文化史。四六判368頁 '70

5 **番匠** 大河直躬

番匠はわが国中世の建築工匠。地方・在地を舞台に開花した彼らの造型・装飾・工法等の諸技術、さらに信仰と生活等、職人以前の独自で多彩な工匠的世界を描き出す。四六判288頁 '71

6 **結び** 額田巖

〈結び〉の発達は人間の叡知の結晶である。本書はその諸形態および技法を作業・装飾・象徴の三つの系譜に辿り、〈結び〉のすべてを民俗学的・人類学的に考察する。四六判264頁 '72

7 **塩** 平島裕正

人類史に貴重な役割を果たしてきた塩をめぐって、発見から伝承・製造技術の発展過程にいたる総体を歴史的に描き出すとともに、その多彩な効用と味覚の秘密を解く。四六判272頁 '73

8 **はきもの** 潮田鉄雄

田下駄・かんじき・わらじなど、日本人の生活の礎となってきた伝統的はきものの成り立ちと変遷を、二〇年余の実地調査と細密な観察・描写によって辿る庶民生活史 四六判280頁 '73

9 **城** 井上宗和

古代城塞・城柵から近世代名の居城として集大成されるまでの日本の城の変遷を辿り、文化の各領野で果たしてきたその役割を再検討。あわせて世界城郭史に位置づける。四六判310頁 '73

10 **竹** 室井綽

食生活、建築、民芸、造園、信仰等々にわたって、竹と人間との交流史は驚くほど深く永い。その多岐にわたる発展の過程を個々に辿り、竹の特異な性格を浮彫にする。四六判324頁 '73

11 **海藻** 宮下章

古来日本人にとって生活必需品とされてきた海藻をめぐって、その採取・加工法の変遷、商品としての流通史および神事・祭事での役割に至るまでを歴史的に考証する。四六判330頁 '74

12 絵馬 岩井宏實

古くは祭礼における神への献馬にはじまり、民間信仰と絵画のみごとな結晶として民衆の手で描かれ祀り伝えられてきた各地の絵馬を豊富な写真と史料によってたどる。四六判302頁 '74

13 機械 吉田光邦

畜力・水力・風力などの自然のエネルギーを利用し、幾多の改良を経て形成された初期の機械の歩みを検証し、日本文化の形成における科学・技術の役割を再検討する。四六判242頁 '74

14 狩猟伝承 千葉徳爾

狩猟には古来、感謝と慰霊の祭祀がともない、人獣交渉の豊かで意味深い歴史があった。狩猟用具、巻物、儀式具、またけものたちの生態を通して語る狩猟文化の世界。四六判346頁 '75

15 石垣 田淵実夫

採石から運搬、加工、石積みに至るまで、石垣の造成をめぐって積み重ねられてきた石工たちの苦闘の足跡を掘り起こし、その独自な技術の形成過程と伝承を集成する。四六判224頁 '75

16 松 高嶋雄三郎

日本人の精神史に深く根をおろした松の伝承に光を当て、食用、薬用等の実用の松、祭祀・観賞用の松、さらに文学・芸能・美術に表現された松のシンボリズムを説く。四六判342頁 '75

17 釣針 直良信夫

人と魚との出会いから現在に至るまで、釣針がたどった一万有余年の変遷を、世界各地の遺跡出土物を通して実証しつつ、漁撈によって生きた人々の生活と文化を探る。四六判278頁 '76

18 鋸 吉川金次

鋸鍛冶の家に生まれ、鋸の研究を生涯の課題とする著者が、出土遺品や文献・絵画により各時代の鋸を復元・実験し、庶民の手仕事にみられる驚くべき合理性を実証する。四六判360頁 '76

19 農具 飯沼二郎／堀尾尚志

鍬と犂の交代・進化の歩みとして発達したわが国農耕文化の発展経過を世界史的視野において再検討しつつ、無名の農民たちによる驚くべき創意のかずかずを記録する。四六判220頁 '76

20 包み 額田巌

結びとともに文化の起源にかかわる〈包み〉の系譜を人類史的視野において捉え、衣・食・住をはじめ社会・経済史、信仰、祭事などにおけるその実際と役割とを描く。四六判354頁 '77

21 蓮 阪本祐二

仏教における蓮の象徴的位置の成立と深化、美術・文芸等に見る人間とのかかわりを歴史的に考察。また大賀蓮はじめ多様な品種とその来歴を紹介しつつその美を語る。四六判306頁 '77

22 ものさし 小泉袈裟勝

ものをつくる人間にとって最も基本的な道具であり、数千年にわたって社会生活を律してきたその変遷を実証的に追求し、歴史の中で果たしてきた役割を浮彫りにする。四六判314頁 '77

23-Ⅰ 将棋Ⅰ 増川宏一

その起源を古代インドに、我国への伝播の道すじを海のシルクロードに探り、また伝来後一千年におよぶ日本将棋の変化と発展を盤、駒、ルール等にわたって跡づける。四六判280頁 '77

23-II 将棋II 増川宏一

わが国伝来後の普及と変遷を貴族や武家・豪商の日記等に博捜し、遊戯者の歴史をあとづけると共に、中国伝来説の誤りを正し、将棋宗家の位置と役割を明らかにする。四六判346頁 '85

24 湿原祭祀 第2版 金井典美

古代日本の自然環境に着目し、各地の湿原聖地を稲作社会との関連において捉え直して古代国家成立の背景を浮彫にしつつ、水と植物にまつわる日本人の宇宙観を探る。四六判410頁 '77

25 臼 三輪茂雄

臼が人類の生活文化の中で果たしてきた役割を、各地に遺る貴重な民俗資料・伝承と実地調査にもとづいて解明。失われゆく道具のなかに、未来の生活文化の姿を探る。四六判412頁 '78

26 河原巻物 盛田嘉徳

中世末期以来の被差別部落民が生きる権利を守るために偽作し護り伝えてきた河原巻物を全国にわたって踏査し、そこに秘められた最底辺の人びとの叫びに耳を傾ける。四六判226頁 '78

27 香料 日本のにおい 山田憲太郎

焼香供養の香から趣味としての薫物へ、さらに沈香木を焚く香道へと変遷した日本の「匂い」の歴史を豊富な史料に基づいて辿り、我国風俗史の知られざる側面を描く。四六判370頁 '78

28 神像 神々の心と形 景山春樹

神仏習合によって変貌しつつも、常にその原型＝自然を保持してきた日本の神々の造型を図像学的方法によって捉え直し、その多彩な形象に日本人の精神構造をさぐる。四六判342頁 '78

29 盤上遊戯 増川宏一

祭具・占具としての発生を『死者の書』をはじめとする古代の文献にさぐり、形状・遊戯法を分類しつつその〈進化〉の過程を考察。〈遊戯者たちの歴史〉をも跡づける。四六判326頁 '78

30 筆 田淵実夫

筆の里・熊野に筆づくりの現場を訪ねて、筆匠たちの境涯と製筆の由来を克明に記録しつつ、筆の発生と変遷、種類、製筆法、さらには筆塚、筆供養にまで説きおよぶ。四六判204頁 '78

31 ろくろ 橋本鉄男

日本の山野を漂移しつづけ、高度の技術文化と幾多の伝説とをもたらした特異な旅職集団＝木地屋の生態を、その呼称、地名、伝承、文書等をもとに生き生きと描く。四六判460頁 '79

32 蛇 吉野裕子

日本古代信仰の根幹をなす蛇巫をめぐって、祭事におけるさまざまな蛇の「もどき」や各種の蛇の造型・伝承に鋭い考証を加え、忘れられたその呪性を大胆に暴き出す。四六判250頁 '79

33 鋏（はさみ） 岡本誠之

梃子の原理の発見から鋏の誕生に至る過程を推理し、日本鋏の特異な歴史的位置を明らかにするとともに、刀鍛冶等から転進した鋏職人たちの創意と苦闘の跡をたどる。四六判396頁 '79

34 猿 廣瀬鎮

嫌悪と愛玩、軽蔑と畏敬の交錯する日本人とサルとの関わりあいの歴史を、狩猟伝承や祭祀・風習、美術・工芸や芸能のなかに探り、日本人の動物観を浮彫りにする。四六判292頁 '79

35 **鮫** 矢野憲一

神話の時代から今日まで、津々浦々につたわるサメの伝承とサメをめぐる海の民俗を集成し、神饌、食用、薬用等に活用されてきたサメと人間のかかわりの変遷を描く。四六判292頁 '79

36 **枡** 小泉袈裟勝

米の経済の枢要をなす器として千年余にわたり日本人の生活の中に生きてきた枡の変遷をたどり、記録・伝承をもとにこの独特な計量器が果たした役割を再検討する。四六判322頁 '80

37 **経木** 田中信清

食品の包装材料として近年まで身近に存在した経木の起源を、こけら経や塔婆、木簡、屋根板等に遡って明らかにし、その製造・流通に携った人々の労苦の足跡を辿る。四六判288頁 '80

38 **色** 染と色彩 前田雨城

わが国古代の染色技術の復元と文献解読をもとに日本色彩史を体系づけ、赤・白・青・黒等におけるわが国独自の色彩感覚を探りつつ日本文化における色の構造を解明。四六判320頁 '80

39 **狐** 陰陽五行と稲荷信仰 吉野裕子

その伝承と文献を渉猟しつつ、中国古代哲学＝陰陽五行の原理の応用という独自の視点から、謎とされてきた稲荷信仰と狐との密接な結びつきを明快に解き明かす。四六判232頁 '80

40-Ⅰ **賭博Ⅰ** 増川宏一

時代、地域、階層を超えて連綿と行なわれてきた賭博。――その起源を古代の神判、スポーツ、遊戯等の中に探り、抑圧と許容の歴史を物語る。全Ⅲ分冊の〈総説篇〉。四六判298頁 '80

40-Ⅱ **賭博Ⅱ** 増川宏一

古代インド文学の世界からラスベガスまで、賭博の形態・用具・方法の時代的特質を明らかにし、夥しい禁令に賭博の不滅のエネルギーを見る。全Ⅲ分冊の〈外国篇〉。四六判456頁 '82

40-Ⅲ **賭博Ⅲ** 増川宏一

聞香、闘茶、笠附等、わが国独特の賭博を中心にその具体例を網羅し、方法の変遷に賭博の時代性を探りつつ禁令の改廃に時代の賭博観を追う。全Ⅲ分冊の〈日本篇〉。四六判388頁 '83

41-Ⅰ **地方仏Ⅰ** むしゃこうじ・みのる

古代から中世にかけて全国各地で作られた無銘の仏像を訪ね、素朴で多様なノミの跡に民衆の祈りと地域の願望を探る。宗教の伝播、文化の創造を考える異色の紀行。四六判256頁 '80

41-Ⅱ **地方仏Ⅱ** むしゃこうじ・みのる

紀州や飛驒を中心に草の根の仏たちを訪ねて、その相好と像容の魅力を探り、技法を比較考証して仏像彫刻史に位置づけつつ、中世地域社会の形成と信仰の実態に迫る。四六判260頁 '97

42 **南部絵暦** 岡田芳朗

田山・盛岡地方で「盲暦」として古くから親しまれてきた独得の絵解き暦を詳しく紹介しつつその全体像を復元する。その無類の生活暦は、南部農民の哀歓をつたえる。四六判288頁 '80

43 **野菜** 在来品種の系譜 青葉高

蕪、大根、茄子等の日本在来野菜をめぐって、その渡来・伝播経路、品種分布と栽培のいきさつを各地の伝承や古記録をもとに辿り、畑作文化の源流とその風土を描く。四六判368頁 '81

44 つぶて　中沢厚

弥生投弾、古代・中世の石戦と印地の様相、投石具の発達を展望しつつ、願かけの小石、正月つぶて、石こづみ等の習俗を辿り、石塊に託した民衆の願いや怒りを探る。四六判３３８頁 '81

45 壁　山田幸一

弥生時代から明治期に至るわが国の壁の変遷を壁塗＝左官工事の側面から辿り直し、その技術的復元・考証を通じて建築史・文化史における壁の役割を浮き彫りにする。四六判２９６頁 '81

46 簞笥（たんす）　小泉和子

近世における簞笥の出現＝箱から抽斗への転換に着目し、以降近現代に至るその変遷を社会・経済・技術の側面からあとづける。著者自身による簞笥製作の記録を付す。四六判３７８頁 '82

47 木の実　松山利夫

山村の重要な食糧資源であった木の実をめぐる各地の記録・伝承を集成し、その採集・加工における幾多の試みを実地に検証しつつ、稲作農耕以前の食生活文化を復元。四六判３８４頁 '82

48 秤（はかり）　小泉袈裟勝

秤の起源を東西に探るとともに、わが国律令制下における中国制度の導入、近世商品経済の発展に伴う秤座の出現、明治期近代化政策による洋式秤受容等の経緯を描く。四六判３２６頁 '82

49 鶏（にわとり）　山口健児

神話・伝説をはじめ遠い歴史の中の鶏を古今東西の伝承・文献に探り、特に我国の信仰・絵画・文学等に遺された鶏の足跡を追って、鶏をめぐる民俗の記憶を蘇らせる。四六判３４６頁 '83

50 燈用植物　深津正

人類が燈火を得るために用いてきた多種多様な植物との出会いと個々の植物の来歴、特性及びはたらきを詳しく検証しつつ「あかり」の原点を問いなおす異色の植物誌。四六判４４２頁 '83

51 斧・鑿・鉋（おの・のみ・かんな）　吉川金次

古墳出土品や文献・絵画をもとに、古代から現代までの斧・鑿・鉋を復元・実験し、労働体験によって生まれた民衆の知恵と道具の変遷を蘇らせる異色の日本木工具史。四六判３０４頁 '84

52 垣根　額田巌

大和・山辺の道に神々と垣との関わりを探り、各地に垣の伝承を訪ねて、寺院の垣、民家の垣、露地の垣など、風土と生活に培われた生垣の独特のはたらきと美を描く。四六判２３４頁 '84

53-Ⅰ 森林Ⅰ　四手井綱英

森林生態学の立場から、森林のなりたちとその生活史を辿りつつ、産業の発展と消費社会の拡大により刻々と変貌する森林の現状を語り、未来への再生のみちをさぐる。四六判３０６頁 '85

53-Ⅱ 森林Ⅱ　四手井綱英

森林と人間との多様なかかわりを包括的に語り、人と自然が共生するための森や里山をいかにして創出するか、森林再生への具体的な方策を提示する21世紀への提言。四六判３０８頁 '98

53-Ⅲ 森林Ⅲ　四手井綱英

地球規模で進行しつつある森林破壊の現状を実地に踏査し、森と人が共存する日本人の伝統的自然観を未来へ伝えるために、いま何が必要なのかを具体的に提言する。四六判３０４頁 '00

54 海老（えび） 酒向昇

人類との出会いからエビの科学、漁法、さらには調理法を語り、めでたい姿態と色彩にまつわる多彩なエビの民俗を、地名や人名、詩歌・文学、絵画や芸能の中に探る。 四六判４２８頁 '85

55-Ⅰ 藁（わら）Ⅰ 宮崎清

稲作農耕とともに二千年余の歴史をもち、日本人の全生活領域に生きてきた藁の文化を日本文化の原型として捉え、風土に根ざしたそのゆたかな遺産を詳細に検討する。 四六判４００頁 '85

55-Ⅱ 藁（わら）Ⅱ 宮崎清

床・畳から壁・屋根にいたる住居における藁の製作・使用のメカニズムを明らかにし、日本人の生活空間における藁の役割を見なおすとともに、藁の文化の復権を説く。 四六判４００頁 '85

56 鮎 松井魁

清楚な姿態と独特な味覚によって、日本人の目と舌を魅了しつづけてきたアユ――その形態と分布、生態、漁法等を詳述し、古今のアユ料理や文芸にみるアユにおよぶ。 四六判２９６頁 '86

57 ひも 額田巌

物と物、人と物とを結びつける不思議な力を秘めた「ひも」の謎を追って、民俗学的視点から多角的なアプローチを試みる。『結び』、『包み』につづく三部作の完結篇。 四六判２５０頁 '86

58 石垣普請 北垣聰一郎

近世石垣の技術者集団「穴太」の足跡を辿り、各地城郭の石垣遺構の実地調査と資料・文献をもとに石垣普請の歴史的系譜を復元しつつ石工たちの技術伝承を集成する。 四六判４３８頁 '87

59 碁 増川宏一

その起源を古代の盤上遊戯に探ると共に、定着以来二千年の歴史を時代の状況や遊び手の社会環境との関わりにおいて跡づける。逸話や伝説を排して綴る初の囲碁全史。 四六判３６６頁 '87

60 日和山（ひよりやま） 南波松太郎

千石船の時代、航海の安全のために観天望気した日和山――多くは忘れられ、あるいは失われた船舶・航海史の貴重な遺跡を追って、全国津々浦々におよんだ調査紀行。 四六判３８２頁 '88

61 篩（ふるい） 三輪茂雄

臼とともに人類の生産活動に不可欠な道具であった篩、箕(み)、笊(ざる)の多彩な変遷を豊富な図解入りでたどり、現代技術の先端に再生するまでの歩みをえがく。 四六判３３４頁 '89

62 鮑（あわび） 矢野憲一

縄文時代以来、貝肉の美味と貝殻の美しさによって日本人を魅了し続けてきたアワビ――その生態と養殖、神饌としての歴史、漁法、螺鈿の技法からアワビ料理に及ぶ。 四六判３４４頁 '89

63 絵師 むしゃこうじ・みのる

日本古代の渡来画工から江戸前期の菱川師宣まで、時代の代表的絵師の列伝で辿る絵画制作の文化史。前近代社会における絵画の意味や芸術創造の社会的条件を考える。 四六判２３０頁 '90

64 蛙（かえる） 碓井益雄

動物学の立場からその特異な生態を描き出すとともに、和漢洋の文献資料を駆使して故事・習俗・神事・民話・文芸・美術工芸にわたる蛙の多彩な活躍ぶりを活写する。 四六判３８２頁 '89

65-I 藍（あい）I　風土が生んだ色　竹内淳子

全国各地の〈藍の里〉を訪ねて、藍栽培から染色・加工のすべてにわたり、藍とともに生きた人々の伝承を克明に描き、風土と人間が生んだ〈日本の色〉の秘密を探る。四六判４１６頁 '91

65-II 藍（あい）II　暮らしが育てた色　竹内淳子

日本の風土に生まれ、伝統に育てられた藍が、今なお暮らしの中で生き生きと活躍しているさまを、手わざに生きる人々との出会いを通じて描く。藍の里紀行の続篇。四六判４０６頁 '99

66 橋　小山田了三

丸木橋・舟橋・吊橋から板橋・アーチ型石橋まで、人々に親しまれてきた各地の橋を訪ねて、その来歴と築橋の技術伝承を辿り、土木文化の伝播・交流の足跡をえがく。四六判３１２頁 '91

67 箱　宮内悊

日本の伝統的な箱（櫃）と西欧のチェストを比較文化史の視点から考察し、居住・収納・運搬・装飾の各分野における箱の重要な役割とその多彩な文化を浮彫りにする。四六判３９０頁 '91

68-I 絹I　伊藤智夫

養蚕の起源を神話や説話に探り、伝来の時期とルートを跡づけ、記紀・万葉の時代から近世に至るまで、それぞれの時代・社会・階層が生み出した絹の文化を描き出す。四六判３０４頁 '92

68-II 絹II　伊藤智夫

生糸と絹織物の生産と輸出が、わが国の近代化にはたした役割を描くと共に、養蚕の道具、信仰や庶民生活にわたる養蚕と絹の民俗、さらには蚕の種類と生態におよぶ。四六判２９４頁 '92

69 鯛（たい）　鈴木克美

古来「魚の王」とされてきた鯛をめぐって、その生態・味覚から漁法、祭り、工芸、文芸にわたる多彩な伝承文化を語りつつ、鯛と日本人とのかかわりの原点をさぐる。四六判４１８頁 '92

70 さいころ　増川宏一

古代神話の世界から近現代の博徒の動向まで、さいころの役割を各時代・社会に位置づけ、木の実や貝殻のさいころから投げ棒型や立方体のさいころへの変遷をたどる。四六判３７４頁 '92

71 木炭　樋口清之

炭の起源から炭焼、流通、経済、文化にわたる木炭の歩みを歴史・考古・民俗の知見を総合して描き出し、独自で多彩な文化を育んできた木炭の尽きせぬ魅力を語る。四六判２９６頁 '93

72 鍋・釜（なべ・かま）　朝岡康二

日本をはじめ韓国、中国、インドネシアなど東アジアの各地を歩きながら鍋・釜の製作と使用の現場に立ち会い、調理をめぐる庶民生活の変遷とその交流の足跡を探る。四六判３２６頁 '93

73 海女（あま）　田辺悟

その漁の実際と社会組織、風習、信仰、民具などを克明に描くとともに海女の起源・分布・交流を探り、わが国漁撈文化の古層としての海女の生活と文化をあとづける。四六判２９４頁 '93

74 蛸（たこ）　刀禰勇太郎

蛸をめぐる信仰や多彩な民間伝承を紹介するとともに、その生態・分布・捕獲法・繁殖と保護・調理法などを集成し、日本人と蛸との知られざるかかわりの歴史を探る。四六判３７０頁 '94

75 曲物（まげもの） 岩井宏實

桶・樽出現以前から伝承され、古来最も簡便・重宝な木製容器として愛用された曲物の加工技術と機能・利用形態の変遷をさぐり、手づくりの「木の文化」を見なおす。四六判318頁 '94

76-I 和船I 石井謙治

江戸時代の海運を担った千石船（弁才船）について、その構造と技術、帆走性能を綿密に調査し、通説の誤りを正すとともに、海難と信仰、船絵馬等の考察にもおよぶ。四六判436頁 '95

76-II 和船II 石井謙治

造船史から見た著名な船を紹介し、遣唐使船や遣欧使節船、幕末の洋式船における外国技術の導入について論じつつ、船の名称と船型を海船・川船にわたって解説する。四六判316頁 '95

77-I 反射炉I 金子功

日本初の佐賀鍋島藩の反射炉と精練方＝理化学研究所、島津藩の反射炉と集成館＝近代工場群を軸に、日本の産業革命の時代における人と技術を現地に訪ねて発掘する。四六判244頁 '95

77-II 反射炉II 金子功

伊豆韮山の反射炉をはじめ、全国各地の反射炉建設にかかわった有名無名の人々の足跡をたどり、開国か攘夷かに揺れる幕末の政治と社会の悲喜劇をも生き生きと描く。四六判226頁 '95

78-I 草木布（そうもくふ）I 竹内淳子

風土に育まれた布を求めて全国各地を歩き、木綿普及以前に山野の草木を利用して豊かな衣生活文化を築き上げてきた庶民の知られざる知恵のかずかずを実地にさぐる。四六判282頁 '95

78-II 草木布（そうもくふ）II 竹内淳子

アサ、クズ、シナ、コウゾ、カラムシ、フジなどの草木の繊維から、どのようにして糸を採り、布を織っていたのか——聞書きをもとに忘れられた技術と文化を発掘する。四六判282頁 '95

79-I すごろくI 増川宏一

古代エジプトのセネト、ヨーロッパのバクギャモン、中近東のナルド、中国の双陸などの系譜に日本の盤雙六を位置づけ、遊戯・賭博としてのその数奇なる運命を辿る。四六判312頁 '95

79-II すごろくII 増川宏一

ヨーロッパの鵞鳥のゲームから日本中世の浄土双六、近世の華麗な絵双六、さらには近現代の少年誌の附録まで、絵双六の変遷を追って時代の社会・文化を読みとる。四六判390頁 '95

80 パン 安達巖

古代オリエントに起ったパン食文化が中国・朝鮮を経て弥生時代の日本に伝えられたことを史料と伝承をもとに解明し、わが国パン食文化二〇〇〇年の足跡を描き出す。四六判260頁 '96

81 枕（まくら） 矢野憲一

神さまの枕・大嘗祭の枕から枕絵の世界まで、人生の三分の一を共に過す枕をめぐって、その材質の変遷を辿り、伝説と怪談、俗信と民俗、エピソードを興味深く語る。四六判252頁 '96

82-I 桶・樽（おけ・たる）I 石村真一

日本、中国、朝鮮、ヨーロッパにわたる厖大な資料を集成してその豊かな文化の系譜を探り、東西の木工技術史を比較しつつ世界史的視野から桶・樽の文化を描き出す。四六判388頁 '97

82-Ⅱ 桶・樽（おけ・たる）Ⅱ　石村真一

多数の調査資料と絵画・民俗資料をもとにその製作技術を復元し、東西の木工技術を比較考証しつつ、技術文化史の視点から桶・樽製作の実態とその変遷を跡づける。　四六判３７２頁　'97

82-Ⅲ 桶・樽（おけ・たる）Ⅲ　石村真一

樹木と人間とのかかわり、製作者と消費者とのかかわりを通じて桶樽と生活文化の変遷を考察し、木材資源の有効利用という視点から桶樽の文化史的役割を浮彫にする。　四六判３５２頁　'97

83-Ⅰ 貝Ⅰ　白井祥平

世界各地の現地調査と文献資料を駆使して、古来至高の財宝とされてきた宝貝のルーツとその変遷を探り、貝と人間とのかかわりの歴史を「貝貨」の文化史として描く。　四六判３８６頁　'97

83-Ⅱ 貝Ⅱ　白井祥平

サザエ、アワビ、イモガイなど古来人類とかかわりの深い貝をめぐって、その生態・分布・地方名、装身具や貝貨としての利用法などを豊富なエピソードを交えて語る。　四六判３２８頁　'97

83-Ⅲ 貝Ⅲ　白井祥平

シンジュガイ、ハマグリ、アカガイ、シャコガイなどをめぐって世界各地の民族誌を渉猟し、それらが人類文化に残した足跡を辿る。参考文献一覧／総索引を付す。　四六判３９２頁　'97

84 松茸（まつたけ）　有岡利幸

秋の味覚として古来珍重されてきた松茸の由来を求めて、稲作文化と里山（松林）の生態系から説きおこし、日本人の伝統的生活文化の中に松茸流行の秘密をさぐる。　四六判２９６頁　'97

85 野鍛冶（のかじ）　朝岡康二

鉄製農具の製作・修理・再生を担ってきた農鍛冶の歴史的役割を探り、近代化の大波の中で変貌する職人技術の実態をアジア各地のフィールドワークを通して描き出す。　四六判２８０頁　'98

86 稲　品種改良の系譜　菅　洋

作物としての稲の誕生、稲の渡来と伝播の経緯から説きおこし、明治以降主として庄内地方の民間育種家の手によって飛躍的発展をとげたわが国品種改良の歩みを描く。　四六判３３２頁　'98

87 橘（たちばな）　吉武利文

永遠のかぐわしい果実として日本の神話・伝説に特別の位置を占めて語り継がれてきた橘をめぐって、その育まれた風土とかずかずの伝承の中に日本文化の特質を探る。　四六判２８６頁　'98

88 杖（つえ）　矢野憲一

神の依代としての杖や仏教の錫杖に杖と信仰とのかかわりを探り、人類が突きつつ歩んだその歴史と民俗を興味ぶかく語る。多彩な材質と用途を網羅した杖の博物誌。　四六判３１４頁　'98

89 もち（糯・餅）　渡部忠世／深澤小百合

モチイネの栽培・育種から食品加工、民俗、儀礼にわたってそのルーツと伝承の足跡をたどり、アジア稲作文化という広範な視野からこの特異な食文化の謎を解明する。　四六判３３０頁　'98

90 さつまいも　坂井健吉

その栽培の起源と伝播経路を跡づけるとともに、わが国伝来後四百年の経緯を詳細にたどり、世界に冠たる育種と栽培・利用法を築いた人々の知られざる足跡をえがく。　四六判３２８頁　'99

91 **珊瑚**（さんご）　鈴木克美

海岸の自然保護に重要な役割を果たす岩石サンゴから宝飾品として知られる宝石サンゴまで、人間生活と深くかかわってきたサンゴの多彩な姿を人類文化史として描く。　四六判３７０頁　'99

92-Ⅰ **梅Ⅰ**　有岡利幸

万葉集、源氏物語、五山文学などの古典や天神信仰に表れた梅の足跡を克明に辿りつつ日本人の精神史に刻印された梅を浮彫にし、梅と日本人の二〇〇〇年史を描く。　四六判２７４頁　'99

92-Ⅱ **梅Ⅱ**　有岡利幸

その植生と栽培、伝承、梅の名所や鑑賞法の変遷から戦前の国定教科書に表れた梅まで、梅と日本人との多彩なかかわりを探り、桜との対比において梅の文化史を描く。　四六判３３８頁　'99

93 **木綿口伝**（もめんくでん）　第2版　福井貞子

老女たちからの聞書を経糸とし、厖大な遺品・資料を緯糸として、母から娘へと幾代にも伝えられた手づくりの木綿文化を掘り起し、近代の木綿の盛衰を描く。　増補版　四六判３３６頁　'00

94 **合せもの**　増川宏一

「合せる」には古来、一致させるの他に、競う、闘う、比べる等の意味があった。貝合せや絵合せ等の遊戯・賭博を中心に、広範な人間の営みを「合せる」行為に辿る。　四六判３００頁　'00

95 **野良着**（のらぎ）　福井貞子

明治初期から昭和四〇年までの野良着を収集・分類・整理し、それらの用途と年代、形態、材質、重量、呼称などを精査して、働く庶民の創意にみちた生活史を描く。　四六判２９２頁　'00

96 **食具**（しょくぐ）　山内昶

東西の食文化に関する資料を渉猟し、食法の違いを人間の自然に対するかかわり方の違いとして捉えつつ、食具を人間と自然をつなぐ基本的な媒介物として位置づける。　四六判２９２頁　'00

97 **鰹節**（かつおぶし）　宮下章

黒潮からの贈り物・カツオの漁法から鰹節の製法や食法、商品としての流通までを歴史的に展望するとともに、沖縄やモルジブ諸島の調査をもとにそのルーツを探る。　四六判３８２頁　'00

98 **丸木舟**（まるきぶね）　出口晶子

先史時代から現代の高度文明社会まで、もっとも長期にわたり使われてきた刳り舟に焦点を当て、その技術伝承を辿りつつ、森や水辺の文化の広がりと動態をえがく。　四六判３２４頁　'01

99 **梅干**（うめぼし）　有岡利幸

日本人の食生活に不可欠の自然食品・梅干をつくりだした先人たちの知恵に学ぶとともに、健康増進に驚くべき薬効を発揮する、その知られざるパワーの秘密を探る。　四六判３００頁　'01

100 **瓦**（かわら）　森郁夫

仏教文化と共に中国・朝鮮から伝来し、一四〇〇年にわたり日本の建築を飾ってきた瓦をめぐって、発掘資料をもとにその製造技術、形態、文様などの変遷をたどる。　四六判３２０頁　'01

101 **植物民俗**　長澤武

衣食住から子供の遊びまで、幾世代にも伝承された植物をめぐる暮らしの知恵を克明に記録し、高度経済成長期以前の農山村の豊かな生活文化を愛惜をこめて描き出す。　四六判３４８頁　'01

102 箸（はし） 向井由紀子／橋本慶子

そのルーツを中国、朝鮮半島に探るとともに、日本人の食生活に不可欠の食具となり、日本文化のシンボルとされるまでに洗練された箸の文化の変遷を総合的に描く。 四六判334頁 '01

103 採集 ブナ林の恵み 赤羽正春

縄文時代から今日に至る採集・狩猟民の暮らしを復元し、動物の生態系と採集生活の関連を明らかにしつつ、民俗学と考古学の両面から山に生かされた人々の姿を描く。 四六判298頁 '01

104 下駄 神のはきもの 秋田裕毅

古墳や井戸等から出土する下駄に着目し、下駄が地上と地下の他界を結ぶ聖なるはきものであったという大胆な仮説を提出、日本の神々の忘れられた側面を浮彫にする。 四六判304頁 '02

105 絣（かすり） 福井貞子

膨大な絣遺品を収集・分類し、絣産地を実地に調査して絣の技法と文様の変遷を地域別・時代別に跡づけ、明治・大正・昭和の手づくりの染織文化の盛衰を描き出す。 四六判310頁 '02

106 網（あみ） 田辺悟

漁網を中心に、網に関する基本資料を網羅して網の変遷と網をめぐる民俗を体系的に描き出し、網の文化を集成する。「網に関する小事典」「網のある博物館」を付す。 四六判316頁 '02

107 蜘蛛（くも） 斎藤慎一郎

「土蜘蛛」の呼称で畏怖される一方「クモ合戦」など子供の遊びとしても親しまれてきたクモと人間との長い交渉の歴史をその深層に遡って追究した異色のクモ文化論。 四六判320頁 '02

108 襖（ふすま） むしゃこうじ・みのる

襖の起源と変遷を建築史・絵画史の中に探りつつその用と美を浮彫にし、衝立・障子・屏風等と共に日本建築の空間構成に不可欠の建具となるまでの経緯を描き出す。 四六判270頁 '02

109 漁撈伝承（ぎょろうでんしょう） 川島秀一

漁師たちからの聞き書きをもとに、寄り物、船霊、大漁旗など、漁撈にまつわる〈もの〉の伝承を集成し、海の道によって運ばれた習俗や信仰の民俗地図を描き出す。 四六判334頁 '03

110 チェス 増川宏一

世界中に数億人の愛好者を持つチェスの起源と文化を、欧米における膨大な研究の蓄積を渉猟しつつ探り、日本への伝来の経緯から美術工芸品としてのチェスにおよぶ。 四六判298頁 '03

111 海苔（のり） 宮下章

海苔の歴史は厳しい自然とのたたかいの歴史だった――採取から養殖、加工、流通、消費に至る先人たちの苦難の歩みを史料と実地調査によって浮彫にする食物文化史。 四六判172頁 '03

112 屋根 檜皮葺と柿葺 原田多加司

屋根葺師一〇代の著者が、自らの体験と職人の本懐を語り、連綿として受け継がれてきた伝統の手わざを体系的にたどりつつ伝統技術の保存と継承の必要性を訴える。 四六判340頁 '03

113 水族館 鈴木克美

初期水族館の歩みを創始者たちの足跡を通して辿りなおし、水族館をめぐる社会の発展と風俗の変遷を描き出すとともにその未来像をさぐる初の〈日本水族館史〉の試み。 四六判290頁 '03

114 古着（ふるぎ） 朝岡康二

仕立てと着方、管理と保存、再生と再利用等にわたり衣生活の変容を近代の日常生活の変化として捉え直し、衣服をめぐるリサイクル文化が形成される経緯を描き出す。四六判292頁 '03

115 柿渋（かきしぶ） 今井敬潤

染料・塗料をはじめ生活百般の必需品であった柿渋の伝承を記録し、文献資料をもとにその製造技術と利用の実態を明らかにして、忘れられた豊かな生活技術を見直す。四六判294頁 '03

116-Ⅰ 道Ⅰ 武部健一

道の歴史を先史時代から説き起こし、古代律令制国家の要請によって駅路が設けられ、しだいに幹線道路として整えられてゆく経緯を技術史・社会史の両面からえがく。四六判248頁 '03

116-Ⅱ 道Ⅱ 武部健一

中世の鎌倉街道、近世の五街道、近代の開拓道路から現代の高速道路網までを通観し、道路を拓いた人々の手によって今日の交通ネットワークが形成された歴史を語る。四六判280頁 '03

117 かまど 狩野敏次

日常の煮炊きの道具であるとともに祭りと信仰に重要な位置を占めてきたカマドをめぐる忘れられた伝承を掘り起こし、民俗空間の壮大なコスモロジーを浮彫りにする。四六判292頁 '04

118-Ⅰ 里山Ⅰ 有岡利幸

縄文時代から近世までの里山の変遷を人々の暮らしと植生の変化の両面から跡づけ、その源流を記紀万葉に描かれた里山の景観や大和・三輪山の古記録・伝承等に探る。四六判276頁 '04

118-Ⅱ 里山Ⅱ 有岡利幸

明治の地租改正による山林の混乱、相次ぐ戦争による山野の荒廃、エネルギー革命、高度成長による大規模開発など、近代化の荒波に翻弄される里山の見直しを説く。四六判274頁 '04

119 有用植物 菅 洋

人間生活に不可欠のものとして利用されてきた身近な植物たちの来歴と栽培・育種・品種改良・伝播の経緯を平易に語り、植物と共に歩んだ文明の足跡を浮彫にする。四六判324頁 '04

120-Ⅰ 捕鯨Ⅰ 山下渉登

世界の海で展開された鯨と人間との格闘の歴史を振り返り、「大航海時代」の副産物として開始された捕鯨業の誕生以来四〇〇年にわたる盛衰の社会的背景をさぐる。四六判314頁 '04

120-Ⅱ 捕鯨Ⅱ 山下渉登

近代捕鯨の登場により鯨資源の激減を招き、捕鯨の規制・管理のための国際条約締結に至る経緯をたどり、グローバルな課題としての自然環境問題を浮き彫りにする。四六判312頁 '04

121 紅花（べにばな） 竹内淳子

栽培、加工、流通、利用の実際を現地に探訪して紅花とかかわってきた人々からの聞き書きを集成し、忘れられた〈紅花文化〉を復元しつつその豊かな味わいを見直す。四六判346頁 '04

122-Ⅰ もののけⅠ 山内昶

日本の妖怪変化、未開社会の〈マナ〉、西欧の悪魔やデーモンを比較考察し、名づけ得ぬ未知の対象を指す万能のゼロ記号〈もの〉をめぐる人類文化史を跡づける博物誌。四六判320頁 '04

122-Ⅱ ものの け Ⅱ 山内昶

日本の鬼、古代ギリシアのダイモン、中世の異端狩り・魔女狩り等々をめぐり、自然＝カオスと文化＝コスモスの対立の中で〈野生の思考〉が果たしてきた役割をさぐる。 四六判２８０頁 '04

123 染織（そめおり） 福井貞子

自らの体験と厖大な残存資料をもとに、糸づくりから織り、染めにわたる手づくりの豊かな生活文化を見直す。創意にみちた手わざのかずかずを復元する庶民生活誌。 四六判２９４頁 '05

124-Ⅰ 動物民俗 Ⅰ 長澤武

神として崇められたクマやシカをはじめ、人間にとって不可欠の鳥獣や魚、さらには人間を脅かす動物など、多種多様な動物たちと交流してきた人々の暮らしの民俗誌。 四六判２６４頁 '05

124-Ⅱ 動物民俗 Ⅱ 長澤武

動物の捕獲法をめぐる各地の伝承を紹介するとともに、全国で語り継がれてきた多彩な動物民話・昔話を渉猟し、暮らしの中で培われた動物フォークロアの世界を描く。 四六判２６６頁 '05

125 粉（こな） 三輪茂雄

粉体の研究をライフワークとする著者が、粉食の発見からナノテクノロジーまで、人類文明の歩みを〈粉〉の視点から捉え直した壮大なスケールの〈文明の粉体史観〉 四六判３０２頁 '05

126 亀（かめ） 矢野憲一

浦島伝説や「兎と亀」の昔話によって親しまれてきた亀のイメージの起源を探り、古代の亀卜の方法から、亀にまつわる信仰と迷信、鼈甲細工やスッポン料理におよぶ。 四六判３３０頁 '05

127 カツオ漁 川島秀一

一本釣り、カツオ漁場、船上の生活、船霊信仰、祭りと禁忌など、カツオ漁にまつわる漁師たちの伝承を集成し、黒潮に沿って伝えられた漁民たちの文化を掘り起こす。 四六判３７０頁 '05

128 裂織（さきおり） 佐藤利夫

木綿の風合いと強靭さを生かした裂織の技と美をすぐれたリサイクル文化として見なおす。東西文化の中継地・佐渡の古老たちからの聞書をもとに歴史と民俗をえがく。 四六判３０８頁 '05

129 イチョウ 今野敏雄

「生きた化石」として珍重されてきたイチョウの生い立ちと人々の生活文化とのかかわりの歴史をたどり、この最古の樹木に秘められたパワーを最新の中国文献にさぐる。 四六判３１２頁〔品切〕 '05

130 広告 八巻俊雄

のれん、看板、引札からインターネット広告までを通観し、いつの時代にも広告が人々の暮らしと密接にかかわって独自の文化を形成してきた経緯を描く広告の文化史。 四六判２７６頁 '06

131-Ⅰ 漆（うるし） Ⅰ 四柳嘉章

全国各地で発掘された考古資料を対象に科学的解析を行ない、縄文時代から現代に至る漆の技術と文化を跡づける試み。漆が日本人の生活と精神に与えた影響を探る。 四六判２７４頁 '06

131-Ⅱ 漆（うるし） Ⅱ 四柳嘉章

遺跡や寺院等に遺る漆器を分析し体系づけるとともに、絵巻物や文学作品の考証を通じて、職人や産地の形成、漆工芸の地場産業としての発展の経緯などを考察する。 四六判２１６頁 '06

132 **まな板** 石村眞一

日本、アジア、ヨーロッパ各地のフィールド調査と考古・文献・絵画・写真資料をもとにまな板の素材・構造・使用法を分類し、多様な食文化とのかかわりをさぐる。 四六判３７２頁 '06

133-Ⅰ **鮭・鱒**（さけ・ます）Ⅰ 赤羽正春

鮭・鱒をめぐる民俗研究の前史から現在までを概観するとともに、原初的な漁法から商業的漁法にわたる多彩な漁法と用具、漁場と社会組織の関係などを明らかにする。 四六判２９２頁 '06

133-Ⅱ **鮭・鱒**（さけ・ます）Ⅱ 赤羽正春

鮭漁をめぐる行事、鮭捕り衆の生活等を聞き取りによって再現し、人工孵化事業の発展とそれを担った先人たちの業績を明らかにするとともに、鮭・鱒の料理におよぶ。 四六判３５２頁 '06

134 **遊戯** その歴史と研究の歩み 増川宏一

古代から現代まで、日本と世界の遊戯の歴史を概説し、内外の研究者との交流の中で得られた最新の知見をもとに、研究の出発点と目的を論じ、現状と未来を展望する。 四六判２９６頁 '06

135 **石干見**（いしひみ） 田和正孝編

沿岸部に石垣を築き、潮汐作用を利用して漁獲する原初的漁法を日・韓・台に残る遺構と伝承の調査・分析をもとに復元し、東アジアの伝統的漁撈文化を浮彫りにする。 四六判３３２頁 '07

136 **看板** 岩井宏實

江戸時代から明治・大正・昭和初期までの看板の歴史を生活文化史の視点から考察し、多種多様な生業の起源と変遷を多数の図版をもとに紹介する〈図説商売往来〉。 四六判２６６頁 '07

137-Ⅰ **桜Ⅰ** 有岡利幸

そのルーツと生態から説きおこし、和歌や物語に描かれた古代社会の桜観から「花は桜木、人は武士」の江戸の花見の流行まで、日本人と桜のかかわりの歴史をさぐる。 四六判３８２頁 '07

137-Ⅱ **桜Ⅱ** 有岡利幸

明治以後、軍国主義と愛国心のシンボルとして政治的に利用されてきた桜の近代史を辿るとともに、日本人の生活と共に歩んだ「咲く花、散る花」の栄枯盛衰を描く。 四六判４００頁 '07

138 **麴**（こうじ） 一島英治

日本の気候風土の中で稲作と共に育まれた麴菌のすぐれたはたらきの秘密を探り、醸造化学に携わった人々の足跡をたどりつつ醱酵食品と日本人の食生活文化を考える。 四六判２４４頁 '07

139 **河岸**（かし） 川名登

近世初頭、河川水運の隆盛と共に物流のターミナルとして賑わい、船旅や遊廓などをもたらした河岸（川の港）の盛衰を河岸に生きる人々の暮らしの変遷としてえがく。 四六判３００頁 '07

140 **神饌**（しんせん） 岩井宏實／日和祐樹

土地に古くから伝わる食物を神に捧げる神饌儀礼に祭りの本義を探り、近畿地方主要神社の伝統的儀礼をつぶさに調査して、豊富な写真と共にその実際を明らかにする。 四六判３７４頁 '07

141 **駕籠**（かご） 櫻井芳昭

その様式、利用の実態、地域ごとの特色、車の利用を抑制する交通政策との関連から駕籠かきたちの風俗までを明らかにし、日本交通史の知られざる側面に光を当てる。 四六判２９４頁 '07

142　**追込漁**（おいこみりょう）　川島秀一

沖縄の島々をはじめ、日本各地で今なお行なわれている沿岸漁撈を実地に精査し、魚の生態と自然条件を知り尽した漁師たちの知恵と技を見直しつつ漁業の原点を探る。　四六判３６８頁　’08

143　**人魚**（にんぎょ）　田辺悟

ロマンとファンタジーに彩られて世界各地に伝承される人魚の実像をもとめて東西の人魚誌を渉猟し、フィールド調査と膨大な資料をもとに集成したマーメイド百科。　四六判３５２頁　’08

144　**熊**（くま）　赤羽正春

狩人たちからの聞き書きをもとに、かつては神として崇められた熊と人間との精神史的な関係をさぐり、熊を通して人間の生存可能性にもおよぶユニークな動物文化史。　四六判３８４頁　’08

145　**秋の七草**　有岡利幸

『万葉集』で山上憶良がうたいあげて以来、千数百年にわたり秋を代表する植物として日本人にめでられてきた七種の草花の知られざる伝承を掘り起こす植物文化誌。　四六判３０６頁　’08

146　**春の七草**　有岡利幸

厳しい冬の季節に芽吹く若菜に大地の生命力を感じ、春の到来を祝い新年の息災を願う「七草粥」などとして食生活の中に巧みに取り入れてきた古人たちの知恵を探る。　四六判２７２頁　’08

147　**木綿再生**　福井貞子

自らの人生遍歴と木綿を愛する人々との出会いを織り重ねて綴り、優れた文化遺産としての木綿衣料を紹介しつつ、リサイクル文化としての木綿再生のみちを模索する。　四六判２６６頁　’09

148　**紫**（むらさき）　竹内淳子

今や絶滅危惧種となった紫草（ムラサキ）を育てる人びと、伝統の紫根染を今に伝える人びとを全国にたずね、貝紫染の始原を求めて吉野ヶ里におよぶ「むらさき紀行」。　四六判３２４頁　’09

149–I　**杉I**　有岡利幸

その生態、天然分布の状況から各地における栽培・育種、利用にいたる歩みを弥生時代から今日までの人間の営みの中で捉えなおし、わが国林業史を展望しつつ描き出す。　四六判２８２頁　’10

149–II　**杉II**　有岡利幸

古来神の降臨する木として崇められるとともに生活のさまざまな場面で活用され、絵画や詩歌に描かれてきた杉の文化をたどり、さらに「スギ花粉症」の原因を追究する。　四六判２７８頁　’10

150　**井戸**　秋田裕毅（大橋信弥編）

弥生中期になぜ井戸は突然出現するのか。飲料水など生活用水ではなく、祭祀用の聖なる水を得るためだったのではないか。目的や構造の変遷、宗教との関わりをたどる。　四六判２６０頁　’10

151　**楠**（くすのき）　矢野憲一／矢野高陽

語源と字源、分布と繁殖、文学や美術における楠から医薬品としての利用、キューピー人形や樟脳の船まで、楠と人間の関わりの歴史を辿りつつ自然保護の問題に及ぶ。　四六判３３４頁　’10